基于施工项目的工程造价管控研究

JIYU SHIGONG XIANGMU DE GONGCHENG
ZAOJIA GUANKONG YANJIU

魏 巍　段剑锋　闫德明　著

中国海洋大学出版社

·青岛·

图书在版编目（CIP）数据

　基于施工项目的工程造价管控研究 / 魏巍，段剑锋，
闫德明著 . –– 青岛：中国海洋大学出版社，2022.5
　ISBN 978-7-5670-3165-4

　Ⅰ.①基… Ⅱ.①魏… ②段… ③闫… Ⅲ.①建筑造
价管理－工程造价控制－研究 Ⅳ.① TU723.31

　中国版本图书馆 CIP 数据核字 (2022) 第 087158 号

基于施工项目的工程造价管控研究

出 版 人	刘文菁			
出版发行	中国海洋大学出版社有限公司			
社　　址	青岛市香港东路 23 号	邮政编码	266071	
网　　址	http://pub.ouc.edu.cn			
责任编辑	郑雪姣	电　　话	0532-85901092	
电子邮箱	zhengxuejiao@ouc-press.com			
图片统筹	河北优盛文化传播有限公司			
装帧设计	河北优盛文化传播有限公司			
印　　制	三河市华晨印务有限公司			
版　　次	2022 年 9 月第 1 版			
印　　次	2022 年 9 月第 1 次印刷			
成品尺寸	170 mm × 240 mm	印　　张	20.25	
字　　数	390 千	印　　数	1 ~ 1000	
书　　号	ISBN 978-7-5670-3165-4	定　　价	98.00 元	
订购电话	0532-82032573（传真）	18133833353		

发现印刷质量问题，请致电 18133833353 进行调换。

随着我国房地产市场的发展和社会基础设施建设的兴起，有着丰富的本地资源与政策资源的工程造价行业发展迅速，其业务类型逐渐完善，工程勘察设计能力提升较快，取得了良好的经济效益和社会效益。

综合运用管理学、经济学和工程技术等方面的知识与技能，对工程造价进行预测、计划、控制、核算、分析和评价等的工作过程被称为工程造价管理。

工程造价管理包括建设工程投资费用管理和工程价格管理。建设工程投资费用管理是为了实现投资的预期目标，在拟定的规划、设计方案的基础上，预测、计算、确定和监控工程造价及其变动的系统活动。工程价格管理分两个层次。在微观层次上，工程价格管理是指生产企业在掌握市场价格信息的基础上，为实现管理目标而进行的成本控制、计价、定价和竞价的系统活动。在宏观层次上，工程价格管理是指政府根据社会经济发展的要求，利用法律手段、经济手段和行政手段对价格进行管理和调控以及通过市场管理规范市场主体价格行为的系统活动。

本书属于工程造价管理与控制方面的著作，由工程造价管理总论、建设工程计价方法及计价依据、基于建筑施工的财务管理、基于建设项目决策阶段的造价控制、基于建设项目设计阶段的造价控制、基于建设项目招投标阶段的造价控制、基于建设项目施工阶段的造价控制、基于建设项目竣工阶段的造价控制、工程造价管理信息化等部分构成。全书主要研究施工全过程的工程造价管理与控制，分析建设项目财务管理方式，阐述施工项目全过程的各阶段造价程序与管控方法，对从事工程造价管控专业的研究学者与工程造价管理工作者有学习和参考的价值。

本书由魏巍、段剑锋和闫德明共同撰写。其中，魏巍负责撰写第一、二、三章共 17 万字；段剑锋负责撰写第四、五、六章，共 12 万字；闫德明负责撰写第七、八、九章，共 10 万字。

　　由于时间仓促、笔者经验不足，以及当今科技日新月异、工程造价及其管理控制不断发展，书中难免存在不足之处，还望广大研究人员及学者不吝赐教。

作　者

2022 年 1 月

目录

CONTENTS

第一章　工程造价管理总论

第一节　工程造价管理的基本内容

建设项目的投资和工程造价逐渐成为每个建设工程参与方关心的重点问题，因此，工程造价管理就成为建设工程管理的核心工作内容之一。从工程项目管理的角度出发，如何管理和控制每一个建设项目的工程造价，合理地使用建设资金，提高投资效益是工程管理研究与实践的重要课题。工程造价及其管理贯穿工程建设的全过程，工程造价管理工作的成效直接影响建设项目投资的经济效益和工程建设参与各方的经济利益。

一、工程造价的概念

工程造价是指完成一个工程项目的建造所需要花费的全部费用，即从工程项目确定建设意向到建成、竣工验收的整个建设期间所支出的总费用。这是保证工程项目建造正常进行的必要资金，是建设项目投资中最主要的部分。工程造价主要由工程费用和工程其他费用组成。

（一）工程费用

工程费用包括建筑工程费用、安装工程费用和设备及工器具购置费用。

1. 建筑工程费用

建筑工程费用是指建设工程设计范围内的建设场地平整、竖向布置土石方工程费，各类房屋建筑及其附属的室内供水、供热、卫生、电气、燃气、通风空调、弱电等设备及管线安装工程费，各类设备基础、地沟、水池、冷却塔、烟囱烟道、水塔、栈桥、管架、挡土墙、场内道路、绿化等工程费，铁路专用线、场区外道路、码头工程费，等等。

2. 安装工程费用

安装工程费用是指主要生产、辅助生产、公用等单项工程中需要安装的工艺、电气、自动控制、运输、供热和制冷等设备、装置的安装工程费，各种工艺、管道安装及衬里、防腐、保温等工程费，供电、通信、自控等管线缆的安装工程费，等等。

建筑工程费用与安装工程费用的合计称为建筑安装工程费用。如上所述，它包括用于建筑物的建造及有关准备、清理等工程的费用，用于需要安装设备的安置、装配工程的费用等，是以货币表现的建筑安装工程的价值。其特点是必须通过兴工动料、追加活劳动才能实现。

3. 设备及工器具购置费用

设备及工器具购置费用是指建设工程设计范围内的需要安装和不需要安装的设备、仪器、仪表等必要的备品备件购置费，它是为保证投产初期正常生产所必需的仪器、仪表、工卡量具、模具、器具及生产家具等的购置费。在生产性建设项目中，设备及工器具购置费用可称为"积极投资"，它占项目投资费用比重的提高标志着技术的进步和生产部门有机构成的提高。

（二）工程其他费用

工程建设其他费用是指未纳入以上工程费用的、由项目投资支付的、为保证工程建设顺利完成和交付使用后能够正常发挥效用而必须开支的费用。它包括建设单位管理费、土地使用费、研究试验费、勘察设计费、配套工程费、生产准备费、引进技术和进口设备费、联合试运转费、预备费、财务费用以及涉及固定资产投资的其他税费等。

这部分内容会在第二节详细阐述。

二、工程造价管理的主要内容

工程造价管理是以建设工程项目为对象，为在计划的工程造价目标值以内实现项目而对工程建设活动中的造价所进行的策划和控制。

工程造价管理在项目建设的前期，以工程造价的策划为主；在项目的实施阶段，工程造价的控制将占主导地位。

工程项目的建设需要经过多个不同的阶段，需要按照项目建设程序从项目构思产生，到设计蓝图形成，再到工程项目实现，一步一步地实施。工程建设的每个重要步骤的管理决策，均与对应的工程造价费用紧密相关，各个建设阶段或过程均存在相应的工程造价管理问题。也就是说，工程造价的策划与控制贯穿工程建设的各个阶段。下面着重介绍工程造价的策划。

工程造价管理工作综合体现在项目建设程序中的各个阶段，在项目建设的前期阶段，工程造价的策划是工程造价管理的工作重心，并起着主导作用。其中，工程造价费用的计算和确定是非常重要的管理工作内容。

（一）工程造价计价

工程造价计价主要分为单个性计价、多次性计价和工程结构分解计价。

1. 单个性计价

每一项建设工程都有指定的专门用途，所以也就有不同的结构、造型和装饰，不同的体积和面积，建设时要采用不同的工艺设备和建筑材料。即使是用途相同的建设工程，其技术水平、建筑等级和建筑标准也有差别。建设工程还必须在结构、造型等方面适应工程所在地的气候、地质、水文等自然条件，适应当地的风俗习惯。这就造成建设工程的实物形态千差万别，再加上不同地区构成工程造价费用的各种价格要素的差异，导致建设工程造价的千差万别。因此，对于建设工程，就不能像对工业产品那样按品种、规格、质量标准等成批地定价，只能通过特殊的程序（编制估算、概算、预算、合同价、结算价及最后确定竣工决算价等），就每一个建设工程项目单独计算工程造价，即单个性计价。

2. 多次性计价

建设工程的生产过程包括可行性研究和工程设计在内，而且要分阶段进行，逐步深化。为了适应工程建设过程中各方经济关系的建立、适应工程项目管理的要求、适应工程造价管理的要求，需要按照决策、设计、采购、施工等建设各阶段多次进行工程造价的计算，其过程如图 1-1 所示。

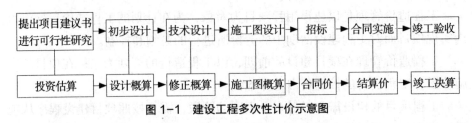

图 1-1 建设工程多次性计价示意图

如图 1-1 所示，从投资估算、设计概算、施工图预算到招标投标合同价，再到工程的结算价和最后在结算价基础上编制的竣工决算，整个计价过程是一个由粗到细、由浅到深，最后确定工程实际造价的过程。计价过程各环节相互衔接，前者制约后者，后者补充前者。

工程造价计价的动态性和阶段性（多次性）特点，是由工程建设项目从决策到竣工交付使用都有一个较长的建设期决定的。在整个建设期内，构成工程造价的任何因素发生变化都必然会影响工程造价的变动，不能一次确定可靠的价格，要到竣工决算后才能最终确定工程造价，因此，需要在建设程序的各个阶段进行计价，以保证工程造价的确定和控制的科学性。工程造价的多次性计价反映了不同的计价主体对工程造价的逐步深化、逐步细化、逐步接近和最终确定工程造价的过程。

（1）投资估算，是在建设项目的投资决策阶段（如项目构思策划、项目建议书、可行性研究等阶段），依据一定的数据资料和特定的方法，对拟建项目的投资数额进行的估计。

（2）设计概算，是在初步设计阶段，由设计单位根据初步设计或扩大初步设计图纸及说明、概算定额或概算指标、收费标准、设备材料概算价格等资料，编制和确定建设项目从筹建至竣工交付使用或生产所需全部费用的经济文件。

（3）施工图预算，是在施工图设计阶段，在设计概算的控制下，由设计单位在施工图设计完成后，根据施工图设计图纸、预算定额以及人工、材料、施工机械台班等资源价格，编制和确定的建设工程的造价文件。

（4）工程标底，是在工程招标发包过程中，由招标单位根据招标文件中的工程量清单和有关要求、施工现场实际情况、合理的施工方法以及有关规定等计算编制的招标工程的预期价格。招标工程如设置标底，标底可作为衡量投标报价是否合理的参考标尺。

（5）招标控制价，是在工程招标发包过程中，由招标单位根据有关计价规定计算的工程造价，其作用是招标单位用于对招标工程发包的最高控制限价，或称预算控制价。

（6）投标价，是在工程招标发包过程中，由投标单位按照招标文件的要求，根据工程特点，并结合自身的施工技术、装备和管理水平，依据有关计价规定自主确定的工程造价，是投标单位希望达成工程承包交易的期望价格。

（7）合同价，是在工程发承包过程中，由发承包双方以合同形式确定的工程承包价格。采用招标发包的工程，其合同价应为中标单位的投标价（中标价）。

（8）竣工结算价，是在承包单位完成工程合同约定的全部工程内容，发包单位依法组织竣工验收合格后，由发承包双方按照合同约定的工程造价条款，即合同价、合同价款调整以及索赔和现场鉴证等事项确定的最终工程价款。

（9）竣工决算，是整个建设项目竣工验收合格后，建设单位编制的确定建设项目实际总投资的经济文件。竣工决算可以反映该建设项目交付使用的固定资产及流动资产的详细情况，可以作为财产交接、考核建设项目使用成本及新增资产价值的依据，也是对该建设项目进行清产核资和后评估的依据。

3. 工程结构分解计价

按有关规定，建设工程有大、中、小型之分。凡是按照一个总体设计进行建设的各个单项工程的整体就是一个建设项目，它一般是一家企业（或联合企业）、事业单位或独立的工程项目。在建设项目中，凡是具有独立的设计文件、竣工后可以独立发挥生产能力或工程效益的工程都可以称为单项工程，也可将它理解为具有独立存在意义的完整的工程项目。单项工程又可分解为各个能独立施工的单位工程。考虑到组成单位工程的各部分是由不同工人用不同工具和材料完成的，可以把单位工程进一步分解为分部工程。然后还可按照不同的施工方法、构造及规格，把分部工程再进一步分解为分项工程。分项工程是能用较为简单的施工过程生产出来的，可以用适量的计量单位计算并便于测定或计算的工程基本构造单元。

5

与以上工程构成的方式相适应，建设工程具有分部组合计价的特点。计价时，首先要对工程项目进行分解，按构成进行分部计算，并逐层汇总。例如，为确定建设项目的总概算，要先计算各单位工程的概算，再计算各单项工程综合概算，最终汇总成项目总概算。

（二）工程造价策划的主要内容

工程造价的策划包括两个方面：一是计算和确定工程造价费用，或称工程造价的计价或估价；二是基于确定的工程造价目标，进行工程造价管理的实施策划，制订工程项目建设期间控制工程造价的实施方案。

1.工程造价的计价

工程造价策划中的计价活动主要是对工程建设过程中预期的工程造价费用进行的计算和确定，目的是确定目标计划值，其不包含对工程实际造价的计算，所以也称为工程造价的估价，或工程估价。

依据项目建设程序，工程造价的确定与工程建设的阶段性工作深度相适应，一般按以下几个阶段进行工程估价，编制相应的工程造价文件。

（1）在项目建议书阶段，按照有关规定编制初步投资估算，经主管部门批准，作为拟建项目列入投资计划和开展前期工作的控制性造价目标的计划值。

（2）在可行性研究阶段，按照有关规定编制投资估算，经主管部门批准，即为该项目造价目标的控制性计划值。

（3）在初步设计阶段，按照有关规定编制设计概算（总概算），经主管部门批准，即为控制拟建项目工程造价的最高限额。对于在初步设计阶段通过建设项目招标投标签订承包合同的，其合同价也应在最高限价（总概算）相应的范围以内。

（4）在施工图设计阶段，按规定编制施工图预算，用以核实施工图阶段造价是否超过批准的设计概算。经发承包双方共同确认，主管部门认定通过的施工图预算，即为结算工程价款的主要依据。

（5）在施工准备阶段，按有关规定编制招标工程的标底或招标控制价，通过合同谈判，确定工程承包合同价格。对以施工图预算为基础招标投标的工程，承包合同价也是以经济合同形式确定的建筑安装工程造价。

（6）在工程施工阶段，根据施工图预算、合同价格，编制资金使用计划，作为工程价款支付、确定工程结算价的目标计划值。

建设程序和各阶段工程造价计价及确定示意图如图 1-2 所示。

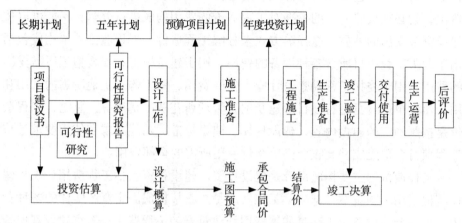

图 1-2　建设程序和各阶段工程造价计价及确定示意图

2. 工程造价管理的实施策划

工程造价管理的实施策划是根据拟建工程的特点、工程造价目标计划值、相应条件和环境等，确定工程造价管理的实施方案或称工程造价的控制方案，包括拟采用的控制工程造价的相关措施、管理方法、工作流程以及各阶段造价控制的工作重点与核心工作等。工程造价控制的实施方案应按工程建设全过程进行系统性和整体性设计，既要关注工程建设各个阶段的控制内容和方法，又要强调工程造价控制的全过程的关联作用。控制工程造价的措施是综合性的，应从组织上、技术上、经济上、管理上制定相应措施，从而为工程建设过程中的造价控制工作提供指引、路径和方法。

通过工程造价的策划，获得工程造价的估价文件、工程造价控制的实施方案等，形成系统性的工程造价策划文件。

第二节　工程造价管理的构成

建设项目投资是指在工程项目建设阶段所需要的全部费用的总和。生产性建设项目总投资包括建设投资、建设期利息和流动资金三部分，非生产性建设项目总投资包括建设投资和建设期利息两部分。其中，建设投资和建设期利息之和对应固定资产投资，固定资产投资与建设项目的工程造价在量上相等。由于工程造价具有大额性、动态性、兼容性等特点，要有效管理工程造价，就必须按照一定的标准对工程造价的费用构成进行分解，一般可以按建设资金支出的性质、途径等方式来分解工程造价。工程造价基本构成包括用于购买工程项目所含各种设备的费用、用于建筑施工和安装施工所需支出的费用、用于委托工程勘察设计应支付的费用、用于购置土地所需的费用和用丁建设单位自身进行项目筹建及项目管理所花费的费用等。总之，工程造价是按照确定的建设内容、建设规模、建设标准、功能要求和使用要求等将工程项目全部建成并验收合格后交付使用所需的全部费用。

工程造价的主要构成部分是建设投资。建设投资包括工程费用、工程建设其他费用和预备费三部分。工程费用是指直接构成固定资产实体的各种费用，可以分为设备及工器具购置费用和建筑安装工程费用；工程建设其他费用是指根据国家有关规定应在投资中支付，并列入建设项目总造价或单项工程造价的费用；预备费是为了保证工程项目的顺利实施，避免在难以预料的情况下造成投资不足而预先安排的一笔费用。

建设项目总投资的具体构成如图 1-3 所示。

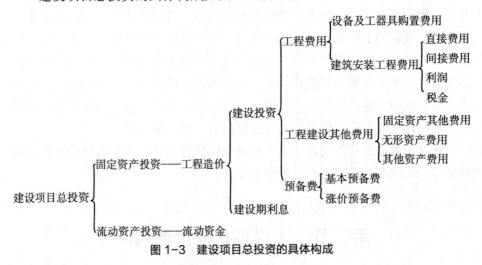

图 1-3 建设项目总投资的具体构成

以下详细介绍设备及工器具购置费用和建筑安装工程费用的构成。

一、设备及工器具购置费用的构成

设备及工器具购置费用是由设备购置费和工器具及生产家具购置费组成的，它是固定资产投资中的积极部分。在生产性工程建设中，设备及工器具购置费用占工程造价比重的增大意味着生产技术的进步和资本有机构成的提高。

（一）设备购置费的构成及计算

设备购置费是指为建设项目购置或自制而达到固定资产标准的各种国产或进口设备、工器具的购置费用。它由设备原价和设备运杂费构成，用公式表示为

$$设备购置费 = 设备原价 + 设备运杂费 \qquad (1-1)$$

式中：设备原价指国产设备或进口设备的原价；设备运杂费指除设备原价外的关于设备采购、运输、途中包装及仓库保管等方面支出费用的总和。

1.国产设备原价的构成及计算

国产设备原价一般指的是设备制造厂的交货价或订货合同价。它一般根据生产厂或供应商的询价、报价、合同价确定，或采用一定的方法计算确定。国产设备原价分为国产标准设备原价和国产非标准设备原价。

（1）国产标准设备原价。国产标准设备是指按照主管部门颁布的标准图纸和技术要求，由我国设备生产厂批量生产的、符合国家质量检测标准的设备。国产标准设备原价有两种，即带有备件的原价和不带备件的原价。在计算时，一般采用带有备件的原价。国产标准设备一般有完善的设备交易市场，因此可以通过查询相关交易市场价格或向设备生产厂家询价得到国产标准设备原价。

（2）国产非标准设备原价。国产非标准设备是指国家尚无定型标准，各设备生产厂不可能在生产过程中采用批量生产，只能按订货要求并根据具体的设计图纸制造的设备。国产非标准设备由于单件生产、无定型标准的特点，无法获取市场交易价格，只能按其成本构成或相关技术参数估算其价格。国产非标准设备原价有多种计算方法，如成本计算估价法、系列设备插入估价法、分部组合估价法、定额估价法等。但无论采用哪种方法都应该

使国产非标准设备的计价接近实际出厂价，并且计算方法要简便。成本计算估价法是一种比较常用的估算国产非标准设备原价的方法。按成本计算估价法，国产非标准设备的原价由以下各项组成：

①材料费。其计算公式为

$$材料费 = 材料净重 × （1+ 加工损耗系数） × 每吨材料综合价 \qquad （1-2）$$

②加工费。包括生产工人工资和工资附加费、燃料动力费、设备折旧费、车间经费等。其计算公式为

$$加工费 = 设备总重 × 设备每吨加工费 \qquad （1-3）$$

③辅助材料费（简称辅材费）。包括焊条、焊丝、氧气、氩气、油漆、电石等费用。其计算公式为

$$辅助材料费 = 设备总重 × 辅助材料费指标 \qquad （1-4）$$

④专用工具费。按第①～③项之和乘以一定百分比计算。

⑤废品损失费。按第①～④项之和乘以一定百分比计算。

⑥外购配套件费。按设备设计图纸所列的外购配套件的名称、型号、规格、数量、质量，根据相应的价格加运杂费计算。

⑦包装费。按第①～⑥项之和乘以一定百分比计算。

⑧利润。可按第①～⑤项加第⑦项之和乘以一定利润率计算。

⑨税金。主要指增值税。其计算公式为

$$增值税 = 当期销项税额 – 进项税额 \qquad （1-5）$$

$$当期销项税额 = 销售额 × 适用增值税率（\%） \qquad （1-6）$$

式中：销售额为第①～⑧项之和。

⑩国产非标准设备设计费。按国家规定的设计费收费标准计算。

综上所述，单台国产非标准设备原价可用下面的公式表达：

单台国产非标准设备原价 ={[（材料费 + 加工费 + 辅助材料费）×（1+专用工具费率）×（1+ 废品损失费率）+ 外购配套件费]×（1+ 包装费率）– 外购配套件费 }×（1+ 利润率）+ 销项税额 + 国产非标准设备设计费 + 外购配套件费

$$\qquad\qquad\qquad\qquad\qquad\qquad\qquad\qquad\qquad\qquad（1-7）$$

2. 进口设备原价的构成及计算

进口设备原价是指进口设备的抵岸价，通常由进口设备到岸价和进口从属费构成。进口设备到岸价即抵达买方边境港口或边境车站的价格。在国际贸易中，交易双方所使用的交货类别不同，则交易价格的构成内容也有所差

异。进口从属费包括银行财务费、外贸手续费、进口关税、消费税、进口环节增值税等，进口车辆还需缴纳车辆购置税。

3. 设备运杂费的构成及计算

（1）设备运杂费通常由下列各项构成。

①运费和装卸费。国产设备由设备制造厂交货地点运至工地仓库（或施工组织设计指定的需要安装设备的堆放地点）所发生的运费和装卸费，或进口设备由我国到岸港口或边境车站运至工地仓库（或施工组织设计指定的需要安装设备的堆放地点）所发生的运费和装卸费。

②包装费。在设备原价中没有包含的为运输而进行的包装支出的各种费用。

③设备供销部门的手续费。按有关部门规定的统一费率计算。

④采购与仓库保管费。采购、验收、保管和收发设备所发生的各种费用，包括设备采购人员、保管人员和管理人员的工资、工资附加费、办公费、差旅交通费，设备供应部门办公和仓库所占固定资产使用费、工具用具使用费、劳动保护费、检验试验费等。这些费用可按主管部门规定的采购与仓库保管费费率计算。

（2）设备运杂费按设备原价乘以设备运杂费费率计算，其公式为

$$设备运杂费 = 设备原价 × 设备运杂费费率（\%） \quad (1-8)$$

式中：设备运杂费费率按各部门及省区市有关规定计取。

（二）工器具及生产家具购置费的构成及计算

工器具及生产家具购置费是指新建或扩建项目初步设计规定的保证初期正常生产必须购置的没有达到固定资产标准的设备、仪器、工卡模具、器具、生产家具和备品备件等的购置费用。一般以设备购置费为计算基数，按照部门费率计算。其计算公式为

$$工器具及生产家具购置费 = 设备购置费 × 定额费率（\%） \quad (1-9)$$

二、建筑安装工程费用的构成

（一）按费用构成要素划分

建筑安装工程费用按照费用构成要素由人工费、材料（包含工程设备，下

同）费、施工机具使用费、企业管理费、利润、规费和税金组成。其中，人工费、材料费、施工机具使用费、企业管理费和利润包含在分部分项工程费、措施项目费、其他项目费中。

1. 人工费

人工费是指按工资总额构成规定，支付给从事建筑安装工程施工的生产工人和附属生产单位工人的各项费用。内容包括以下几点：

（1）计时工资或计件工资：指按计时工资标准和工作时间或对已做工作按计件单价支付给个人的劳动报酬。

（2）奖金：指对超额劳动和增收支付给个人的劳动报酬，如节约奖、劳动竞赛奖等。

（3）津贴补贴：指为了补偿职工特殊或额外的劳动消耗和因其他特殊原因支付给个人的津贴，以及为了保证职工工资水平不受物价影响而支付给个人的物价补贴，如流动施工津贴、特殊地区施工津贴、高温或高寒作业临时津贴、高空津贴等。

（4）加班加点工资：指按规定支付的在法定节假日工作的加班工资和在法定工作时间外延时工作的加点工资。

（5）特殊情况下支付的工资：指根据国家法律、法规和政策规定，因病、工伤、产假、计划生育假、婚丧假、事假、探亲假、定期休假、停工学习、执行国家或社会义务等原因按计时工资标准或计时工资标准的一定比例支付的工资。

2. 材料费

材料费是指在施工过程中耗费的原材料、辅助材料、构配件、零件、半成品或成品、工程设备的费用。内容包括以下几点：

（1）材料原价：指材料、工程设备的出厂价格或商家供应价格。

（2）运杂费：指材料、工程设备自来源地运至工地仓库或指定堆放地点所发生的全部费用。

（3）运输损耗费：指材料在运输装卸过程中不可避免的损耗的费用。

（4）采购及保管费：指在组织采购、供应和保管材料、工程设备的过程中所需要的各项费用，包括采购费、仓储费、工地保管费、仓储损耗费等。

工程设备是指构成或计划构成永久工程一部分的机电设备、金属结构设备、仪器装置及其他类似的设备和装置。

3. 施工机具使用费

施工机具使用费是指施工作业所发生的施工机械、仪器仪表使用费或其租赁费。

（1）施工机械使用费：以施工机械台班耗用量乘以施工机械台班单价表示，施工机械台班单价应由下列七项费用组成。

①折旧费：指施工机械在规定的使用年限内，陆续收回其原值的费用。

②大修理费：指施工机械按规定的大修理间隔台班进行必要的大修理，以恢复其正常功能所需的费用。

③经常修理费：指施工机械除大修理以外的各级保养和临时故障排除所需的费用，包括为保障机械正常运转所需替换设备与随机配备工具附具的摊销和维护费用，机械运转中日常保养所需润滑与擦拭的材料费用及机械停滞期间的维护和保养费用，等。

④安拆费及场外运费：安拆费指施工机械（大型机械除外）在现场进行安装与拆卸所需的人工、材料、机械和试运转费用以及机械辅助设施的折旧、搭设、拆除等费用；场外运费指施工机械整体或分体自停放地点运至施工现场或由一个施工地点运至另一个施工地点的运输、装卸、辅助材料及架线等费用。

⑤人工费：指机上司机（司炉）和其他操作人员的人工费。

⑥燃料动力费：指施工机械在运转作业中所消耗的各种燃料及水、电费等。

⑦税费：指施工机械按照国家规定应缴纳的车船使用税、保险费及年检费等。

（2）仪器仪表使用费：指工程施工使用的仪器仪表的摊销及维修费用。

4. 企业管理费

企业管理费是指建筑安装企业组织施工生产和经营管理所需的费用。内容包括以下几点：

（1）管理人员工资：指按规定支付给管理人员的计时工资、奖金、津贴补贴、加班加点工资及特殊情况下支付的工资等。

（2）办公费：指企业管理办公用的文具、纸张、账表、印刷、邮电、书报、办公软件、现场监控、会议、水电、烧水和集体取暖或降温（包括现场临时宿舍取暖或降温）等费用。

13

（3）差旅交通费：指职工因公出差、调动工作的差旅费、住勤补助费，市内交通费和误餐补助费，职工探亲路费，劳动力招募费，职工退休、退职一次性路费，工伤人员就医路费，工地转移费等费用。

（4）固定资产使用费：指管理和试验部门及附属生产单位使用的属于固定资产的房屋、设备、仪器等的折旧、大修、维修或租赁费。

（5）工具用具使用费：指企业施工生产和管理使用的不属于固定资产的工具、器具、家具、交通工具和检验、试验、测绘、消防用具等的购置、维修和摊销费。

（6）劳动保险和职工福利费：指由企业支付的职工退职金、按规定支付给离休干部的经费、集体福利费、夏季防暑降温补贴、冬季取暖补贴、上下班交通补贴等。

（7）劳动保护费：指企业按规定发放的劳动保护用品的支出，如工作服、手套、防暑降温饮料以及在有碍身体健康的环境中施工的保健费用等。

（8）检验试验费：指施工企业按照有关标准规定，对建筑以及材料、构件和建筑安装物进行一般鉴定、检查所发生的费用，包括自设实验室进行试验所耗用的材料等费用。不包括新结构、新材料的试验费，对构件做破坏性试验及其他特殊要求检验试验的费用和建设单位委托检测机构进行检测的费用。此类检测发生的费用，由建设单位在工程建设其他费用中列支。但对施工企业提供的具有合格证明的材料进行检测发现不合格的，该检测费用由施工企业支付。

（9）工会经费：指企业按《中华人民共和国工会法》规定的全部职工工资总额比例计提的工会经费。

（10）职工教育经费：指按职工工资总额的规定比例计提，企业为职工进行专业技术和职业技能培训、专业技术人员继续教育、职工职业技能鉴定、职业资格认定以及根据需要对职工进行各类文化教育所发生的费用。

（11）财产保险费：指施工管理所用财产、车辆等的保险费用。

（12）财务费：指企业为施工生产筹集资金或提供预付款担保、履约担保、职工工资支付担保等所发生的费用。

（13）税金：指企业按规定缴纳的房产税、车船使用税、土地使用税、印花税等。

（14）其他：包括技术转让费、技术开发费、投标费、业务招待费、绿化费、广告费、公证费、法律顾问费、审计费、咨询费、保险费等。

5.利润

利润是指施工企业完成所承包工程获得的盈利。

6.规费

规费是指按国家法律法规规定，由省级政府和省级有关管理部门规定必须缴纳或计取的费用。内容包括以下几点：

（1）社会保险费。

①养老保险费：指企业按照规定标准为职工缴纳的基本养老保险费。

②失业保险费：指企业按照规定标准为职工缴纳的失业保险费。

③医疗保险费：指企业按照规定标准为职工缴纳的基本医疗保险费。

④生育保险费：指企业按照规定标准为职工缴纳的生育保险费。

⑤工伤保险费：指企业按照规定标准为职工缴纳的工伤保险费。

（2）住房公积金：指企业按规定标准为职工缴纳的住房公积金。

（3）工程排污费：指按规定缴纳的施工现场工程排污费。

其他应列而未列入的规费按实际发生计取。

7.税金

税金是指国家税法规定的应计入建筑安装工程造价内的营业税、城市维护建设税、教育费附加以及地方教育附加。

（二）按造价形成划分

建筑安装工程费按照工程造价形成由分部分项工程费、措施项目费、其他项目费、规费、税金组成。分部分项工程费、措施项目费、其他项目费包含人工费、材料费、施工机具使用费、企业管理费和利润。

1.分部分项工程费

分部分项工程费是指各专业工程的分部分项工程应予列支的各项费用。

（1）专业工程：指按现行国家计量规范划分的房屋建筑与装饰工程、仿古建筑工程、通用安装工程、市政工程、园林绿化工程、矿山工程、构筑物工程、城市轨道交通工程、爆破工程等各类工程。

（2）分部分项工程：指按现行国家计量规范对各专业工程划分的项目，

如房屋建筑与装饰工程划分的土石方工程、地基处理与桩基工程、砌筑工程、钢筋及钢筋混凝土工程等。

各类专业工程的分部分项工程划分见现行国家或行业计量规范。

2. 措施项目费

措施项目费是指为完成建设工程施工，发生于该工程施工前和施工过程中的技术、生活、安全、环境保护等方面的费用。内容包括以下几点：

（1）安全文明施工费。

①环境保护费：指施工现场为达到环保部门要求所需要的各项费用。

②文明施工费：指施工现场文明施工所需要的各项费用。

③安全施工费：指施工现场安全施工所需要的各项费用。

④临时设施费：指施工企业为进行建设工程施工所必须搭设的生活和生产用的临时建筑物、构筑物和其他临时设施的费用，包括临时设施的搭设、维修、拆除、清理或摊销等费用。

（2）夜间施工增加费：指因夜间施工所发生的夜班补助费、夜间施工降效、夜间施工照明设备摊销及照明用电等费用。

（3）二次搬运费：指因施工场地条件限制而发生的材料、构配件、半成品等一次运输不能到达堆放地点，必须进行二次或多次搬运所发生的费用。

（4）冬雨季施工增加费：指在冬季或雨季施工需要增加的临时防滑、排除雨雪设施等费用。

（5）已完工程及设备保护费：指竣工验收前，对已完工程及设备采取的必要保护措施所发生的费用。

（6）工程定位复测费：指在工程施工过程中进行全部施工测量放线和复测工作的费用。

（7）特殊地区施工增加费：指工程在沙漠或其边缘地区、高海拔、高寒、原始森林等特殊地区施工时增加的费用。

（8）大型机械设备进出场及安拆费：指机械整体或分体自停放场地运至施工现场或由一个施工地点运至另一个施工地点所发生的机械进出场运输和转移费用及机械在施工现场进行安装、拆卸所需的人工费、材料费、机械费、试运转费和安装所需的辅助设施的费用。

（9）脚手架工程费：指施工需要的各种脚手架搭、拆、运输费用以及脚手架购置费的摊销（或租赁）费用。

措施项目及其包含的内容详见各类专业工程的现行国家或行业计量规范。

3.其他项目费

（1）暂列金额：指建设单位在工程量清单中暂定并包括在工程合同价款中的一笔款项。该款项用于施工合同签订时尚未确定或者不可预见的所需材料、工程设备、服务的采购，施工中可能发生的工程变更、合同约定调整因素出现时的工程价款调整以及发生的索赔、现场鉴证确认等的费用。

（2）计日工：指在施工过程中，施工企业完成建设单位提出的施工图纸以外的零星项目或工作所需的费用。

（3）总承包服务费：指总承包人为配合、协调建设单位进行的专业工程发包，对建设单位自行采购的材料、工程设备等进行保管以及施工现场管理、竣工资料汇总整理等服务所需的费用。

（三）建筑安装工程费用参考计算方法

1.各费用构成要素参考计算方法：

（1）人工费：

$$日工资单价 = \sum \frac{生产工人平均工资（计时，计件）+ 平均月（奖金 + 津贴补贴 + 特殊情况下支付的工资）}{年平均 每月法定工作日} \quad (1-10)$$

注：公式（1-10）主要适用于施工企业投标报价时自主确定人工费，也是工程造价管理机构编制计价定额时确定定额人工单价或发布人工成本信息的参考依据。

$$人工费 = \sum（工程工日消耗量 \times 日工资单价） \quad (1-11)$$

日工资单价是指施工企业平均技术熟练程度的生产工人在每工作日（国家法定工作时间内）按规定从事施工作业应得的日工资总额。

据工程项目的技术要求并参考实物工程量人工单价综合分析后确定，最低日工资单价不得低于工程所在地人力资源和社会保障部门所发布的最低工资标准的1.3倍（普工）、2倍（一般技工）、3倍（高级技工）。

工程计价定额不可只列一个综合工日单价，应根据工程项目技术要求和工种差别适当划分多种日人工单价，确保各分部工程人工费的合理构成。

17

注：公式（1-11）适用于工程造价管理机构编制计价定额时确定定额人工费，是施工企业投标报价的参考依据。

（2）材料费：

$$材料费 = \sum（材料消耗量 × 材料单价）\quad（1-12）$$

$$材料单价 = (供应价格 + 运杂费)×[1 +运输损耗费率(\%)]$$
$$×[1+采购保管费率(\%)] \quad（1-13）$$

（3）工程设备费：

$$工程设备费 = \sum（工程设备量 × 工程设备单价）\quad（1-14）$$

$$工程设备单价 =（设备原价 + 运杂费）×[1+ 采购保管费率（\%）]\quad（1-15）$$

（4）施工机具使用费。

①施工机械使用费：

$$施工机械使用费 = \sum（施工机械台班消耗量 × 机械台班单价）\quad（1-16）$$

$$机械台班单价 = 台班折旧费 + 台班大修费 + 台班经常修理费 +$$
$$台班安拆费及场外运费 + 台班人工费 +$$
$$台班燃料动力费 + 台班车船税费 \quad（1-17）$$

②仪器仪表使用费：

$$仪器仪表使用费 = 工程使用的仪器仪表摊销费 + 维修费 \quad（1-18）$$

（5）企业管理费费率。

①以分部分项工程费为计算基础：

$$企业管理费费率（\%）= \frac{生产工人年平均管理费}{年有效施工天数×人工单价} × 人工费占分部分项工程费比例（\%）\quad（1-19）$$

②以人工费和机械费合计为计算基础：

$$企业管理费费率（\%）= \frac{生产工人年平均管理费}{年有效施工天数×（人工单价 + 每日机械使用费）}×100\% \quad（1-20）$$

③以人工费为计算基础：

$$企业管理费费率（\%）= \frac{生产工人年平均管理费}{年有效施工天数×人工单价}×100\% \quad（1-21）$$

注：上述公式适用于施工企业投标报价时自主确定管理费，是工程造价管理机构编制计价定额时确定企业管理费的参考依据。

工程造价管理机构在确定计价定额中的企业管理费时，应以定额人工费或定额人工费＋定额机械费作为计算基数，其费率根据历年工程造价积累的资料，辅以调查数据来确定，最后列入分部分项工程和措施项目中。

（6）利润。

①施工企业根据企业自身需求并结合建筑市场实际自主确定，列入报价中。

②工程造价管理机构在确定计价定额中的利润时，应以定额人工费或定额人工费＋定额机械费作为计算基数，其费率根据历年工程造价积累的资料，并结合建筑市场实际来确定，以单位（单项）工程测算，利润在税前建筑安装工程费的比重可按不低于5%且不高于7%计算。利润应列入分部分项工程和措施项目中。

（7）规费。

①社会保险费和住房公积金。社会保险费和住房公积金应以定额人工费为计算基础，根据工程所在地省、自治区、直辖市或建设主管部门规定的费率计算。

$$社会保险费和住房公积金 = \sum(工程定额人工费 \times 社会保险费和住房公积金费率) \tag{1-22}$$

式中：社会保险费和住房公积金费率可以每万元发承包价的生产工人人工费和管理人员工资含量与工程所在地规定的缴纳标准综合分析取定。

②工程排污费等。工程排污费等其他应列而未列入的规费应按工程所在地环境保护等部门规定的标准缴纳，按实计取列入。

2.建筑安装工程计价参考公式

（1）分部分项工程费：

$$分部分项工程费 = 分部分项工程量 \times 综合单价 \tag{1-23}$$

式中：综合单价包括人工费、材料费、施工机具使用费、企业管理费和利润以及一定范围内的风险费用（下同）。

（2）措施项目费。

①国家计量规范规定应予计量的措施项目，其计算公式为

$$措施项目费 = \sum (措施项目工程量 \times 综合单价) \qquad (1-24)$$

②国家计量规范规定不宜计量的措施项目计算方法如下。

A. 安全文明施工费:

$$安全文明施工费 = 计算基数 \times 安全文明施工费费率（\%） \qquad (1-25)$$

计算基数应为定额基价（定额分部分项工程费 + 定额中可以计量的措施项目费）、定额人工费或定额人工费 + 定额机械费，其费率由工程造价管理机构根据各专业工程的特点综合确定。

B. 夜间施工增加费:

$$夜间施工增加费 = 计算基数 \times 夜间施工增加费费率（\%） \qquad (1-26)$$

C. 二次搬运费:

$$二次搬运费 = 计算基数 \times 二次搬运费费率（\%） \qquad (1-27)$$

D. 冬雨季施工增加费:

$$冬雨季施工增加费 = 计算基数 \times 冬雨季施工增加费费率（\%）(1-28)$$

E. 已完工程及设备保护费:

$$已完工程及设备保护费 = 计算基数 \times 已完工程及设备保护费费率（\%）(1-29)$$

上述措施项目的计费基数应为定额人工费或定额人工费 + 定额机械费，其费率由工程造价管理机构根据各专业工程特点和调查资料综合分析后确定。

（3）其他项目费。

①暂列金额由建设单位根据工程特点，按有关计价规定估算，在施工过程中由建设单位掌握使用，扣除合同价款调整后如有余额，归建设单位所有。

②计日工由建设单位和施工企业按施工过程中的鉴证计价。

③总承包服务费由建设单位在招标控制价中根据总包服务范围和有关计价规定编制，施工企业投标时自主报价，在施工过程中按合同价执行。

④规费和税金。建设单位和施工企业均应按照省、自治区、直辖市或建设主管部门发布的标准计算规费和税金。规费和税金不得作为竞争性费用。

3. 相关问题的说明

（1）各专业工程计价定额的编制及其计价程序均按要求实施。

（2）各专业工程计价定额的使用周期原则上为 5 年。

（3）工程造价管理机构在定额使用周期内，应及时发布人工、材料、机械台班价格信息，实行工程造价动态管理，如遇国家法律、法规、规章或相关政策变化以及建筑市场物价波动较大时，应适时调整定额人工费、定额机械费以及定额基价或规费费率，以确保建筑安装工程费能反映建筑市场实际。

（4）建设单位在编制招标控制价时，应按照各专业工程的计量规范和计价定额以及工程造价信息编制。

（5）施工企业在使用计价定额时除不可竞争费用外，其余仅作为参考，由施工企业投标时自主报价。

第三节　工程造价管理的改革和发展

一、工程造价管理的产生和发展

工程造价管理是随着社会生产力的发展以及社会经济和管理科学的发展而产生和发展的。

从历史发展和发展的连续性来说，在生产规模狭小、技术水平低下的生产条件下，生产者在长期劳动中会积累起生产某种产品所需要的知识和技能，也会获得生产某件产品需要投入的劳动时间和材料方面的经验。这种经验也可以通过从师学艺或从先辈那里得到。

从 19 世纪初期开始，西方工业化国家在工程建设中开始施行招标投标和承包方式。工程建设活动及其管理的发展要求工料测量师在工程设计以后和开工以前就进行测量和估价，根据图纸算出实物的工程量并汇编成工程量清单，为招标者确定标底或为投标者做出报价。从此，工程造价管理逐渐形成独立的专业。1881 年，英国皇家特许测量师学会（Royal Institution of Chartered Surveyors，RICS）成立，实现了工程造价管理的第一次飞跃。至此，工程委托人能够做到在工程开工之前，预先了解需要支付的投资额，但是还不能做到在设计阶段就对工程项目所需的投资进行准确预计，并对设计进行有效的监督和控制。因此，工程委托人往往在招标时或招标后才发现，根据当时完成的设计，工程费用过高，投资不足，不得不中途停工或修改设计。业主为了使各种资源得到最有效的利用，迫切要求在设计的早期阶段甚至在做项目投资决策时，就开始进行投资估算，并对设计进行控制。工程造价策划技术和分析方法的应用使工料测量师在设计过程中有可能相当准确地做出概预算，甚至可在设计之前即做出估算，并可根据工程委托人的要求使工程造价控制在限额以内。这样，从 20 世纪 40 年代开始，"投资计划和控制制度"就在英国等工业发达的国家应运而生，实现了工程造价管理的第二次飞跃。工程承包企业为适应市场的需要，也强化了自身的造价管理和成本控制能力。

工程造价管理是随着市场经济和工程建设管理的发展而产生并日臻完善的。这个发展过程可归纳如下：

（1）从事后算账发展到事先算账。即从最初只是消极地反映已完工程量的价格，逐步发展到在开工前进行工程量的计算和估价，进而又发展到在初步设计时提出概算，在可行性研究时提出投资估算，成为业主进行投资决策的重要依据。

（2）从被动地反映设计和施工发展到能动地影响设计和施工。即从最初施工阶段工程造价的确定和结算，之后逐步发展到在设计阶段、投资决策阶段对工程造价做出预测，并对设计和施工过程中投资的支出进行监督和控制，进行工程建设全过程的造价管理。

（3）从依附于施工者或建筑师发展成一个独立的专业。例如，在英国，有专业学会，有统一的专业人士的称谓认定和职业守则，不少高等院校也开设了工程造价管理专业，培养工程造价管理的专门人才。

二、我国工程造价管理的模式和发展

从发展过程来看，我国工程造价管理体制的历史大体可分为 5 个阶段。

第一阶段（1950—1957 年）是与计划经济相适应的概预算定额制度建立时期。中华人民共和国成立后，百废待兴，国家面临着大规模的恢复重建工作，特别是实施第一个五年计划后，为合理确定工程造价，用好有限的基本建设资金，国家引进了一套苏联的概预算定额管理制度，同时也为新组建的国营建筑施工企业建立了企业管理制度。1957 年颁布的《关于编制工业与民用建设预算的若干规定》规定各个设计阶段都应编制概算和预算，明确概预算的作用。在这之前，国务院和国家建设委员会还先后颁布了《基本建设工程设计和预算文件审核批准暂行办法》《工业与民用建设设计及预算编制暂行办法》《工业与民用建设预算编制暂行细则》等文件。这些文件的颁布建立健全了概预算工作制度，确立了概预算在基本建设工作中的地位，同时对概预算的编制原则、内容、修正办法、程序等做了规定，确立了对概预算编制依据实行集中管理为主的分级管理原则。为加强概预算的管理工作，国家先是成立标准定额司（处），1956 年又单独成立建筑经济局。同时，各地定额管理分支机构也相继成立。

第二阶段（1958—1966 年）是概预算定额管理逐渐被削弱的阶段。从 1958 年开始，在中央放权的背景下，概预算与定额管理权限也全部下放。1958 年 6 月，基本建设预算编制办法、建筑安装工程预算定额和间接费用定额由省、自治区、直辖市负责管理，其中有关专业性的定额由中央各部负责修订、补充和管理，造成工程量计量规则和定额项目在全国各地区不统一的现象。各级基建管理机构的概预算部门被精简，设计单位概预算人员减少，只算政治账，不讲经济账，概预算控制投资作用被削弱，吃大锅饭、投资大撒手之风逐渐滋长。尽管在短时期内也有过重整定额管理的迹象，但总的趋势并未改变。

第三阶段（1967—1976 年）是概预算定额管理工作的停滞阶段。1967 年，中华人民共和国建筑工程部直属企业实行经常费制度。工程完工后向建设单位实报实销，从而使施工企业变成了行政事业单位。1973 年制定了《关于基本建设概算管理办法》，但未能施行。

第四阶段（1977 年至 20 世纪 90 年代初）是造价管理工作整顿和发展的时期。1976 年之后，国家经济中心的转移为恢复与重建造价管理制度提供了良好的条件。1977 年，国家恢复造价管理机构，1983 年 8 月成立基本建设标准定额局，组织制定工程建设概预算定额、费用标准及工作制度。概预算定额统一归口，1988 年划归中华人民共和国建设部，成立标准定额司，各省区市、各部委建立了定额管理站，全国颁布一系列推动概预算管理和定额管理发展的文件，并颁布几十项预算定额、概算定额、估算指标。20 世纪 80 年代后期，中国建设工程造价管理协会成立，全过程工程造价管理概念逐渐为广大造价管理人员所接受，对推动建筑业改革起到了促进作用。

第五阶段，从 20 世纪 90 年代初至今。随着我国经济发展水平的提高和经济结构的日益复杂，计划经济的内在弊端逐步暴露出来。传统的与计划经济相适应的概预算定额管理实际上是对工程造价实行行政指令的直接管理，它遏制了竞争，抑制了生产者和经营者的积极性与创造性，不能适应不断变化的社会经济条件进而发挥优化资源配置的基础作用。

23

2003 年，中华人民共和国建设部和国家质量监督检验检疫总局按照我国工程造价管理改革的要求，本着国家宏观调控、市场竞争形成价格的原则，联合制定和发布了《建设工程工程量清单计价规范》（GB 50500—2003）（以下简称"2003 版计价规范"），使工程造价的计价方式及管理向市场化方向迈进了一大步。"2003 版计价规范"在编制过程中，总结了我国建设工程工程量清单计价试点工作的经验，借鉴了国外工程量清单计价的做法，规范了适用于建设工程工程量清单的计价活动，并规定全部使用国有资金投资或国有资金投资为主的大中型建设工程应按该规范执行。

2008 年，为了适应我国社会主义市场经济发展的需要，规范建设工程造价计价行为，统一建设工程工程量清单的编制和计价方法，维护发包人和承包人的合法权益，中华人民共和国住房和城乡建设部按照我国工程造价管理改革的总体目标，在总结"2003 版计价规范"实施以来经验的基础上，发布了《建设工程工程量清单计价规范》（GB 50500—2008）（以下简称"2008 版计价规范"）。"2008 版计价规范"针对"2003 版计价规范"执行中存在的问题，特别是清理拖欠工程款工作中普遍反映的，在工程实施阶段有关工程价款调整、支付、结算等方面缺乏依据的问题，特别增加了采用工程量清单计价如何编制工程量清单和招标控制价、投标报价、合同价款约定以及工程计量与价款支付、工程价款调整、索赔、竣工结算、工程计价争议处理等内容。"2008 版计价规范"的内容涵盖工程实施阶段从招投标开始到工程竣工结算办理的全过程。

2013 年，中华人民共和国住房与城乡建设部和国家质量监督检验检疫总局联合发布了《建设工程工程量清单计价规范》（GB 50500—2013）（以下简称"2013 版计价规范"）。"2013 版计价规范"是对"2008 版计价规范"的修改、补充和完善，明确是为规范建设工程施工发承包计价行为、统一建设工程工程量清单的编制和计价方法而制定该规范。"2013 版计价规范"适用于建设工程施工发承包计价活动。基于"政府宏观调控、部门动态监管、企业自主报价、市场决定价格"的计价指导思想，"2013 版计价规范"规定了合同价款约定、合同价款调整、合同价款中期支付、竣工结算支付以及合同解除的价款结算与支付、合同价款争议的解决方法等。

三、我国工程造价管理体制和模式的改革

自中国共产党第十一届中央委员会第三次全体会议以来，随着经济体制改革的深入，我国工程造价管理体制和模式发生了很大变化，主要表现在以下几个方面：

（1）重视和加强项目决策阶段的投资估算工作，努力提高可行性研究报告投资控制数的准确度，切实发挥其控制建设项目总造价的作用。

（2）明确概预算工作不仅要反映设计、计算工程造价，更要能动地影响设计、优化设计，并发挥控制工程造价、促进合理使用建设资金的作用。工程造价管理人员与设计人员要密切配合，做好多方的技术经济比较，通过优化设计来保证设计的技术经济合理性。要明确规定设计单位逐级控制工程造价的责任制，并辅以必要的奖罚制度。

（3）从建筑产品的认识出发，以价值为基础，确定建设工程造价及所含的建筑安装工程的费用，使工程造价的构成合理化，逐渐与国际惯例接轨。

（4）把竞争机制引入工程造价管理体制，打破以行政手段分配建设任务和设计施工单位依附于政府主管部门吃大锅饭的体制，冲破条条割裂、地区封锁，在相对平等的条件下进行招标承包，择优选择工程承包公司、设计单位、施工企业和设备材料供应单位，以促使这些单位改善经营管理，提高应变能力和竞争能力，降低工程造价。

（5）提出用动态方法研究和管理工程造价。研究如何体现项目投资额的时间价值，要求各地区各部门工程造价管理机构要定期公布各种设备、材料、人工、机械台班的价格指数以及各类工程造价指数，尽快建立地区、部门以至全国的工程造价管理信息系统。

（6）提出要对工程造价的估算、概算、预算、承包合同价、结算价、竣工价、竣工决算实行一体化管理，并研究如何建立一体化的管理制度。

（7）对工程造价咨询单位进行资质管理，促进工程造价咨询业务健康发展。

（8）推行造价工程师执业资格制度，以提高工程造价专业人员的素质，确保工程造价管理工作的质量。

（9）中国建设工程造价管理协会及其分支机构在各省、自治区、直辖市各部门普遍建立并得到长足发展。

随着改革的不断深化和社会主义市场经济体制的建立，原有的那套工程造价管理体制已不能适应市场经济发展的需要，要求重新建立新的工程造价的管理体制。这里的改革不是对原有体系的修修补补，而是要有质的改变。但这种改变又不是毕其功于一役、一蹴而就的，需要分阶段、逐步地进行。

初始工程造价管理体制改革的目标是要在统一工程量计量规则和消耗量定额的基础上，遵循市场经济价值规律，建立以市场形成价格为主的价格机制。企业依据政府和社会咨询机构提供的市场价格信息和造价指数，结合企业自身实际情况，自主报价，通过市场价格机制的运行，形成统一、协调、有序的工程造价管理体系，达到合理使用投资、有效地控制工程造价、取得最佳投资效益的目的，逐步建立起适应社会主义市场经济体制、符合中国国情、与国际惯例接轨的工程造价管理体制。

据此，在 20 世纪 90 年代中期，我国制定了全国统一的工程量计算规则和消耗量基础定额，各地普遍制定了工程造价价差管理办法，在计划利润基础上，按工程技术要求和施工难易程度划分工程类别，实现差别利润率，各地区、各部门工程造价管理部门定期发布反映市场价格水平的价格信息和调整指数。有些地方建立了工程造价咨询机构，并已开始推行造价工程师执业资格制度等。这些改革措施对促进工程造价管理、合理控制投资起到了积极的作用，向最终的目标迈出了踏实的一步。

工程造价改革中的关键问题是要实现量、价分离，变指导价为市场价格，变指令性的政府主管部门调控取费及其费率为指导性，由企业自主报价，通过市场竞争予以定价。改变计价定额属性不是不要定额，而是改变定额作为政府的法定行为，采用企业自行制定定额与政府指导性相结合的方式，并统一项目费用构成，统一定额项目划分，使计价基础统一，有利于市场竞争。要形成完整的工程造价信息系统，需要充分利用现代化通信手段与计算机大存储量和高速的特点，实现信息共享，及时为企业提供材料、设备、人工价格信息及造价指数。要确立咨询业公正、中立的社会地位，发挥咨询业的咨询、顾问作用，逐渐代替政府行使工程造价管理的职能，同时接受政府工程造价管理部门的管理和监督。

在这之后，造价管理将进入完整的市场化阶段，政府行使协调监督的职能。通过完善招投标制度，规范工程承发包和勘察设计招投标行为，建立统一、开放、有序的建筑市场体系。社会咨询机构将独立成为一个行业，公正地开展咨询业务，实施全过程的咨询服务；建立起在国家宏观调控的前提下，以市场形成价格为主的价格机制；根据物价变动、市场供求变化、工程质量、完成工期等因素，对工程造价依照不同承包方式实行动态管理，建立与国际惯例接轨的工程造价管理体制。

　　实行工程量清单计价是工程造价计价方式及其管理的重大改革，它使工程造价管理模式向市场化方向前进了一大步。工程量清单计价符合市场经济的基本原则，它使市场在资源配置中起决定性作用，是国际通行的做法，是政府转变职能的有效途径，有利于构筑公开、公平、公正的建筑市场和竞争环境。

第二章　建设工程计价方法及计价依据

第一节　工程定额计价体系

一、工程定额的概念与作用

所谓定额，就是进行生产经营活动时，在人力、物力和财力消耗方面应遵守或达到的数量标准。在建筑业生产中，为了完成建筑产品，必须消耗一定数量的劳动力、材料和机械设备台班以及相应的资金。在一定的生产条件下，用科学的方法制定出的生产质量合格的单位建筑产品所需要的劳动力、材料和机械设备台班等的数量标准就称为工程定额。

定额成为管理的一门学科始于 19 世纪末，它是与管理科学的形成和发展紧密地联系在一起的。定额和企业管理成为学科是从泰勒制开始的，泰勒制的创始人是美国工程师泰勒。当时美国工业发展迅速，但由于传统的旧有管理方法的制约，工人的劳动生产率低、劳动强度很高，面对这种情况，泰勒开始进行企业管理的研究。他进行了各种有效的试验，努力把当时科学技术的最新成就应用于企业管理。通过研究，泰勒提出了一整套系统的标准的科学管理方法，其核心是制定科学的工时定额、实行标准的操作方法、强化和协调职能管理以及有差别的计件工资。泰勒制的产生给企业管理带来了根本性变革。

在工程建设和企业管理中，确定和执行先进合理的定额是技术和经济管理工作中的重要一环。在工程项目建设的计划、设计、采购和施工建造过程中，定额具有以下几方面的作用。

（1）定额是编制计划的基础。工程建设活动需要编制各种计划来组织与指导生产，而计划编制中又需要各种定额来作为计算人力、物力、财力等资源需要量的依据。因此，定额是编制计划的重要基础。

（2）定额是确定工程造价的依据和评价设计方案经济合理性的尺度。工程造价是根据由设计规定的工程规模、工程数量及相应需要的劳动力、材料、机械设备消耗量及其他必须消耗的资金确定的。其中，劳动力、材料、机械设备的消耗量主要是需要依据定额进行计算，所以工程定额是确定工程造价的重要依据之一。同时，建设项目投资的多少反映了各种设计方案技术经济水平的高低，因此，定额又是评价设计方案经济合理性的尺度。

（3）定额是组织和管理施工的工具。建筑施工企业要计算和平衡资源需要量、组织材料供应、调配劳动力、签发任务单、组织劳动竞赛、调动人的积极因素、考核工程消耗和劳动生产率、贯彻按劳分配工资制度、计算工人报酬等，这些工作都要利用定额。因此，从组织施工和管理生产的角度来说，定额又是建筑企业组织和管理施工的重要工具。

（4）定额是总结先进生产方法的手段。定额是在平均先进水平的条件下，通过对生产流程的观察、分析、综合等过程制定的，可以最严格地反映出生产技术和劳动组织的先进合理程度。因此，人们可以定额方法为手段，对同一产品在同一操作条件下的不同的生产方法进行观察、分析和总结，从而得到一套比较完整、高效的生产方法来作为生产中推广的范例。

由此可见，工程定额是实现建设工程项目，确定人力、物力和财力等资源需要量，有计划地组织生产，提高劳动生产率，降低工程造价，完成计划的重要的技术经济工具，是工程管理和企业管理的重要基础。

二、工程定额体系

由于工程建设及其管理的具体目的、要求、内容等的不同，在工程管理中使用的定额种类较多，按其内容、形式和用途的不同，有下列几种划分方法。

（一）按生产要素内容划分

生产要素定额就是在完成质量合格的单位产品条件下所消耗生产要素的数量标准。生产要素定额有人工定额、机械台班定额、材料消耗定额。

1. 人工定额

人工定额也称劳动定额，它反映的是建筑工人在正常施工条件下的劳动效率，表明每个工人在单位时间内为生产合格产品必须消耗的劳动时间，或者在一定的劳动时间内生产的合格产品数量。

按表示形式的不同，人工定额分为时间定额和产量定额。

人工定额反映的是产品生产中劳动消耗的数量标准，是建筑安装工程定额中重要的一部分，它不仅关系到施工生产中劳动的计划、组织和调配，还关系到按劳分配原则的贯彻。人工定额在生产和分配两个方面都起着重要的作用，它是组织生产、编制施工作业计划、签发施工任务书、考核工效、计算超额奖、计算计件工资和编制预算定额的依据。

2. 机械台班定额

机械台班定额也称机械使用定额，其表示形式分时间定额和产量定额两种。

机械台班定额就是台班内小组成员总工日完成的合格产品数。它是编制机械需求计划、考核机械效率和签发施工任务书、评定奖励等的依据。

3. 材料消耗定额

材料消耗定额是指在节约和合理使用材料的条件下，生产单位合格产品所必须消耗的一定品种规格的材料、燃料、半成品、配件和水、电、动力资源的数量标准。

在建筑工程中，材料消耗量的多少对产品价格和工程成本有着直接的影响。

生产要素定额是计算工人劳动报酬的根据。按劳分配中，"劳"是指劳动的数量和质量、劳动的成果和效益。生产要素定额是衡量工人劳动数量和质量、产出成果和效益的标准。所以，生产要素定额是计算人工计件工资的基础，是计算奖励工资的依据，是确定工程建设中各种资源消耗的最基本的根据。

（二）按编制程序和用途划分

工程定额按编制程序可分为分部定额和施工定额，以施工定额为基础，进一步编制预算定额，而概算定额又以预算定额为基础。施工定额、预算定额和概算定额的作用和用途各不相同。

1. 分部定额

分部定额是以个别工序（或个别操作）为标定对象，表示生产产品数量与时间消耗关系的定额，它是定额体系组成的基础，因此又称为基本定额或工序定额。例如，在砌砖工程中可以分别制定出铺灰、砌砖、勾缝等分部定额；钢筋制作过程可以分别制定出整直、剪切、弯曲等分部定额。

2. 施工定额

施工定额是以同一性质的施工过程为标定对象来表示生产产品数量与时间消耗综合关系的定额。例如，砌砖工程的施工定额包括调制砂浆、运送砂浆及铺灰、砌砖等所有工序及辅助工作在内所需要消耗的时间；混凝土工程施工定额包括混凝土搅拌、运输、浇灌、振捣、抹平等所有工序及辅助工作在内所需要消耗的时间。施工定额是以分部定额为基础，由分部定额综合而成。

施工定额本身分为人工定额、施工机械台班定额和材料消耗定额三类，主要直接用于工程的施工管理，作为编制工程施工组织设计、施工预算、施工作业计划、签发施工任务单、限额领料卡及结算计件工资或计量奖励工资等。施工定额同时是编制预算定额的基础。

3. 预算定额

预算定额是分别以房屋或构筑物各个分部分项工程为对象（某些小型的独立的构筑物，如给排水检查井等也以整个构筑物为单位）编制的。内容包括人工定额、机械台班定额及材料消耗定额三项基本内容，有的列有工程费用。预算定额是以施工定额为基础综合扩大而编制的。

预算定额是编制和调整施工图预算和相应工程造价的重要基础，同时可以用作编制施工组织设计和施工技术财务计划的参考。预算定额也是编制概算定额的基础。

4. 概算定额与概算指标

概算定额是以扩大的分部分项工程为对象编制的，用来确定该工程的人工、材料和机械台班的消耗数量。它是编制初步设计概算、确定建设项目投资额的依据。概算定额是在预算定额的基础上综合编制的，每一分项概算定额项目都包括了数项预算定额项目。

概算指标是概算定额的扩大与合并，它是以整个房屋或构筑物为对象，以更为扩大的计量单位来编制的，包括人工、材料和机械台班定额三项基本内容。同时，概算指标一般还列出了各结构分部的工程量及单位建筑工程（以体积计或以面积计）的造价。

为了增加指标的适用性，也以房屋或构筑物的扩大的分部工程或结构构件为对象编制，称为扩大结构定额。

为了满足按基本建设建筑安装工程投资额计算人工、材料和机械台班需要量的要求，也有以每1万元建筑安装工程投资（工作量）为计量单位的定额，这种定额称为万元定额。

由于各种性质建设工程所需要的人工、材料和机械台班的数量不同，概算指标通常按工业建筑和民用建筑分别编制。工业建筑中又按各工业部门类别、企业大小、车间结构编制，民用建筑中又按用途性质、建筑层高、结构类别编制。

概算指标是设计单位编制设计概算或建设单位编制年度任务计划、施工准备期间编制材料和机械设备供应计划的依据，也可供国家编制年度建设计划参考。

（三）按颁发部门和执行范围划分

我国现行的工程定额主要是由各级政府建设主管部门颁发的。随着我国市场经济体制的建立和不断完善，建筑业企业定额的作用和重要性将越来越突显。

（1）国家定额。国家定额是由代表国家的国家建设主管部门或中央各职能部（局）制定和颁发的定额，国家定额是全国与工程建设有关的单位必须共同执行和贯彻的定额，并由各省、市（通过省、市建设厅或建设委员会）负责督促、检查和管理。

（2）地方定额。地方定额是由省、市建设主管部门制定，由省、市地方政府批准颁发的，仅在所属地方范围内适用。地方定额主要是考虑到地方条件同国家定额规定条件相差较远或为国家定额中所缺项而补充编制的。地方定额编制时，应连同有关资料及说明报送国家主管部门备案，以供编制国家定额时参考。

（3）企业定额。企业定额是由建筑业企业自行编制的定额，用于企业内部的施工生产与管理以及对外的经营管理活动。企业定额主要应根据企业自身的情况、特点和素质进行编制，代表企业的技术水平和管理水平，反映企业的综合实力。

在市场经济条件下，国家或地方政府部门颁布的定额主要是起宏观管理和指导性作用，而企业定额则是建筑业企业生产与经营活动的基础，其地位更为重要。企业定额是反映本企业在完成合格产品生产过程中必须消耗的人工、材料和施工机械台班的数量标准，代表了本企业的生产力水平。按企业定额计算出的工程费用是本企业生产和经营中所需支出的成本。因此，从某种意义上讲，企业定额是本企业的商业秘密。在投标过程中，企业先是按自己的企业定额计算出完成拟投标工程的成本，在此基础上再考虑拟获得的利润和可能的工程风险费用，即在确定工程成本的基础上制定该工程的投标报价。由此，企业应非常重视企业定额的编制和管理，做好企业工程估价数据及数据库的建立和管理工作。

（四）按专业划分

由于工程建设涉及众多的专业，不同的专业所含的内容也不同，因此就确定人工、材料和机械台班消耗数量标准的工程定额来说，也需要按不同的专业分别进行编制和执行。

（1）建筑工程定额。建筑工程定额包括建筑安装定额（亦称土建定额）、装饰工程定额（亦称装饰定额）、房屋修缮工程定额（亦称房修定额）。

（2）安装工程定额。安装工程定额包括机械设备安装工程定额；电气设备安装工程定额；送电线路工程定额；通信设备安装工程定额；通信线路工程定额；工艺管道工程定额；长距离输送管道工程定额；给排水、采暖、煤气工程定额；通风、空调工程定额；自动化控制装置及仪表工程定额；工艺金属结构工程定额；炉窑砌筑工程定额；刷油、绝热、防腐蚀工程定额；热力设备安装工程定额；化学工业设备安装工程定额；非标设备制作工程定额。

（3）市政工程定额。

（4）人防工程定额。

（5）园林、绿化工程定额。

（6）公用管线工程定额。

33

（7）沿海港口建设工程定额。沿海港口建设工程定额包括沿海港口水工建筑工程定额、沿海港口装卸机械设备安装定额。

（8）水利工程定额。除上述这些专业定额外，还有铁路工程、矿山工程等专业工程定额。

第二节　工程量清单计价方法

一、工程量清单基本内容

（一）工程量清单的概念

工程量清单是表现拟建工程的分部分项工程项目、措施项目、其他项目名称和相应数量的明细清单。工程量清单是按统一规定进行编制的，它体现的核心内容为分项工程项目名称及其相应数量，是招标文件的组成部分。招标人或由其委托的代理机构按照招标要求和施工设计图纸规定将拟建招标工程的全部项目和内容，依据《建设工程工程量清单计价规范》中统一项目编码、项目名称、计量单位和工程量计算规则进行编制，作为承包商进行投标报价的主要参考依据之一。工程量清单是一套由注有拟建工程各实物工程名称、性质、特征、单位、数量及措施项目、税费等相关表格组成的文件。工程量清单是招标文件的组成部分，是招投标活动的重要依据，一经中标且签订合同，即成为合同的组成部分。因此，无论招标人还是投标人都应该认真对待。

（二）工程量清单的内容

工程量清单作为招标人编制的招标文件的一部分，是投标人进行投标报价的重要依据，因此，工程量清单中必须具有完整详细的信息披露，为了达到这一要求，招标人编制的工程量清单应该包括以下内容。

1. 明确的项目设置

工程计价是一个分部组合计价的过程，不同的计价模式对项目的设置规则和结果都是不尽相同的。在业主提供的工程量清单计价中必须明确清单项目的设置情况，除明确说明各个清单项目的名称，还应阐释各个清单项目的特征和工程内容，以保证清单项目设置的特征描述和工程内容没有遗漏也没有重叠。当然，这种项目设置可以通过统一的规范编制来实现。

2. 清单项目的工程数量

在招标人提供的工程量清单中必须列出各个清单项目的工程数量，这也是工程量清单招标与定额招标之间的一个重大区别。

采用定额方式和由投标人自行计算工程量的投标报价，由于设计或图纸的缺陷，不同投标人员理解不一，计算出的工程量也不同，报价相去甚远，容易产生纠纷。工程量清单报价为投标者提供了一个平等竞争的条件，相同的工程量，由企业根据自身的实力来填报不同的单价，符合商品交换的一般性原则。因为对每一个投标人来说，计价所依赖的工程数量都是一样的，这使得投标人之间的竞争完全属于价格的竞争，其投标报价反映出自身的技术能力和管理能力，也使招标人的评标标准更加简单明确。

同时，在招标人提供的工程量清单中提供工程数量，还可以实现承发包双方合同风险的合理分担。采用工程量清单报价方式后，投标人只对自己所报的成本、单价等负责，而对工程量的变更或计算错误等不负责任，这一部分风险则应由业主承担，这种格局符合风险合理分担与责权利关系对等的一般原则。

3. 提供基本的表格格式

工程量清单的表格格式是附属于项目设置和工程量计算的，它为投标报价提供了一个合适的计价平台，使投标人可以根据表格之间的逻辑联系和从属关系，在其指导下完成分部组合计价的工作。从严格意义上说，工程量清单的表格格式可以多种多样，只要能够满足计价的需要就可以了。

（三）工程量清单的编制

工程量清单主要由分部分项工程量清单、措施项目清单和其他项目清单等组成，是编制标底和投标报价的依据，是签订工程合同、调整工程量和办理竣工结算的基础。

工程量清单由有编制招标文件能力的招标人或受其委托具有相应资质的工程造价咨询机构、招标代理机构依据有关计价办法、招标文件的有关要求、设计文件和施工现场实际情况进行编制。

35

1. 工程量清单的项目设置

工程量清单的项目设置规则是为了统一工程量清单项目名称、项目编码、计量单位和工程量计算而制定的，是编制工程量清单的依据。在《建设工程工程量清单计价规范》（以下简称《清单计价规范》）中，对工程量清单项目的设置做了明确的规定。

（1）项目编码。分部分项工程量清单项目编码以五级编码设置，用12位阿拉伯数字表示。一、二、三、四级编码为全国统一；第五级编码由工程量清单编制人区分工程的清单项目特征而分别编制。各级编码代表的含义如下：

①第一级表示工程分类顺序码（分两位）：建筑工程为01、装饰装修工程为02、安装工程为03、市政工程为04、园林绿化工程为05、矿山工程为06。

②第二级表示专业工程顺序码（分两位）。

③第三级表示分部工程顺序码（分两位）。

④第四级表示分项工程项目顺序码（分三位）。

⑤第五级表示工程量清单项目顺序码（分三位）。

（2）项目名称。《清单计价规范》附录表中的"项目名称"为分项工程项目名称，是形成分部分项工程量清单项目名称的基础，在此基础上增填相应项目特征，即为清单项目名称。分项工程项目名称一般以工程实体来命名，项目名称如有缺项，招标人可按相应的原则进行补充，并报当地工程造价管理部门备案。

（3）项目特征。项目特征是对项目的准确描述，是影响价格的因素，是设置工程量清单项目的依据。项目特征按不同的工程部位、施工工艺或材料品种、规格等分别列项。凡项目特征中未描述到的其他独有特征，由清单编制人视项目具体情况确定，以准确描述清单项目为准。

（4）计量单位。计量单位应采用基本单位，除各专业另有特殊规定外均按以下单位计量：

①以重量计算的项目——吨或千克（t 或 kg）。

②以体积计算的项目——立方米（m³）。

③以面积计算的项目——平方米（m²）。

④以长度计算的项目——米（m）。

⑤以自然计量单位计算的项目——个、套、块、樘、组、台……

⑥没有具体数量的项目——宗、项……

各专业有特殊计量单位的，再另外加以说明。

（5）工程内容。工程内容是指完成该清单项目可能发生的具体工程，可供招标人确定清单项目和投标人投标报价参考。以建筑工程的场地平整为例，可能发生的具体工程有挖填、找平、运输等。

凡工程内容中未列全的其他具体工程，由投标人按招标文件或图纸要求编制，以完成清单项目为准，综合考虑到报价中。

2. 工程数量的计算

工程数量主要通过工程量计算规则计算得到。工程量计算规则是指对清单项目工程量的计算规定。除另有说明外，所有清单项目的工程量应以实体工程量为准，并以完成后的净值计算。投标人投标报价时，应在单价中考虑施工中的各种损耗和需要增加的工程量。

工程量计算规则包括建筑工程、装饰装修工程、安装工程、市政工程和园林绿化工程五个部分。

（1）建筑工程包括土石方工程，地基与桩基础工程，砌筑工程，混凝土及钢筋混凝土工程，厂库房大门、特种门、木结构工程，金属结构工程，屋面及防水工程，防腐、隔热、保温工程。

（2）装饰装修工程包括楼地面工程，墙柱面工程，天棚工程，门窗工程，油漆、涂料、裱糊工程，其他装饰工程。

（3）安装工程包括机械设备安装工程，电气设备安装工程，热力设备安装工程，炉窑砌筑工程，静置设备与工艺金属结构制作安装工程，工业管道工程，消防工程，给排水、采暖、燃气工程，通风空调工程，自动化控制仪表安装工程，通信设备及线路工程，建筑智能化系统设备安装工程，长距离输送管道工程。

（4）市政工程包括土石方工程，道路工程，桥涵护岸工程，隧道工程，市政管网工程，地铁工程，钢筋工程，拆除工程，厂区、小区道路工程。

（5）园林绿化工程包括绿化工程，园路、园桥、假山工程，园林景观工程。

3. 工程量清单的标准格式

工程量清单应采用统一格式，一般应由下列内容组成。

（1）封面。封面由招标人填写、签字、盖章。

（2）填表须知。填表须知主要包括下列内容：

①工程量清单及其计价格式中所要求签字、盖章的地方，必须由规定的单位和人员签字、盖章。

②工程量清单及其计价格式中的任何内容不得随意删除或涂改。

③工程量清单计价格式中列明的所有需要填报的单价和合价，投标人均应填报，未填报的单价和合价，视为此项费用已包含在工程量清单的其他单价和合价中。

④明确金额的表示币种。

（3）总说明。总说明应按下列内容填写。

①工程概况：建设规模、工程特征、计划工期、施工现场实际情况、交通运输情况、自然地理条件、环境保护要求等。

②工程招标和分包范围。

③工程量清单编制依据。

④工程质量、材料、施工等的特殊要求。

⑤招标人自行采购材料的名称、规格、型号、数量等。

⑥其他项目清单中投标人部分的（包括预留金、材料购置费等）金额数量。

4. 分部分项工程量清单

分部分项工程量清单是指表示拟建工程分项实体工程项目名称和相应数量的明细清单，其格式如表2-1所示。

表2-1 分部分项工程量清单

工程名称：　　　　　　　　　　　　　　　　　　　　　　　第 页，共 页

序　号	项目编号	项目名称	计量单位	工程数量

分部分项工程量清单的编制应注意以下问题。

（1）分部分项工程量清单应包括项目编码、项目名称、计量单位和工程数量四个部分。

（2）项目编码应按照清单计价规范的规定，编制清单项目编码。即在清单计价规范的全国统一九位编码之后，增加三位清单项目编码。这三位清单项目编码由招标人针对本工程项目具体编制，并应自001起顺序编制。

（3）项目名称应按照清单计价规范中的分项工程项目名称，结合其特征，并根据不同特征组合确定其清单项目名称。分部分项工程量清单编制

时，以附录中的分项工程项目名称为基础，考虑该项目的规格、型号、材质等特征要求，结合拟建工程的实际情况，使其分部分项工程量清单项目名称具体化、细化，能够反映出影响工程造价的主要因素。

清单项目名称应表达详细、准确。清单计价规范中的分项工程项目名称如有缺陷，招标人可做补充，并报当地工程造价管理机构（省级）备案。

（4）计量单位应按照清单计价规范中的相应计量单位确定。

（5）工程数量应按照清单计价规范中的工程量计算规则计算，其精确度按下列规定来确定。

①以"吨"为单位的，保留小数点后三位，第四位小数四舍五入。

②以"立方米""平方米""米"为单位的，应保留两位小数，第三位小数四舍五入。

③以"个""项"等为单位的，应取整数。

5.措施项目清单

措施项目清单是指为完成工程项目施工，发生于该工程施工前和施工过程中技术、生活、文明、安全等方面的非工程实体项目清单。措施项目清单应根据拟建工程的具体情况编制。

（1）措施项目清单的编制依据如下：

①拟建工程的施工组织设计。

②拟建工程的施工技术方案。

③与拟建工程相关的工程施工规范与工程验收规范。

④招标文件。

⑤设计文件。

（2）措施项目清单设置时应注意的问题。

①参考拟建工程的施工组织设计，以确定环境保护、文明安全施工、材料的二次搬运等项目。

②参阅施工技术方案，以确定夜间施工、大型机具进出场及安拆、混凝土模板与支架、脚手架、施工排水降水、垂直运输机械、组装平台等项目。

③参阅相关的施工规范与工程验收规范，以确定施工技术方案没有表述的，但为了实现施工规范与工程验收规范要求而必须发生的技术措施。

④确定招标文件中提出的某些必须通过一定的技术措施才能实现的要求。

⑤确定设计文件中一些不足以写进技术方案的，但是要通过一定的技术措施才能实现的内容。

6.其他项目清单

其他项目清单是指除分部分项工程量清单、措施项目清单所包含的内容以外，因招标人的特殊要求而发生的与拟建工程有关的其他费用项目和相应数量的清单。其他项目清单应根据拟建工程的具体情况，参照下列内容列项。

（1）招标人部分，包括暂列金额、暂估价等。其中，暂列金额是指招标人在工程量清单中暂定并包括在合同价款中的一笔款项。该款项用于施工合同签订时尚未确定或者不可预见的所需材料、设备、服务的采购，施工中可能发生的工程变更、合同约定调整因素出现时的工程价款调整以及发生的索赔、现场签证确认等的费用；暂估价是指发包人在工程量清单或预算书中提供的用于支付必然发生但暂时不能确定价格的材料、工程设备的单价、专业工程以及服务工作的金额。

（2）投标人部分，包括总承包服务费、计日工等。其中，总承包服务费是指为配合协调招标人进行的工程分包和材料采购所需的费用；计日工是指在施工过程中，完成发包人提出的工程合同范围以外的零星项目或工作，按合同中约定的综合单价计价。

二、工程量清单计价方法概述

（一）工程量清单计价方法的程序

以招标人提供的工程量清单为平台，投标人根据自身的技术、财务、管理、设备等能力进行投标报价，招标人根据具体的评标细则进行优选，这种计价方式是市场定价体系的具体表现形式。因此，在市场经济比较发达的国家，工程量清单计价方法是非常流行的。随着我国建设市场的不断成熟和发展，工程量清单计价方法也必然会越来越成熟、规范。

1.工程量清单计价的编制过程

编制工程量清单计价的基本过程可以描述为，在统一的工程量清单项目设置的基础上，制定工程量清单计量规则，根据具体工程的施工图纸计算出各个清单项目的工程量，再根据各种渠道所获得的工程造价信息和经验数据计算得到工程造价。这一基本的计算过程如图 2-1 所示。

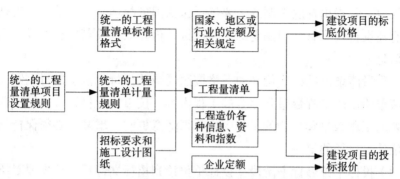

图 2-1 工程造价工程量清单计价过程示意图

从图 2-1 中可以看出，工程量清单计价的编制过程可以分为两个阶段：工程量清单的编制和利用工程量清单来编制投标报价（或标底价格）。投标报价是在业主提供的工程量计算结果的基础上，根据企业自身所掌握的各种信息、资料，结合企业定额编制得出的。

分部分项工程费 = ∑分部分项工程量 × 相应分部分项工程单价（2-1）

式中：分部分项工程单价由人工费、材料费、机械费、管理费、利润等组成，并考虑风险费用。

措施项目费 = ∑各措施项目费 （2-2）

措施项目分为通用项目、建筑工程措施项目、安装工程措施项目、装饰装修工程措施项目和市政工程措施项目，每项措施项目费均为合价，其构成与分部分项工程单价的构成类似。

其他项目费 = 招标人部分金额 + 投标人部分金额 （2-3）

单位工程报价 = 分部分项工程费 + 措施项目费 + 其他项目费 + 规费 + 税金

（2-4）

单项工程报价 = ∑单位工程报价 （2-5）

建设项目总报价 = ∑单项工程报价 （2-6）

2. 工程量清单计价的操作过程

就我国目前的实践而言，工程量清单计价作为一种市场价格的形成机制，主要使用在工程施工招投标阶段。因此，工程量清单计价的操作过程可以从招标、投标、评标三个阶段来阐述。

（1）工程施工招标阶段。工程量清单计价在施工招标阶段的应用主要是编制标底。《建筑工程施工发包与承包计价管理办法》对招标标底的编制做出了规定，其指出标底编制的主要依据包括国务院和省、自治区、直辖市人民政府建设行政主管部门制定的工程造价计价办法以及其他有关规定和市场价格信息。

工程量清单下的标底价必须严格按照《清单计价规范》进行编制，以工程量清单给出的工程数量和综合的工程内容，按市场价格计价。对工程量清单开列的工程数量和综合的工程内容不得随意更改、增减，必须保持与各投标单位计价口径的统一。

（2）投标单位做标书阶段。投标单位接到招标文件后，首先要对招标文件进行透彻的分析研究，对图纸进行仔细的理解。其次，要对招标文件中所列的工程量清单进行复核，在复核时，要视招标单位是否允许对工程量清单内所列的工程量误差进行调整决定复核办法。如果允许调整工程量，就要详细复核工程量清单内所列的各工程项目的工程量，对有较大误差的，通过招标单位答疑会提出调整意见，取得招标单位同意后进行调整；如果不允许调整工程量，则不需要对工程量进行详细的复核，只需要对主要项目或工程量大的项目进行复核。发现这些项目有较大误差时，可通过招标单位答疑会提出意见进行调整，或通过调整这些项目单价的方法来解决，在工程量确定后再进行工程造价的计算。最后，工程量套用单价及汇总计算。根据我国现行的工程量清单计价办法，单价采用的是全费用单价（综合单价）。

（3）评标阶段。在评标时可以对投标单位的最终总报价和分项工程的综合单价的合理性进行评分。由于采用了工程量清单计价方法，所有投标单位都站在同一起跑线上，所以竞争更为公平合理，有利于实现优胜劣汰（在评标时一般应坚持合理低标价中标的原则）。当然，在评标时仍然可以采用综合计分的方法，不仅考虑报价因素，还对投标单位的施工组织设计、企业业绩和信誉等按一定的权重分值分别进行计分，按总评分的高低确定中标单位。或者采用两阶段评标的办法，即先对投标单位的技术方案进行评价，在技术方案可行的前提下，再以投标单位的报价作为评标定标的唯一因素，这样既可以保证工程建设质量，又有利于业主选择一个合理的、报价较低的单位中标。

（二）工程量清单计价方法的特点和作用

1. 工程量清单计价方法的特点

（1）实现了工程交易的市场定价。工程造价的计价具有多次性特点，在项目建设的各个阶段都要进行造价的预测与计算。在投资决策、初步设计、扩大初步设计和施工图设计阶段，业主委托有关的工程造价中介咨询机构根据某一阶段所具备的信息进行确定和控制，这一阶段的工程造价并不完全具备价格属性，因为此时交易主体的另一方还没有真正出现，此时的造价确定过程可以理解为是业主的单方面行为，属于业主对投资费用管理的范畴。

工程价格形成的主要阶段是招投标阶段，但由于我国的投资费用管理和工程价格管理模式并没有严格区分，所以长期以来在招投标阶段实行"按预算定额规定的分部分项子目，逐项计算工程量，套用预算定额单价（或单位估价表）确定直接费，然后按规定的取费标准确定其他直接费、现场经费、间接费、计划利润和税金，加上材料调差系数和适当的不可预见费，经汇总后即为工程预算或标底，而标底则作为评标定标的主要依据"这一模式，这种模式在工程价格的形成过程中存在比较明显的缺陷。

在工程量清单计价方法的招标方式下，由业主或招标单位根据统一的工程量清单项目设置规则和工程量清单计量规则编制工程量清单，鼓励企业自主报价，业主根据其报价，结合质量、工期等因素综合评定，选择最佳的投标企业中标。在这种模式下，标底不再成为评标的主要依据，甚至可以不编标底，从而在工程价格的形成过程中摆脱了长期以来的计划管理限制，而由市场的参与主体双方自主定价，符合价格形成的基本原理。

工程量清单计价真实反映工程实际，为把定价自主权交给市场参与方提供了可能。在工程招标投标过程中，投标企业在投标报价时必须考虑工程本身的内容、范围、技术特点要求以及招标文件的有关规定、工程现场情况等因素，还必须充分考虑到许多其他方面的因素，如投标单位自己制定的工程总进度计划、施工方案、分包计划、资源安排计划等。这些因素对投标报价有着直接而重大的影响，而且对每一项招标工程来讲都具有其特殊性的一面，所以应该允许投标单位在这些方面灵活机动地调整报价，以使报价能够比较准确地与工程实际相吻合。只有这样才能把投标定价自主权真正交给招标和投标单位，投标单位才会对自己的报价承担相应的风险与责任，从而建立起真正的风险制约和竞争机制，避免在合同实施过程中发生推诿和扯皮现象，为工程管理提供方便。

（2）与定额计价方法相比，工程量清单计价方法有其独特的特点。

①两种模式的最大差别在于体现了我国建设市场发展过程中的不同定价阶段。

定额计价模式更多地反映了国家定价或国家指导定价阶段。在这种模式下，工程价格或是直接由国家决定，或是由国家给出一定的指导性标准，承包商可以在该标准的允许幅度内实现有限竞争。例如，在我国的招投标制度中，一度严格限定投标人的报价必须在限定标底的一定范围内波动，超出此范围即为废标，这一阶段的工程招标投标价格即属于国家指导性价格，体现出在国家宏观计划控制下的市场有限竞争。

清单计价模式则反映了市场定价阶段。在该阶段，工程价格是在国家有关部门间接调控和监督下，由工程承发包双方根据工程市场中建筑产品供求关系变化自主确定工程价格。其价格的形成可以不受国家工程造价管理部门的直接干预。此时的工程造价是根据市场的具体情况确定的，具有竞争形成、自发波动和自发调节的特点。

②两种模式的主要计价依据及其性质不同。

定额计价模式的主要计价依据为国家、省、有关专业部门制定的各种定额，其性质为指导性，定额的项目划分一般按施工工序分项，每个分项工程项目所含的工程内容一般是单一的。

清单计价模式的主要计价依据为《清单计价规范》，其性质是含有强制性条文的国家标准，清单的项目划分一般是按"综合实体"进行分项的，每个分项工程一般包含多项工程内容。

③编制工程量的主体不同。在定额计价方法中，建设工程的工程量由招标人和投标人分别按图计算。在清单计价方法中，工程量由招标人统一计算或委托有关工程造价咨询资质单位统一计算，工程量清单是招标文件的重要组成部分，各投标人根据招标人提供的工程量清单，根据自身的技术装备、施工经验、企业成本、企业定额、管理水平自主填写单价与合价。

④单价与报价的组成不同。定额计价方法的单价包括人工费、材料费、机械台班费，而清单计价方法采用综合单价形式，综合单价包括人工费、材料费、机械使用费、管理费、利润，并考虑风险因素。工程量清单计价方法

的报价除包括定额计价方法的报价外，还包括预留金、材料购置费和零星工作项目费等。

⑤合同价格的调整方式不同。定额计价方法形成的合同，其价格的主要调整方式有变更签证、定额解释、政策性调整。通常情况下，如果清单项目的数量没有增减，就能够保证合同价格基本没有调整，保证了其稳定性，也便于业主进行资金准备和筹划。

⑥工程量清单计价把施工措施性消耗单列，并纳入了竞争的范畴。定额计价未区分施工实体性损耗和施工措施性损耗，而工程量清单计价则把施工措施与工程实体项目进行分离，这项改革的意义在于突出了施工措施费用的市场竞争性。工程量清单计价规范的工程量计算规则的编制原则一般是以工程实体的净尺寸计算，没有包含工程量合理损耗，这一特点就是定额计价的工程量计算规则与工程量清单计价规范的工程量计算规则的本质区别。

2. 工程量清单计价方法对推进我国工程造价管理体制改革的重大作用

如前所述，工程量清单计价不只是一种简单的造价计算方法的改变，其更深层次的意义在于提供了一种由市场形成价格的新的计价模式。工程量清单计价方法对推进我国工程造价管理改革的作用是显而易见的。

（1）工程量清单计价方法能够规范建设市场秩序，适应社会主义市场经济发展的需要。工程造价是工程建设的核心内容，也是建设市场运行的核心内容，建设市场上存在的不规范行为大都与工程造价有关。工程定额在工程承发包计价过程中调节双方利益、反映市场价格方面显得滞后，特别是在公开、公平、公正竞争方面缺乏合理完善的机制。要实现建设市场的良性发展，除了法律法规和行政监督以外，发挥市场规律中"竞争"和"价格"的作用是治本之策。工程量清单计价是市场形成工程造价的主要形式，有利于发挥企业自主报价的能力，实现从政府定价到市场定价的转变；有利于规范业主在招标中的行为，有效改变招标单位在招标中盲目压价的行为，从而真正体现公开、公平、公正的原则，反映市场经济规律。

（2）工程量清单计价方法能够促进建设市场有序竞争和企业健康发展。采用工程量清单计价模式的招标投标，由于工程量清单是招标文件的组成部分，招标人必须编制出准确的工程量清单，并承担相应的风险，促进招标单位提高管理水平。工程量清单是公开的，因而能够避免工程招标中的弄虚作假、暗箱操作等不规范行为。采用工程量清单报价，必须对单位工程成本、利润进行分析，统筹考虑、精心选择施工方案，并根据企业的定额合理确定人工、材料、施工机械等要素的投入与配置，优化组合，合理控制现场费用和施工技术措施费用，确定投标价格。企业应根据自身的条件编制出自己的企业定额，改变过去过分依赖国家发布定额的状况。

工程量清单计价方法的实行有利于规范建设市场计价行为，规范建设市场秩序，促进建设市场有序竞争；有利于控制建设项目投资，合理利用资源；有利于促进企业技术进步，提高劳动生产率；有利于提高造价工程师的素质，使其成为懂技术、懂经济、懂管理的全面发展的复合型人才。

（3）工程量清单计价方法有利于我国工程造价管理政府职能的转变。按照政府部门真正履行"经济调节、市场监管、社会管理和公共服务"职能的要求，政府对工程造价的管理模式要相应改变，推行政府宏观调控、企业自主报价、市场竞争形成价格、社会全面监督的工程造价管理思路。实行工程量清单计价有利于我国工程造价管理政府职能的转变，由过去政府控制的指令性定额转变为制定适应市场经济规律需要的工程量清单计价方法，由过去的行政直接干预转变为对工程造价依法监管，有效地强化政府对工程造价的宏观调控。

（4）工程量清单计价方法能够适应我国加入世界贸易组织（WTO），有利于我国融入世界大市场。随着我国改革开放的进一步加快，中国经济日益融入全球市场，特别是我国加入世界贸易组织后，行业壁垒下降，建设市场进一步对外开放。国外的企业和投资项目越来越多地进入国内市场，我国企业走出国门在海外投资和经营的项目也在增加。为了适应这种对外开放建设市场的形势，就必须与国际通行的计价方法相适应，为建设市场主体创造一个与国际惯例接轨的市场竞争环境。工程量清单计价是国际通行的计价法，在我国实行工程量清单计价，有利于提高国内各方主体参与国际化竞争的能力，有利于提高工程建设的管理水平。

（三）工程量清单计价格式

工程量清单计价应采用统一格式。其格式应随招标文件发至投标人，由投标人填写。工程量清单计价格式应由下列内容组成。

1. 封面

封面由投标人按规定的内容填写、签字、盖章（表2-2）。

表2-2　封面

_____ 工程 工程量清单报价表 合同编号：（投标项目合同号）   投标人：（单位签字盖章） 法定代表人：（签字盖章） 造价工程师及注册证号：（签字盖职业专用章） 编制时间：

2. 投标总价

投标总价应按工程项目总价表合计金额填写（表2-3）。

表2-3　投标总价

投标总价   建设单位： 工程名称： 投标总价（小写）： 　　　　（大写）： 投标人：（单位签字盖章） 法定代表人：（签字盖章） 编制时间：

3. 工程项目总价表

工程项目总价表应按各单项工程费汇总表的合计金额填写（表2-4）。

47

表2-4　工程项目总价表

工程名称：　　　　　　　　　　　　　　　　　　　　第　页，共　页

序　号	单项工程名称	金额／元
	合计	

4. 单项工程费汇总表

单项工程费汇总表应按各单位工程费汇总表的合计金额填写（表2-5）。

表2-5　单项工程费汇总表

工程名称：　　　　　　　　　　　　　　　　　　　　第　页，共　页

序　号	单项工程名称	金额／元
	合计	

5. 单位工程费汇总表

单位工程费汇总表根据分部分项工程量清单计价表、措施项目清单计价表、其他项目清单计价表的合计金额以及有关规定计算出的规费和税金合计填写（表2-6）。

表2-6　单位工程费汇总表

工程名称：　　　　　　　　　　　　　　　　　　　　第　页，共　页

序　号	单项工程名称	金额／元
1	分部分项工程费合计	
2	措施项目费合计	
3	其他项目费合计	
4	规费	
5	税金	
	合计	

6. 分部分项工程量清单计价表

分部分项工程量清单计价表是根据招标人提供的工程量清单填写单价与合价得到的（表2-7）。

表2-7 分部分项工程量清单计价表

工程名称：　　　　　　　　　　　　　　　　　　　　　　　第　页，共　页

序　号	项目编码	项目名称	计量单位	工程数量	金额／元	
					综合单价	合价
		本页小计				
		合计				

7. 措施项目清单计价表

措施项目清单计价表中的金额应根据招标人提供的措施项目清单中列出的措施项目名称填写（表2-8）。

表2-8 措施项目清单计价表

工程名称：　　　　　　　　　　　　　　　　　　　　　　　第　页，共　页

序　号	单项工程名称	金额／元
	合计	

49

第三节　工程单价和单位估价表的确定

一、工程单价

（一）工程单价的概念

工程单价一般是指单位假定建筑安装产品的不完全价格，通常是指建筑安装工程的预算单价和概算单价。

工程单价是以概预算定额量为依据编制概预算时一个特有的概念术语，是传统概预算编制制度中采用单位估价法编制工程概预算的重要项目，也是计算程序中的一个重要环节。我国在建设工程概预算制度中长期采用单位估价法编制概预算，因为在价格比较稳定，或价格指数比较完整、准确的情况下，有可能编制出地区的统一工程单价，以简化概预算编制工作。

（二）工程单价与完整的建筑产品价值的区别

工程单价在概念上是与完整的建筑产品（如单位产品、最终产品）价值完全不同的一种单价。完整的建筑产品价值是建筑物或构筑物在现实意义上的全部价值，即完全成本加利税。单位假定建筑安装产品单价不仅不是可以独立发挥建筑物或构筑物价值的价格，甚至也不是单位假定建筑产品的完整价格，因为这种工程单价仅仅是由某一单位工程的人工、材料和机械费构成的。

（三）工程单价的作用

（1）确定和控制工程造价。工程单价是确定和控制概预算造价的基本依据。它由于编制依据和编制方法规范，所以在确定和控制工程造价方面有不可忽视的作用。

（2）通过编制统一性地区工程单价，可以简化编制预算、概算的工作量和缩短工作周期，也可为投标报价提供依据。

（3）利用工程单价可以对结构方案进行经济比较，优选设计方案。

（4）利用工程单价可以进行工程款的期中结算。

（四）工程单价的编制依据

（1）预算定额和概算定额。编制预算单价或概算单价的主要依据之一是预算定额或概算定额。首先，工程单价的项目是根据定额的项目划分的，所以工程单价的编号、名称、计货单位的确定均以相应的定额为依据。其次，分部分项工程的人工、材料和机械台班消耗的种类和数量也要依据相应的定额来确定。

（2）人工单价、材料预算价格和机械台班单价。工程单价除了要依据概预算定额确定分部分项工程的人工、材料、机械的消耗数量外，还必须根据上述三项的价格，才能计算出分部分项工程的人工费、材料费和机械费，进而计算出工程单价。

（3）企业管理费等的取费标准。这些标准是计算综合单价的必要依据。

（五）工程单价的编制方法

工程单价的编制方法，简单地说，就是将人工、材料、机械的消耗量和工、料、机的单价加以结合。

1. 分部分项工程基本费用单价（基价）

分部分项工程基本费用单价（基价）＝单位分部分项工程人工费＋

材料费＋机械使用费　（2-7）

人工费＝∑（人工日消耗量 × 人工日工资单价）　（2-8）

材料费＝∑（各种材料耗用量 × 材料预算价格）　（2-9）

机械使用费＝∑（机械台班用量 × 机械台班单价）　（2-10）

2. 分部分项工程全费用单价

分部分项工程全费用单价＝单位分部分项工程基本费用＋企业管理费＋利润（2-11）

式中：企业管理费一般按规定的费率及其计算基础计算，或按综合费率计算。

二、地区统一工程单价

（一）地区统一工程单价的概念

地区统一工程单价是以统一地区单位估价表形式出现的，这就是所谓量价合一的现象。在单位估价表中基价所列的内容，是每一定额计量单位分项工程的人工费、材料费和机械费以及这三者之和。地区统一定额以所在地的人工工资单价、材料预算价格、机械台班预算价格计算基价。

（二）地区统一工程单价的必要性

编制地区统一工程单价的作用主要是简化工程造价的计算，同时有利于工程造价的正确计算和控制。一个建设工程所包括的分部分项工程多达数千项，为确定预算单价所编制的单位估价表就有数千张。这一工作要套用不同的定额和预算价格，还要经过多次运算，不仅需要大量的人力、物力，还不能保证预算编制的及时性和准确性。所以，编制地区统一工程单价不仅十分必要，也很有意义。

（三）地区统一工程单价的编制方法

编制地区统一工程单价的方法主要是加权平均法。要使编制出的工程单价能适应该地区的所有工程，就必须全面考虑影响工程单价的各个因素对所有工程的影响。一般来说，在一个地区范围内影响工程单价的统一且比较稳定的因素有如预算定额和概算定额、工资单价、台班单价等。材料预算是价格不统一、不稳定的主要因素。同一种材料由于原价不同，交货地点不同，运输方式和运输地点不同以及工程所在的地点和区域不同，所形成的材料预算价格也不同。所以，要编制地区统一工程单价，就要综合考虑上述因素，采用加权平均法计算出地区统一材料预算价格。

材料预算价格的组成因素按有关部门规定，如供销部门的手续费、包装费、采购及保管费的费率等，在地区范围内是相同的，材料原价一般也是基本相同的。因此，编制地区性统一材料预算价格的主要问题是材料运输费。

就一个地区来看，每种材料运输费都可以分为两部分：一部分是自发货地点至当地一个中心点的运输费，另一部分是这一中心点至各用料地点的运输费。与此相适应，材料运输费也可以分为长途（外地）运输费和短途（当地）运输费。对于这两部分运输费，要分别采用加权平均法计算出平均运输费。

计算长途运输的平均运输费，主要应考虑由于供应者不同而引起的同一材料的运距和运输方式不同，以及每个供应者供应的材料数量不同。采用加权平均法计算其平均运输费的公式如下：

$$T_A = \frac{Q_1 t_1 + Q_2 t_2 + \cdots + Q_n t_n}{Q_1 + Q_2 + \cdots + Q_n} = R_1 T_1 + R_2 T_2 + \cdots + R_n T_n T_n \qquad （2-12）$$

式中：T_A 为平均长途运输费；Q_1，Q_2，…，Q_n 为自各不同交货地点起运的同一材料数量；T_1，T_2，…，T_n 为自各交货地点至当地中心点的同一材料运输费；R_1，R_2，…，R_n 为自各交货地点起运的材料占该种材料总量的比重。

计算当地运输的平均运输费，主要应考虑从中心仓库到各用料地点的不同运距对运输费和用料数量的影响。计算方法和长途运输基本相同。公式如下：

$$T_B = M_1 T_1 + M_2 T_2 + \cdots + M_n T_n \qquad （2-13）$$

式中：T_B 为当地平均运输费；M_1，M_2，…，M_n 为各用料地点对某种材料需要量占该种材料总量的比重；T_1，T_2，…，T_n 为自当地中心仓库至各用料地点的运输费。

$$材料平均运输费 = T_A + T_B \qquad （2-14）$$

如果原价不同，也可以采用加权平均法计算。

地区统一工程单价是建立在定额和统一地区材料预算价格的基础上的。当这个基础发生变化时，地区统一工程单价也就相应地发生变化。在一定时期内地区统一工程单价应具有相对稳定性。不断研究和改善地区统一工程单价和地区材料预算价格的编制和管理工作，并使其具有相对稳定的基础，是加强概预算管理、提高基本建设管理水平和投资效果的客观要求。

53

三、单位估价表

（一）单位估价表的概念

单位估价表又称工程预算单价表，是以货币形式确定定额单位某分部分项工程或结构构件直接费用的文件。它是根据预算定额所确定的人工、材料和机械台班消耗数量，乘以人工工资单价、材料预算价格和机械台班预算价格汇总而成的。

单位估价表是预算定额在各地区的价格表现的具体形式。

（二）单位估价表的分类

单位估价表是在预算定额的基础上编制的。固定额种类繁多，所以可按编制依据、定额性质及使用范围的不同进行划分。

1. 按编制依据划分

单位估价表按编制依据分为定额单位估价表和补充单位估价表。

补充单位估价表是指定额缺项，没有相应项目可使用时，可按设计图纸资料，依照定额单位估价表的编制原则制定对单位估价表的补充。

2. 按定额性质划分

（1）建筑工程单位估价表，适用于一般建筑工程。

（2）设备安装工程单位估价表，适用于机械、电气设备安装工程，给水排水工程，电气照明工程，采暖工程，通风工程，等等。

3. 按使用范围划分

（1）全国统一定额单位估价表适用于各地区、各部门的建筑及设备安装工程。

（2）地区单位估价表是在地方统一预算定额的基础上，按本地区的工资标准、地区材料预算价格、建筑机械台班费用及本地区的建设需要而编制的，只适合在本地区范围内使用。

（3）专业工程单位估价表，仅适用于专业工程的建筑及设备安装工程的单位估价表。

（三）单位估价表的作用

（1）单位估价表是确定工程预算造价的基本依据之一。按设计图纸计算出分项工程量后，分别乘以相应的定额单价得出分项工程费，汇总各分部分项工程费，按规定计取各项费用，即得出单位工程全部预算造价。

（2）单位估价表是对设计方案进行技术经济分析的基础资料，即每个分项工程，如各种墙体、地面、装修等，选择怎样的设计方案，除考虑生产、功能、坚固、美观等条件外，还必须考虑经济条件。这就需要采用单位估价表进行衡量、比较，在同样条件下当然要选择一种经济、合理的方案。

（3）单位估价表是进行已完成工程结算的依据，即建设单位和施工企业按单位估价表核对已完工程的单价是否正确，以便进行分部分项工程结算。

（4）单位估价表是施工企业进行经济分析的依据，即企业为了考核成本执行情况，必须按单位估价表中所定的单价和实际成本进行比较。通过对两者的比较，算出成本变化的多少并找出原因。

总之，单位估价表的作用很多。合理确定单价、正确使用单位估价表是确定工程造价、促进企业加强经济核算、提高投资效益的重要手段。

55

（四）单位估价汇总表的编制

为了使用方便，在单位估价表的基础上，应编制单位估价汇总表。单位估价汇总表的项目划分与预算定额和单位估价表是相互对应的。为了简化预算的编制，单位估价汇总表已纳入预算定额中一些常用的分部分项工程和定额中需要调整换算的项目。单位估价汇总表略去了人工、材料和机械台班的消耗数量（"三量"），保留了单位估价表中的人工费、材料费、机械费（"三价"）和预算价值。

第四节 建设工程造价计算内容及方法

一、定额工程量的计算

（一）土石方工程

1. 平整场地工程量计算

平整场地是指工程动土开工前，对施工现场 ±30 cm 以内高低不平的部位进行就地挖、运、填和找平。其工程量按建筑物底层外围外边线以外各放出 2 m 后所围的面积计算：

$$S = S' + 2L + 16 \tag{2-15}$$

式中：S 为平整场地的面积；S' 为底层的建筑面积；L 为外墙外边线总长。

注：16 为四个角的正方形面积之和。

2. 人工挖土工程量计算

（1）一般规定。沟槽底宽在 3 m 以内并且沟槽长度大于沟槽宽度的 3 倍以上的挖土称为沟槽挖土。

图示基坑底面积（长度 × 宽度）小于 20 m²，并且长宽倍数小于 3 倍（长度小于宽度 3 倍）的挖土称为基坑挖土。

凡具有下列情况之一者，应按挖土方套用定额。

①沟槽长度大于宽度 3 倍以上，且沟槽宽度在 3 m 以上的挖土工程，按人工挖土方计算工程量。

②凡图示挖土长度不超过宽度的 3 倍且底面积大于 20 m² 的挖土，按挖土方计算工程量。

③平整场地挖填土厚度超过 30 cm 时，按挖土方计算。

人工挖沟槽及基坑土如果深度较深，土质较差，为了防止坍塌和保证安全，需要将沟槽或基坑边壁修成一定的倾斜坡度，称作放坡。沟槽边坡坡度以挖沟槽或地坑深度 "H" 与边坡底宽 "D" 之比表示，即

$$土方边坡坡度 = \frac{H}{D} = \frac{1}{\dfrac{D}{H}} = \frac{1}{K} \tag{2-16}$$

式中：$K = \dfrac{D}{H}$，称放坡系数。

为了统一和使用的方便，《全国统一建筑工程预算工程量计算规则》对放坡系数的规定如表 2-9 所示。

表2-9　挖土放坡系数表

土的类别	放坡起点 /m	人工挖土	机械挖土	
			在坑内作业	在坑上作业
一、二类土	1.20	1：0.50	1：0.33	1：0.75
三类土	1.50	1：0.33	1：0.25	1：0.67
四类土	2.00	1：0.25	1：0.10	1：0.33

注：

（1）沟梢、基坑中土的类别不同时，分别按其放坡起点、放坡系数、依据不同土的厚度加权平均计算。

（2）计算放坡时，在交接处的重复工程不予扣除，原槽、坑做基础垫层时，放坡自垫层上表面开始计算。

57

在沟槽、基坑下进行基础施工时，需要一定的操作空间。为满足此要求，在挖土时，按基础垫层的双向尺寸向周边放出一定范围的操作面积作为工人施工时的操作空间，这个单边放出的宽度就称为工作面。

基础施工中所需要增加的工作面宽度按表 2-10 的规定计算。

表2-10　基础施工所需工作面宽度计算表

基础材料	每边增加工作面宽度 /mm
砖基础	200
浆砌毛石、条石基础	150
混凝土基础垫层支模板	300
混凝土基础支模板	300
基础垂直面做防水层	800（防水层面）

（2）人工挖沟槽工程量的计算。地槽（沟）放坡不支挡土板，挖土工程量按下列公式计算。

①由垫层上表面放坡时的计算公式为

$$V = L[(B+2c)h_1 + (B+2c+Kh_2)h_2]$$ （2-17）

②由垫层底面放坡时的计算公式为

$$V = L(B+2c+KH)H$$ （2-18）

以上两式中：V 为挖土工程量；L 为沟槽长度；B 为沟槽宽度；H 为沟槽深度；c 为工作面宽度；K 为放坡系数；h_1 为基础垫层厚度；h_2 为地槽（沟）上口面至基础垫层上表面的深度。

（3）人工挖土方工程量的计算。人工挖土方工程量可按如下公式计算：

$$V = (a+2c+KH)(b+2c+KH)H + \frac{1}{3}K^2H^3$$ （2-19）

式中：$\frac{1}{3}K^2H^3$ 为地坑四角锥体体积。

（二）桩基础工程

1.打预制钢筋混凝土桩工程量的计算

（1）预制钢筋混凝土桩工程量按设计桩长（包括桩尖）乘以桩截面面积计算，其计算公式为

$$V = ABL = 截面面积 \times 全长（包括桩尖长）$$ （2-20）

（2）接桩。按设计要求，按桩的总长分节预制，运至现场先将第一根桩打入，将第二根桩垂直吊起和第一根桩相连接后再继续打桩，这一过程称为接桩。接桩的方法一般有两种：一种是电焊连接，此法是将预制桩接头端的预埋铁件，用电焊焊牢，其工程量以接头个数计；另一种是硫黄胶泥接桩，它是将上节桩下端的预留伸出锚筋（一般4根），插入下节桩上端预留的4个锚筋孔内，其接头面灌以硫黄胶泥黏结剂，使两端黏结起来，其工程量按桩断面面积（以 m² ）计算。

（3）送桩。利用打桩机械和送桩器将预制桩打（或送）至地下设计要求的位置，这一过程称为送桩。

送桩工程量按桩截面面积乘以送桩长度（打桩架底至桩顶面高度或自桩顶面至自然地坪另加 50 cm）计算。

58

2. 钻孔灌注桩工程量的计算

（1）钻孔灌注桩工程量，按设计桩长（包括桩尖，不扣除桩尖虚体积）增加 0.25 m 乘以设计断面面积计算。

（2）钻孔灌注桩的钢筋笼制作依设计规定，按钢筋混凝土章节相应项目以 t 计算。

（3）泥浆运输工程量按钻孔体积以 m³ 计算。

（三）脚手架工程

1. 外脚手架工程量计算

外脚手架是指搭设在建筑物四周墙外边以便外墙体砌筑和抹灰使用的架子。

外脚手架工程量按墙外边线长度乘以外墙砌筑高度计算，不扣除门、窗、空圈洞口所占面积。凸出墙外宽度在 240 mm 以内的墙垛不另计算脚手架；宽度在 240 mm 以外时，按图示尺寸展开计算，并计入外脚手架工程量之内。

2. 里脚手架工程量计算

里脚手架是指搭设在建筑物内部供各楼层内墙体砌筑和墙面抹灰使用的架子。

里脚手架按墙面垂直投影面积以 m² 计算，即

$$F' = L'H'N \tag{2-21}$$

式中：F' 为里脚手架工程量（m²）；L' 为内墙净长度（m）；H' 为内墙高度（m）；N 为内墙的道数（道、个、条）。

建筑物里脚手架，凡设计室内地坪至顶板下表面（或山墙高度的 1/2 处）的砌筑高度在 3.60 m 以下的，按里脚手架计算；砌筑高度超过 3.60 m 时，按单排脚手架计算。

3. 满堂脚手架工程量计算

满堂脚手架是指为室内顶棚安装和装饰等而搭的一种架子。

满堂脚手架工程量按室内地面净面积计算，不扣除垛、柱所占的面积。满堂脚手架的高度以设计室内地面至天棚顶为准。凡天棚高度超过 3.60 m，应计算满堂脚手架基本层。满堂脚手架增加层的计算以天棚高度 5.20 m 为计算起点（不包括 5.20 m），每增加 1.20 m 计算一个增加层。若增加层的高

59

度不足 0.60 m（包括 0.60 m），舍去不计；超过 0.60 m 时，按一个增加层计算。

满堂脚手架的高度以 3.60 m 为准，就是说基本层为三步架 3.60 m（1.20 m×3），天棚高度超过 5.20 m 应计算增加层，5.20 m–3.60 m=1.60 m，就是人的平均高度。

$$增加层 = \frac{室内净高 - 5.20 \text{ m}}{1.20 \text{ m}} \qquad (2-22)$$

（四）砌筑工程

1. 砖基础工程量计算

砖基础与砖墙的划分一般是以室内地坪标高为界，界线以上为砖墙，以下为砖基础（有地下室者，以地下室室内设计地面为界）。如果基础与墙身的材料不同，两种材料分界线位于室内地坪±300 mm 以内时，以材料分界线为界，界线以上为砖墙，界线以下为砖基础；若材料的分界线超过室内地坪 ±300 mm，则以室内地坪为界，界线以上为砖墙，界线以下为砖基础。

砖、石围墙基础以室外地坪为界，界线以上为围墙，界线以下为围墙基础。

砖基础工程量按施工图示尺寸以 m³ 计算。应扣除嵌入基础的钢筋混凝土柱和柱基（包括构造柱和构造柱基）、钢筋混凝土梁（包括地圈梁和过梁）及单个面积在 0.3 m² 以上孔洞所占的体积。对基础大放脚 T 形接头处的重叠部分以及嵌入基础的钢筋、铁件、管道、基础防潮层及单个面积在 0.3 m² 以内的孔洞所占体积不予扣除，但靠墙暖气沟的挑檐亦不增加；附墙垛基础宽出部分的体积应并入基础工程量内。砖基础工程量按以下公式计算：

$$V = L \times A - \sum 嵌入基础的混凝土构件体积 - $$
$$\sum 大于0.3 \text{ m}^2 洞孔面积 \times 基础墙厚 \qquad (2-23)$$

式中：V 为基础体积（m³）；L 为基础长度，外墙按中心线长，内墙按净长线长（m）；A 为基础断面面积（m²），等于基础墙的面积与大放脚面积之和。

2. 砖墙

砖墙工程量按图示尺寸以 m³ 计算。计算实砌砖墙工程量时，应扣除门窗洞口（门窗框外围面积）、过人洞、空圈、嵌入墙身的钢筋混凝土柱、梁、过梁、圈梁、砖平碹、钢筋砖过梁。但不扣除每个面积在 0.3 m² 以下的孔洞、梁头、梁垫、檩头、垫木、木楞头、沿椽木、木砖、门窗走头、砖墙内的加固钢筋或木筋、铁件等所占的体积。凸出墙面的窗台虎头砖、压顶线、山墙泛水、烟囱根、门窗套、三皮砖以下的腰线、挑檐等体积亦不增加。嵌入外墙的钢筋混凝土板头已在定额中考虑，计算工程量时，不再扣除。但内墙的板头，计算墙身高度时应予扣除。砖墙工程量的计算公式为

砖墙体积 = 墙厚 ×（墙高 × 墙长 - 门窗洞口面积）- 埋件体积（2-24）

二、工程量清单的计算

（一）土石方工程量计算

1. 平整场地

平整场地厚度在 ±30 cm 以内的挖、填、运、找平，应按平整场地项目编码列项；±30 cm 以外的竖向布置挖土或山坡切土应按挖土方项目编码列项。平整场地工程量按设计图示尺寸以建筑物首层面积计算。

2. 挖土方

挖土方按设计图示尺寸以体积计算。土石方体积应按挖掘前的天然密实体积计算。如需按天然密实体积折算时，应按表2-11计算。

表2-11　土石方体积折算系数

天然密实度体积	虚方体积	夯实后体积	松填体积
1.00	1.30	0.87	1.08
0.77	1.00	0.67	0.83
1.15	1.49	1.00	1.24
0.93	1.20	0.81	1.00

挖土方平均厚度应按自然地面测量标高至设计地坪标高间的平均厚度确定。

3.挖基础土方

挖基础土方按设计图示尺寸以基础垫层底面积乘以挖土深度计算。挖基础土方包括带形基础、独立基础、满堂基础（包括地下室基础）及设备基础、人工挖孔桩等的挖方。带形基础应按不同底宽和深度，独立基础和满堂基础应按不同底面积和深度分别编码列项。

基础土方、石方开挖深度应按基础垫层底表面标高至交付施工场地标高确定。无交付施工场地标高时，应按自然地面标高确定。

4.冻土开挖

按设计图示尺寸开挖面积乘以厚度以体积计算。

5.挖淤泥、流沙

按设计图示位置、界线以体积计算。挖方出现流沙、淤泥时，可根据实际情况由发包人与承包人双方认证。

6.管沟土（石）方

管沟土（石）方工程应按设计图示以管道中心线长度计算。有管沟设计时，平均深度以沟垫层底表面标高至交付施工场地标高计算；无管沟设计时，直埋管深度应按管底外表面标高至交付施工场地标高的平均高度计算。

7.预裂爆破

按设计图示以钻孔总长度计算。设计要求采用减震孔方式减弱爆破震动波时，应按预裂爆破项目编码列项。

8.石方开挖

按设计图示尺寸以体积计算。石方开挖深度应按基础垫层底表面标高至交付施工场地标高确定，无交付施工场地标高时，应按自然地面标高确定。

9.土（石）方回填

土（石）方回填按设计图示尺寸以体积计算。对于场地回填土以回填面积乘以平均回填厚度计算；对于室内回填土应按主墙间净面积乘以回填厚度计算；基础回填土应按挖方体积减去设计室外地坪以下埋设的基础体积（包括基础垫层及其他构筑物）计算。

（二）桩与地基处理

1.预制钢筋混凝土桩

预制钢筋混凝土桩按设计图示尺寸以桩长（包括桩尖）或根数计算。

2.接桩

接桩按设计图示规定以接头数量（板桩按接头长度）计算。

3.混凝土灌注桩

混凝土灌注桩按设计图示尺寸以桩长（包括桩尖）或根数计算。混凝土灌注桩的钢筋笼、地下连续墙的钢筋网制作、安装应按钢筋工程中的相关项目编码列项。

4.其他桩

其他桩包括砂石灌注桩、灰土挤密桩、旋喷桩和喷粉桩。

其他桩按设计图示尺寸以桩长（包括桩尖）计算。

5.地下连续墙

地下连续墙按设计图示墙中心线长乘以厚度，再乘以槽深以体积计算。

6.振冲灌注碎石

振冲灌注碎石按设计图示孔深乘以孔截面积以体积计算。

7.地基强夯

地基强夯按设计图示尺寸以面积计算。

8.锚杆支护和土钉支护

锚杆支护和土钉支护按设计图示尺寸以支护面积计算。

63

（三）砌筑工程

1.砖基础

砖基础按设计图示尺寸以体积计算。

（1）包括附墙垛基础宽出部分体积，扣除地梁（圈梁）、构造柱所占体积，不扣除基础大放脚 T 形接头处的重叠部分及嵌入基础内的钢筋、铁件、管道、基础砂浆防潮层和单个面积 0.3 m^2 以内的孔洞所占体积，靠墙暖气沟的挑檐不增加。

（2）基础长度：外墙按中心线，内墙按净长线计算。

（3）基础与砖墙（身）划分应以设计室内地坪为界（有地下室的按地下室室内设计地坪为界），以下为基础，以上为墙（柱）身。基础与墙身使用不同材料，位于设计室内地坪 ±300 mm 以内时以不同材料为界；超过 ±300 mm 应以设计室内地坪为界。砖围墙应以设计室外地坪为界，以下为基础，以上为墙身。

（4）基础垫层包括在基础项目内。

2. 实心砖墙、空心砖墙、砌块墙

实心砖墙、空心砖墙、砌块墙按设计图示尺寸以体积计算。

（1）扣除门窗洞口、过人洞、空圈、嵌入墙内的钢筋混凝土柱、梁、圈梁、挑梁、过梁及凹进墙内的壁龛、管槽、暖气槽、消火栓箱所占体积。不扣除梁头、板头、檩头、垫木、木楞头、沿椽木、木砖、门窗走头、砖墙内加固钢筋、木筋、铁件、钢管及单个面积 0.3 m² 以内的孔洞所占体积。凸出墙面的腰线、挑檐、压顶、窗台线、虎头砖、门窗套的体积亦不增加。凸出墙面的砖垛并入墙体体积内计算。

（2）墙长度。外墙按中心线，内墙按净长线。

（3）墙高度。

外墙：斜（坡）屋面无檐口天棚者算至屋面板底；有屋架且室内外均有天棚者算至屋架下弦底另加 200 mm；无天棚者算至屋架下弦底另加 300 mm，出檐宽度超过 600 mm 时按实砌高度计算；平屋面算至钢筋混凝土板底。

内墙：位于屋架下弦者，算至屋架下弦底；无屋架者算至天棚底另加 100 mm；有钢筋混凝土楼板隔层者算至楼板顶；有框架梁时算至梁底。

女儿墙：从屋面板上表面算至女儿墙顶面（如有混凝土压顶时算至压顶下表面）。

内、外山墙：按其平均高度计算。

（4）围墙。高度算至压顶上表面（如有混凝土压顶时算至压顶下表面），围墙柱并入围墙体积内。

（5）附墙烟囱、通风道、垃圾道应按设计图示尺寸以体积（扣除孔洞所占体积）计算，并入所依附的墙体体积内。

（6）砌体内加筋的制作、安装应按钢筋工程相关项目编码列项。

标准砖尺寸应为 240 mm × 115 mm × 53 mm。

3. 空斗墙

空斗墙按设计图示尺寸以空斗墙外形体积计算。墙角、内外墙交接处、门窗洞口立边、窗台砖、屋檐处的实砌部分体积并入空斗墙体积内。附墙烟囱、通风道、垃圾道应按设计图示尺寸以体积（扣除孔洞所占体积）计算，并入所依附的墙体体积内。

4. 空花墙

空花墙按设计图示尺寸以空花部分外形体积计算，不扣除空洞部分体积。附墙烟囱、通风道、垃圾道应按设计图示尺寸以体积（扣除孔洞所占体积）计算，并入所依附的墙体体积内。

5. 填充墙

填充墙按设计图示尺寸以填充墙外形体积计算。附墙烟囱、通风道、垃圾道应按设计图示尺寸以体积（扣除孔洞所占体积）计算，并入所依附的墙体体积内。

6. 实心砖柱

实心砖柱按设计图示尺寸以体积计算。扣除混凝土及钢筋混凝土梁垫、梁头、板头所占体积。

7. 零星砌砖

零星砌砖按设计图示尺寸以体积计算。扣除混凝土及钢筋混凝土梁垫、梁头、板头所占体积。框架外表面的镶贴砖部分应单独按相关零星项目编码列项。空斗墙的窗间墙、窗台下、楼板下等的实砌部分应按零星砌砖项目编码列项。台阶、台阶挡墙、梯带、锅台、炉灶、蹲台、池槽、池槽腿、花台、花池、楼梯栏板、阳台栏板、地垄墙、屋面隔热板下的砖墩等应按零星砌砖项目编码列项。砖砌锅台与炉灶可按外形尺寸以个计算，砖砌台阶可按水平投影面积以 m² 计算，小便槽、地垄墙可按长度计算，其他工程量按 m³ 计算。

8. 砖烟囱、水塔

砖烟囱、水塔按设计图示筒壁平均中心线周长乘以厚度，再乘以高度以体积计算。扣除各种孔洞、钢筋混凝土圈梁、过梁等的体积。砖烟囱应以设计室外地坪为界，以下为基础，以上为筒身。砖烟囱体积可按下式分段计算：

$$V = \sum H \times C \times \pi D \qquad (2\text{-}25)$$

式中：V 为筒身体积；H 为每段筒身垂直高度；C 为每段筒壁厚度；D 为每段筒壁平均直径。

水塔基础与塔身划分应以砖砌体的扩大部分顶面为界，以上为塔身，以下为基础。

9. 砖烟道

砖烟道按图示尺寸以体积计算。砖烟道与炉体的划分应按第一道闸门为界。

65

10. 砖窨井、检查井、砖水池和化粪池

砖窨井、检查井、砖水池和化粪池按设计图示数量计算。

11. 空心砖柱、砌块柱

空心砖柱、砌块柱按设计图示尺寸以体积计算。扣除混凝土及钢筋混凝土梁垫、梁头、板头所占体积。

12. 石基础

石基础按设计图示尺寸以体积计算。包括附墙垛基础宽出部分体积，不扣除基础砂浆防潮层及单个面积 0.3 m² 以内的孔洞所占体积，靠墙暖气沟的挑檐不增加体积。基础与勒脚应以设计室外地坪为界。石围墙内外地坪标高不同时，应以较低地坪标高为界，以下为基础。基础长度：外墙按中心线，内墙按净长线计算。

13. 石勒脚

石勒脚按设计图示尺寸以体积计算。扣除单个 0.3 m² 以外的孔洞所占的体积。勒脚与墙身应以设计室内地坪为界。

14. 石挡土墙和石柱

石挡土墙和石柱按设计图示尺寸以体积计算。石围墙内外标高之差为挡土墙时，挡土墙以上为墙身。石梯膀应按石挡土墙项目编码列项。

15. 石栏杆

石栏杆按设计图示以长度计算。

16. 石护坡

石护坡按设计图示尺寸以体积计算。

17. 石台阶

石台阶按设计图示尺寸以体积计算。石梯带工程量应计算在石台阶工程量内。

18. 石坡道

石坡道按设计图示尺寸以水平投影面积计算。

19. 石地沟、石明沟、砖地沟和明沟

石地沟、石明沟、砖地沟和明沟按设计图示以中心线长度计算。

20. 砖散水、地坪

砖散水、地坪按设计图示尺寸以面积计算。

第三章 基于建筑施工的财务管理

第一节 财务预算管理制度

一、财务预算管理基本内容与组织结构制度

（一）财务预算管理的基本内容

（1）预算管理是利用预算对企业内部各部门、各单位的各种财务及非财务资源进行分配、考核、控制，以便有效地组织和协调企业的生产经营活动，完成既定的经营目标。

企业财务预算是在预测和决策的基础上，围绕企业战略目标，对一定时期内企业资金的取得和投放、各项收入和支出、企业经营成果及其分配等资金运动所做的具体安排。

财务预算与业务预算、资本预算、筹资预算共同构成企业的全面预算。

（2）企业财务预算应当围绕企业的战略要求和发展规划，以业务预算、资本预算为基础，以经营利润为目标，以现金流为核心进行编制，并主要以财务报表形式予以充分反映。

（3）企业财务预算一般按年度编制，业务预算、资本预算、筹资预算分季度、月份落实。

（4）企业应当重视财务预算管理工作，将财务预算作为制定、落实内部经济责任制的依据。企业财务预算管理由母公司组织实施，分级归口管理。

（5）企业编制预算应当按照经济活动的责任权限进行，并遵循以下基本原则和要求：

①坚持效益优先原则，实行总量平衡，进行全面预算管理。

②坚持积极稳健原则，确保以收定支，加强财务风险控制。

③坚持权责对等原则，确保切实可行，围绕经营战略实施。

（二）财务预算管理的组织机构

（1）企业法定代表人应当对企业财务预算的管理工作负总责。企业董事会或者经理办公会可以根据情况设立财务预算委员会或指定财务管理部门负责财务预算管理事宜，并对企业法定代表人负责。

（2）财务预算委员会（没有设立财务预算委员会的，即为企业财务管理部门，下同）主要负责拟订财务预算的目标、政策，制定财务预算管理的具体措施和办法，审议、平衡财务预算方案，组织下达财务预算，协调解决财务预算编制和执行中的问题，组织审计、考核财务预算的执行情况，督促企业完成财务预算目标。

（3）企业财务管理部门在财务预算委员会或企业法定代表人的领导下，具体负责组织企业财务预算的编制、审查、汇总、上报、下达、报告等具体工作，跟踪监督财务预算的执行情况，分析财务预算与实际执行的差异及原因，提出改进管理的措施和建议。

（4）企业内部生产、投资、物资、人力资源、市场营销等职能部门具体负责本部门业务涉及的财务预算的编制、执行、分析、控制等工作，并配合财务预算委员会做好企业总预算的综合平衡、协调、分析、控制、考核等工作。其主要负责人参与企业财务预算委员会的工作，并对本部门财务预算执行结果承担责任。

（5）企业所属基层单位是企业主要的财务预算执行单位，在企业财务管理部门的指导下，负责本单位现金流量、经营成果和各项成本费用预算的编制、控制、分析工作，接受企业的检查、考核。其主要负责人对本单位财务预算的执行结果承担责任。

二、财务预算的执行、控制制度

（1）企业财务预算一经批复下达，各预算执行单位就必须认真组织实施，将财务预算指标层层分解，从横向和纵向落实到内部各部门、各单位、各环节和各岗位，形成全方位的财务预算执行责任体系。

（2）企业应当将财务预算作为预算期内组织、协调各项经营活动的基本依据，将年度预算细分为月份和季度预算，以分期预算控制确保年度财务预算目标的实现。

（3）企业应当强化现金流量的预算管理，按时组织预算资金的收入，严格控制预算资金的支付，调节资金收付平衡，控制支付风险。对于预算内的资金拨付，按照授权审批程序执行。对于预算外的项目支出，应当按财务预算管理制度规范支付程序。对于无合同、无凭证、无手续的项目支出，不予支付。

（4）企业应当严格执行销售或营业、生产和成本费用预算，努力完成利润指标。在日常控制中，企业应当健全凭证记录，完善各项管理规章制度，严格执行生产经营月度计划和成本费用的定额、定率标准，加强适时的监控。对预算执行中出现的异常情况，企业有关部门应及时查明原因，提出解决办法。

（5）企业应当建立财务预算报告制度，要求各预算执行单位定期报告财务预算的执行情况。对于在财务预算执行中发生新情况、新问题及出现偏差较大的重大项目，企业财务管理部门和财务预算委员会应当责成有关预算执行单位查找原因，提出改进经营管理的措施和建议。

（6）企业财务管理部门应当利用财务报表监控财务预算的执行情况，及时向预算执行单位、企业财务预算委员会以至董事会或经理办公会提供财务预算的执行进度、执行差异及其对企业财务预算目标的影响等财务信息，促进企业完成财务预算目标。

三、财务预算的调整制度

（一）财务预算的调整

（1）企业正式下达执行的财务预算，一般不予调整。财务预算执行单位

69

在执行过程中由于市场环境、经营条件、政策法规等发生重大变化，致使财务预算的编制基础不成立，或者将导致财务预算执行结果产生重大偏差时，可以调整财务预算。

（2）企业应当建立内部弹性预算机制，对于不影响财务预算目标的业务预算、资本预算、筹资预算之间的调整，企业可以按照内部授权批准制度执行，鼓励预算执行单位及时采取有效的经营管理对策，确保财务预算目标的实现。

（3）企业调整财务预算时，应当由预算执行单位逐级向企业财务预算委员会提出书面报告，阐述财务预算执行的具体情况、客观因素变化情况及其对财务预算执行造成的影响程度，提出财务预算的调整幅度。

企业财务管理部门应当对预算执行单位的财务预算调整报告进行审核分析，集中编制企业年度财务预算调整方案，提交财务预算委员会以至企业董事会或经理办公会审议批准，然后下达执行。

母公司审议批准的财务预算调整方案应当在下达执行 15 日内报送主管财政机关备案。

70

（二）财务预算调整要求

对于预算执行单位提出的财务预算调整事项，企业进行决策时，一般应当遵循以下要求：

（1）预算调整事项不能偏离企业发展战略和年度财务预算目标。

（2）预算调整方案应当在经济上能够实现最优化。

（3）预算调整重点应当放在财务预算执行中出现的重要的、非正常的、不符合常规的关键性差异方面。

四、财务预算的分析与考核制度

（一）财务预算的分析

企业应当建立财务预算分析制度，由财务预算委员会定期召开财务预算执行分析会议，全面掌握财务预算的执行情况，研究、落实针对财务预算执行中存在的问题的政策措施，纠正财务预算的执行偏差。

开展财务预算执行分析工作，企业财务管理部门及各预算执行单位应当充分收集有关财务、业务、市场、技术、政策、法律等方面的有关信息资料，根据不同情况分别采用比率分析、比较分析、因素分析、平衡分析等方法，从定量与定性两个层面充分分析预算执行单位的现状、发展趋势及其存在的潜力。

针对财务预算的执行偏差，企业财务管理部门及各预算执行单位应当充分、客观地分析偏差产生的原因，提出相应的解决措施或建议，提交董事会或经理办公会研究决定解决方案。

（二）财务预算的审计

企业财务预算委员会应当定期组织财务预算审计活动，纠正财务预算执行中存在的问题，充分发挥内部审计的监督作用，维护财务预算管理的严肃性。

财务预算审计可以全面审计，也可以抽样审计。在特殊情况下，企业也可组织不定期的专项审计。

审计工作结束后，企业内部的审计机构应当形成审计报告，直接将报告提交给财务预算委员会或者经理办公会甚至董事会，作为财务预算调整、改进内部经营管理和财务考核的一项重要参考。

（三）财务预算的考核

预算年度终了，财务预算委员会应当向董事会或者经理办公会报告财务预算执行情况，并依据财务预算完成情况和财务预算审计情况对预算执行单位进行考核。

企业内部预算执行单位上报的财务预算执行报告，应经本部门、本单位负责人按照内部议事规范审议通过，其将作为企业进行财务考核的基本依据。母公司财务预算执行报告应当在年度财务会计报告编妥后 20 日内报送主管财政机关备案。

企业财务预算按调整后的预算执行时，财务预算完成情况以企业年度财务会计报告为准。

企业财务预算执行考核是企业绩效评价的主要内容，应当结合年度内部经济责任制考核进行，与预算执行单位负责人的奖惩挂钩，并作为企业内部人力资源管理的参考。

第二节　建筑施工筹资与投资管理

一、建筑施工企业筹资

建筑施工企业筹资是指根据企业施工生产经营活动、对外投资及调整资本结构的需要，运用各种筹资方式，从不同筹资渠道和金融市场，经济有效地筹措和集中所需资金的一种经济行为。筹资是建筑施工企业资金运作的起点，是创建建筑施工企业并确保其持续发展的前提，也是决定建筑施工企业资金运动规模和生产经营发展程度的重要环节，是企业财务管理的重要组成内容。

（一）建筑施工企业筹资的主要动机

不同项目主体往往具有不同的筹资目的，但其基本目的是满足项目的资金需要。不同的建设项目，往往受特定动机的驱使。建筑施工企业筹资动机主要有四类，即创建筹资动机、扩张筹资动机、调整筹资动机、混合筹资动机。

1. 创建筹资动机

创建筹资动机是在企业创立或者新建项目时，为满足正常生产经营活动所需的铺底资金、使企业获得大量的资本金或满足大量基础设施和建设项目主体正常需要所产生的筹资动机。按照《中华人民共和国企业法人登记管理条例》的规定，企业或项目要申请开业，必须要有法定资本金。法定资本金是指国家规定开办企业必须筹集的最低资本金数额，即企业设立时必须要有最低限额的本钱。为此，要想设立企业，必须采用吸收直接投资或者发行股票等方式筹集一定数量的资金，从而形成企业的资本金，并取得注册会计师的验资证明，再在国家工商行政管理部门办理注册登记后才能开展正常的生产经营活动。

2. 扩张筹资动机

扩张筹资动机是企业根据自身或社会发展需要，为扩大企业生产经营规模或追加对外投资而产生的追加筹资动机。任何企业的发展都是以资金的不断投放为前提的。具有良好的发展前景，处于企业成长期、市场需求增长期或消费增长期的企业通常会产生这种筹资动机。例如，企业产品供不应求，需要增加市场供应；开发适销对路的新产品；追加有利的对外投资规模；开拓具有发展前途的对外投资领域；等等。这几种情况都需要追加筹资。扩张筹资动机产生的直接结果是企业的资产总额和资本总额都会增加。

3. 调整筹资动机

调整筹资动机是企业因调整现有资本结构而产生的筹资动机。资本结构是指企业各种资本来源的构成及其比例关系。企业的资本结构是企业采取的各种不同的筹资方式组合而形成的，不同的筹资方式组合会形成不同的资本结构。任何企业都希望具有合理和相对稳定的资本结构，但随着企业内外条件的变化，资本结构可能变得不合理，这时就需要采取不同方式对不合理的资本结构予以调整，使之趋于合理。

4. 混合筹资动机

外部环境的很多变化都可能会影响到企业的经营，如通货膨胀引起企业原材料价格上涨，造成资金使用量的增加，从而增加企业的资金需求等。因此，企业需要为扩大经营而增加长期资金，同时又要改变原有的资本结构，即混合筹资动机。这种筹资既会增加企业资本总额，又能调整资本结构。

73

（二）建筑施工企业筹资原则

建筑施工企业筹集资金时，必须遵循以下几个原则。

1. 合理确定资金需要量，努力提高筹资效果

不论通过何种渠道、采取何种方式筹措资金，都应该预先确定资金的需要量，既要确定流动资金的需要量，又要确定长期资金的需要量。筹集资金固然要广开来路，但也必须有一个合理的限度。资金的筹集量应与需要量相适应，防止筹资不足而影响企业生产经营和发展或筹资过剩而降低筹资效益。

2. 周密研究资金投向，大力提高投资效果

投资是决定应否筹资以及筹资多少的重要因素之一。投资收益与融资成本相权衡，决定着要不要筹资，而投资规模则决定着筹资的数量。因此，必须确定有利的资金投向，才能做出合理的筹资决策，避免不顾投资效果而盲目筹资。

3. 适时取得所筹资金，保证资金投放需要

筹资要按照资金投放和使用的时间来合理安排，使筹资与用资在时间上相匹配，避免所筹集资金到位过早而造成投放前的闲置，也要防止所筹集资金滞后而贻误投资的有利时机。

4. 认真选择筹资来源，力求降低筹资成本

企业可以采用多种筹资方式从多个筹资渠道筹资，不同渠道和方式的筹资难易程度、资本成本和财务风险是有所不同的。因此，要综合考察各种不同筹资渠道和筹资方式，研究各种资金来源的构成，求得最佳的筹资组合，以便降低筹资成本。

5. 合理安排资本结构，保持适当偿债能力

企业的资本结构一般是由权益资本和债务资本构成的。企业债务资本所占的比例要与权益资本的多少和偿债能力的高低相适应。合理安排资本结构，既要防止负债过多导致企业财务风险过大、偿债能力低下，又要有效地利用负债经营，充分发挥负债融资的杠杆作用，借以提高权益资本的收益水平，进而增加股东财务收益和企业价值。

6. 遵守国家有关法律法规，维护各方合法权益

企业的筹资活动影响着社会资金的流向和流量，涉及有关各方的经济权益。企业筹措资金时必须接受国家宏观指导与调控，遵守国家有关法律法规，实行公平、公正、公开的原则，讲究诚信，履行约定的义务和责任，维护有关各方的合法权益。

以上各原则可概括为合理性、效益性、及时性、节约性、比例性和合法性六项原则。

（三）建筑施工企业的筹资渠道和筹资方式

筹资渠道是指企业或工程项目筹集资金来源的方向和通道，体现着所筹集资金的流向与流量。筹资方式是指企业取得资金的具体形式，体现着不同的经济关系（所有权关系或债权关系）。资金从哪里来和如何取得资金，两者既有区别又有联系。一定的筹资方式，可能只适用于某一特定的筹资渠道，但同一渠道的资金往往可以采用不同的方式取得，而同一筹资方式又往往可以适用于不同的筹资渠道。了解筹资渠道是为了掌握每种筹资渠道的特

点，便于开展筹资工作；掌握筹资方式是为了选择不同的筹集手段，有效地组织资金筹集和组合。

1.建筑施工企业的筹资渠道

建筑施工企业可供选择的资金渠道有很多，主要包括国家资金（政府财政资金、国有资产管理部门资金）、银行信贷资金、非银行金融机构资金（保险公司、信托投资公司、专业财务公司、共同基金、养老基金）、其他企业资金、民间资金、企业内部资金、国外和中国港澳台资金等。

（1）国家资金。国家资金包括政府财政资金与国有资产管理部门资金。国有建筑施工企业的资金来源大部分还是国家以各种方式投入的资金。政府财政资金具有广阔的来源和稳固的基础，构成国有企业重要的资金来源。随着中央和地方两级国有资产监督管理委员会的成立，国有资产管理部门资金即成为国有企业重要的资金来源。

（2）银行信贷资金。银行信贷资金主要是以银行向企业发放各种贷款的方式进入企业的生产经营活动中。在我国，银行信贷资金是企业相当重要的资金来源。中国工商银行、中国建设银行等商业银行以及国家开发银行、中国进出口信贷银行、中国农业发展银行等政策性银行，均可向企业提供各种短期贷款和长期贷款。银行信贷资金来源于居民个人储蓄存款、单位存款等，这些资金不断增长，财力雄厚，贷款方式适应企业的各种需要，且有利于加强宏观控制，因此构成我国企业经营所需资金的主要来源。

（3）非银行金融机构资金。指各级政府部门主办的非银行金融机构，如信托投资公司、证券公司、融资租赁公司、保险公司、企业集团的财务公司等。它们除了专门经营存款贷款业务、承销证券等外，还可将一部分并不立即使用的资金以各种方式向企业投资。非银行金融机构的财务实力相比银行较小，主要起辅助作用。但它们的资金供应更加灵活，因此有更为广阔的发展前景。

（4）其他企业资金。其他法人企业和事业单位在生产经营过程中，往往会有部分暂时闲置资金，甚至可较长时间地腾出部分资金，这些资金可在企业之间相互融通。随着横向经济的联合开展，企业与企业之间的资金融通和资金联合有了广泛的发展。其他企业的资金可以用多种方式投入，如联营、入股、购买企业债券以及各种商业信用，既有长期稳定的联合，又有短期临时的融通。企业与企业之间的资金融通，有助于促进企业之间的经济联系，也有利于开拓本企业的经营业务。

（5）民间资金。民间资金包括本企业职工资金和城乡居民资金。本企业职工入股，可以有效地提高职工的生产积极性，使职工主动发挥主人翁精神；企业也可以发行股票、债券的方式吸收城乡居民闲散资金。这些资金将对企业经营起到必要的补充作用。

（6）企业内部资金。企业内部形成的资金主要是指企业利润所形成的经营积累，此项经营积累是企业生产经营所需资金的重要补充来源，包括按照税后利润一定百分比提取的盈余公积金和未分配完、留待下一年度继续分配的利润。至于在企业内部形成的折旧基金，它只是资金的一种转化形式，企业资金总量并不因此有所增加，但它可以增加企业周转使用的营运资金，可以满足生产经营的需要。

（7）国外和我国港澳台资金。国外以及我国港澳台投资者持有的资本可以依法以各种形式对我国企业进行投资，这同样构成企业重要的资金来源渠道。

上述各种渠道资金，除债务以外，都体现着一定的经济成分，包括国家所有、劳动者集体所有、私人经营者所有、外国投资者和港澳台地区投资者所有。各企业应根据生产经营活动的项目及其在国民经济中的地位，选择适当的资金供应渠道。

企业对资金的需要有长期和短期之分，其划分标准一般是资金占用时间的长短。一般来说，供长期（一般在一年以上）使用的资金为长期资金，供短期（一般在一年以内）使用的资金为短期资金。长期资金需要采用长期筹资方式筹集，短期资金需要采用短期筹资方式筹集。

长期资金主要用于新产品的开发和推广、生产规模的扩大、设备的更新改造，资金的回收期比较长。长期资金一般采用发行股票、发行债券、银行长期借款、融资租赁、累积盈余等方式来筹集。

短期资金主要用于流动资金中临时需要部分，包括可供随时支付的现金、应收账款、应收票据、材料采购、发放工资等，一般在短期内可以收回。短期资金可采用银行短期借款、商业信用、商业票据以及应付费用等短期筹资方式来筹集。

2. 建筑施工企业的筹资方式

目前，我国建筑施工企业取得资金的方式有多种，如吸收直接投资、发行股票、企业内部积累、发行债券、银行供款、融资租赁和商业信用筹资等。筹资渠道是客观存在的，而筹资方式则是企业的主观能动行为。因此，企业筹资管理的主要内容是针对客观存在的筹资渠道，选择合理的筹资方式来筹措企业所需资金。

认识筹资方式的种类及属性，有助于企业财务选择合理的筹资方式有效地进行筹资组合，达到降低资金成本、最大限度地回避筹资风险的目的。

二、建筑施工项目投资管理

投资是企业在市场竞争中持续发展、为股东创造价值的关键，也是具有风险的活动。在竞争环境下，企业投资决策的基本准则是投资项目的预期收益超过基准收益，但投资损失在企业承受能力以内，投资规模能够适应未来不确定的商业环境。

企业进行项目投资的根本目的在于创造价值，而价值的创造在于一个项目的收益超过了金融市场所要求的收益，这种情况一般被称为取得了超额收益。这种超额收益就定义为价值的创造。价值的创造有多方面的来源，但最重要的可能是行业吸引力和竞争优势。这是指那些能使项目产生净现值的因素——提供超过金融市场所要求的期望收益的因素。

企业投资项目价值的创造体现在企业的增量现金流和综合资本成本上。现金，而非会计收入，是所有公司决策的中心，公司往往用现金流量而不是收入流量来表示投资项目的任何预期收益。只有在预期未来有更多的现金流入的情况下，公司才会在当期用现金进行投资。并且现金还必须以增量的形式提供，选择投资项目还是放弃投资项目在于分析它们之间的差别，当然还必须考虑现金的时间价值等因素。

如果接受任何投资项目都不会改善投资者对公司风险状况的评价，那么在资本预算中决定选择哪一个投资项目时可以使用统一的预期报酬率。然而，不同的投资项目往往具有不同程度的风险。预期能提供高收益的项目可能会增加公司的经营风险，尽管这种项目可能具有相当大的潜力，但风险的增加还是可能降低公司的价值。

（一）企业投资的意义

企业投资是指企业对现在所持有资金的一种投放和运用，如购置各种经营性资产或购买各种金融资产，或者是取得支配这些资产的权利，其目的在于期望在未来一定时期内获得相应的投资回报。在市场经济条件下，企业能否将资金投放到回报高、风险小、回收快的项目上去，对于企业的生存和发展具有十分重要的意义。

企业投资是实现财务管理目标的基本前提。企业财务管理的目标是不断提升企业价值，为股东创造财富。因此，企业要采取各种措施不断增加盈利、降低风险。企业要想获得更多的盈利，就必须进行投资，获得投资效益。

企业投资是企业生产经营和发展的必要手段。随着社会经济不断发展、科学技术不断进步，企业无论是维持简单再生产还是实现扩大再生产，都必然要进行一定规模的投资。首先，要维持简单再生产，就必须及时更新所有固定资产设施、不断改进产品和生产工艺、不断提高员工技术水平等。其次，要实现扩大再生产，就必须新增固定资产投入、增加员工人数、提升员工素质、提高生产工艺技术水平等。企业只有通过一系列的投资活动，才能不断增强企业实力、拓展企业市场。

企业投资是企业降低经营风险的重要方法。企业把资金投放到生产经营的薄弱环节或关键环节，可以促进各种经营能力配套、平衡，形成更大的综合生产能力。如把资金投向多个行业、多个领域，实现经营多元化，则更能够拓展企业的市场销售，增加企业盈余的稳定性。这些都是降低企业经营风险的重要方法。

（二）企业投资的分类

为了全面了解企业投资行为，加强投资管理，有必要对企业投资按不同的标准进行分类。

1. 按照投资与企业生产经营活动的关系分类

（1）直接投资：指企业将资金直接投放于企业的生产经营活动或直接投放于其他企业的生产经营活动，以赚取生产经营利润的投资。

（2）间接投资（又称证券投资）：指企业将资金投放于有价证券等金融资产，以取得利息、股利或资本利得的投资。

2.按照投资回收时间的长短分类

（1）短期投资（又称流动资产投资）：指企业将资金投放于准备且能够在一年以内收回的各种流动资产上的投资，如对现金、应收账款、存货、短期有价证券等的投资。

（2）长期投资：指在一年以上才能够收回的投资，如购建房屋建筑物、机器设备等固定资产，新产品、新技术、新工艺、新材料的研发，购买其他企业发行的企业债券，长期持有其他企业的股权（股票），兼并、收购其他企业，等等。

3.按照投资在企业生产经营过程中的作用分类

（1）初创投资：指在创建企业阶段所进行的投资，这种投资形成企业的原始资产，为企业后续的生产经营创造必要的条件。

（2）后续投资：指企业创立以后为了保持生产经营的正常进行和不断发展壮大所进行的各种投资。后续投资主要包括维持简单再生产所进行的更新性投资、为实现扩大再生产所进行的追加性投资以及为调整生产经营方向所进行的转移性投资。

4.按照投资的方向分类

（1）对内投资：指把资金投放到企业内部的生产经营活动的投资，如购建固定资产、储备存货等。这种投资旨在扩大企业内部再生产。

（2）对外投资：指企业以现金、实物、无形资产等方式或以购买股票、债券等有价证券方式对其他单位进行的投资。这种投资旨在实现经营多元化，从而分散风险，实现企业外延扩大再生产。

一般而言，对内投资都是直接投资；对外投资可以是直接投资，也可以是间接投资。

（三）企业投资管理的原则

企业进行投资的根本目的在于赚取利润、增加企业价值。企业能否实现这一目标，关键在于其能否抓住有利的投资机会，做出正确的投资决策。因此，企业在进行投资管理与决策时必须坚持如下原则。

1.认真做好市场调查，及时捕捉投资机会

捕捉投资机会是企业投资活动的起点，也是企业投资决策的关键。在市场经济条件下，投资机会不是固定不变的，而是不断变化的，它受诸多因素的影响，其中最主要的因素是市场需求的变化。企业在投资之前，必须认真进行市场调查和市场分析，寻求最有利的投资机会。市场是在不断变化、发展的，对于市场和投资机会的关系，也应从动态的角度加以把握。

正是由于市场的不断变化和发展，一个又一个新的投资机会才有可能出现。随着社会经济的不断发展，人民收入水平的不断提高，人们的消费需求也在不断发展变化，而众多的投资机会正是出现在这些变化之中。

2. 遵循科学投资决策程序，做好项目投资的可行性分析

在市场经济条件下，企业的投资决策必然面临一定的风险。为了确保投资决策的正确、有效，投资决策者必须按照科学的投资决策程序，认真进行项目投资的可行性分析。项目投资的可行性分析指对项目投资工程技术上的可行性、国民经济上的可行性以及财务上的可行性进行分析论证，运用各种技术和方法计算分析相关指标，以合理确定不同项目投资的优劣。财务部门是对企业的资金进行规划和控制的部门，财务人员必须参与项目投资的可行性分析。

3. 及时足额地筹集资金，保证项目投资的资金供应

企业的项目投资，特别是大型项目投资，其投资建设期长、所需资金量大，一旦开工建设就必须有足够的资金供应来确保项目投资建设的顺利进行，否则就会造成项目投资建设的中断，出现"半拉子工程"，给企业造成巨大损失。因此，在项目投资开工建设前，必须科学合理地预测项目投资所需资金的数量以及时间进度，采用适当的方法筹措资金，保证项目投资建设的顺利完成，尽快产生投资效益。

4. 认真研究项目投资的风险，做好项目投资风险控制

报酬与风险是共存的。一般而言，报酬越多风险也就越高，报酬的增加是以风险的提高为代价的，而风险的提高又将会引起企业价值的下降，不利于企业财务目标的实现。因此，企业在进行项目投资时，必须在考虑报酬的同时认真权衡风险情况，只有在报酬与风险达到均衡时，才有可能不断提高企业价值，实现企业的财务目标。

（四）企业项目投资及其分类

企业项目投资通常是指长期投资中的固定资产投资。在企业的全部投资中，项目投资具有十分重要的地位。项目投资对企业的稳定与发展、未来盈利能力、长期偿债能力都具有十分重要的意义。

1. 企业项目投资的特点

与企业其他类型的投资相比，项目投资具有如下五个特点。

（1）影响时间长。长期投资发挥作用的持续时间较长，但可能需要几年、十几年甚至几十年才能收回全部投资。因此，项目投资对企业未来的生产经营活动和财务状况将产生重大影响，其投资决策的成败对企业未来的命运会产生至关重要的影响，甚至是决定性的影响。

（2）投资数额大。项目投资，特别是战略性的扩大生产力投资，一般都需要较多的资金，其投资数额往往在企业总资产中占有相当大的比重。因此，项目投资对企业的融资、未来的现金流量和财务状况都会产生深远的影响。

（3）不经常发生。项目投资一般不会频繁发生，特别是大规模、具有战略意义的项目投资，一般要几年甚至几十年才发生一次，因此企业必须对项目投资做出慎重决策。

（4）变现能力差。作为长期投资的项目投资，由于其回收期较长，在短期内变现的能力很差。因此，项目投资一旦完成，具有不可逆转性。

（5）投资风险大。项目投资的上述特点也就决定了项目投资的风险大。因此，企业必须在投资决策过程中认真做好风险评估以及在项目投资运行寿命期内做好风险控制，尽可能降低风险，提高投资效益。

2. 企业项目投资的投资主体

财务管理里的投资主体是企业而非个人、政府或专业投资机构。投资主体不同，其投资目的也必然有所不同，并因此导致其决策评价标准和决策评价方法等多方面存在区别。

企业从金融市场上融资，然后投资于固定资产、流动资产等，期望获取相应的投资回报，以增加企业的盈利、提升企业价值。企业从金融市场上获取资金进行投资，必然要求其投资回报率超过金融市场上资金供应者所要求的回报率，超过部分才会增加企业盈利、增加企业价值。因此，投资项目优劣的评价标准应以融资成本为基础。

3. 企业项目投资的类型

按照不同标准，项目投资可以分为不同的类型。

（1）按照投资对企业的影响分类。

①战略性投资：指对企业全局产生重大影响的投资，如并购其他企业、

扩大企业生产经营规模、开发新产品等。战略性投资可能是为了实现多元化经营，也可能是为了实现对被投资企业施加重大影响甚至控制。其特点在于所需资金一般较多、回收时间较长、投资风险较大。战略性投资往往会扩大企业生产经营规模和生产经营活动范围，甚至会改变生产经营活动方向，对企业的生存和发展影响深远。因此，这类投资必须严格按照科学的投资程序，经过严密的分析研究后才能做出决策。

②战术性投资：指只关系到企业某一局部的具体业务投资，如设备的更新改造、原有产品的升级换代、产品成本的降低等投资项目。战术性投资主要是为了维持企业现有生产能力、维持企业现有市场份额或者是利用闲置生产能力增加企业收益，因此其投资所需资金较少、回收时间较短、风险相对较小。短期性投资一般属于战术性投资。

（2）按照投资对象分类。

①固定资产投资：即将资金投放于房屋建筑物、机器设备、运输设备、工器具等固定资产。

②无形资产投资：即将资金投放于专利权、非专利技术、商标权等无形资产。

③其他资产投资：即将资金投放于上述资产之外的其他长期性资产，如土地使用权、商誉、开办费等。

（3）按照项目投资的顺序与性质分类。

①先决性投资：指必须先对某项目进行的投资，只有这样才能使其后或同时进行的其他项目投资实现收益。例如，企业为扩大生产能力引进新的生产线，为使新的生产线能够正常运转，就必须有电力保障，这里的电力项目投资就属于先决性投资。

②后续性投资：指在原有基础上进行的项目投资，投资建成后将发挥与原项目同样的作用或更有效地发挥同一作用或性能，能够完善或取代现有项目的投资。

（4）按照项目投资的时序与作用分类。

①创建企业投资：是指为创建一个新企业，包括在生产、经营、生活条件等方面的投资。投入资金通过建设成为新建企业的原始资产。例如，新建一个分公司或子公司。

②简单再生产投资：指为更新已经不再满足生产经营需要的过时设备所

进行的投资。其特点是把原来的生产经营过程中回收的资金重新再投入生产经营过程，维持原有的生产经营规模。

③扩大再生产投资：指为了扩大企业现有的生产经营规模所进行的投资。这时企业需要追加投入资金，从而扩大企业的资产规模。

（5）按照增加利润的途径分类。

①增加收入的投资：指通过扩大企业生产经营规模或营销活动来增加企业的收入，进而增加利润的投资。其投资决策标准是评价项目投产后所产生的现金流量是否能证明该项投资是可行的。

②降低成本的投资：指通过降低生产经营成本、间接增加企业利润以维持企业现有生产经营规模的投资。其投资决策标准是评价项目投产后企业在降低成本中所获得的收益是否能证明该项目是可行的。

（6）按照项目投资之间的关系分类。

①独立性投资：指当采纳或放弃某一项目（或方案）时，并不影响另一项目（或方案）的采纳或放弃。例如，某建筑施工企业收购某建材厂的活动与施工企业自身的施工生产活动就属于两个彼此独立的项目投资。

②相关性投资：指当采纳或放弃某一项目（或方案）时，就必须采纳或放弃另一项目（或方案）的项目投资。例如，某建筑施工企业投资建设某一工业生产厂房和相关生产设备的投资就属于相关性投资。

③互斥性投资：指接受某一项目（或方案）投资就必须放弃另一项目（或方案）投资，在几个可行项目（或方案）中只能选其一。例如，某开发商在同一块土地上要么开发普通的高层住宅，要么建造高档别墅，要么建造写字楼，在这几个方案中只能选其一，这就属于互斥性投资。

研究项目投资的分类可以更好地掌握项目投资的性质和彼此之间的相互关系，有利于投资决策者抓住重点、分清主次，有利于企业投资决策者做出正确的决策。

第三节　建筑施工收入及利润管理

一、建筑施工项目收入管理

（一）建筑施工企业收入概述

1.收入的含义和特征

（1）收入的含义。收入有广义收入和狭义收入之分。广义收入是指那些能够导致企业经济利益流入的所有有利属性。我国《企业会计准则》中提到的收入是指狭义收入，即在企业日常经营活动中形成的、会导致所有者权益增加的、与所有者投入资本无关的经济利益的总流入，包括商品销售收入、提供劳务收入和让渡资产使用权收入，但不包括为第三方或客户代收的款项。其中，日常活动是指企业为完成其经营目标所从事的经常性活动以及与之相关的其他活动。广义收入包括狭义收入和各种利得。

（2）收入的特征。

①收入是从企业日常经营活动中产生的，而不是从偶发的交易或事项中产生的。

②收入可能表现为企业的资产增加或负债的减少。

③收入导致企业所有者权益增加。

④收入只包括本企业经济利益的流入，不包括为第三方或客户代收的款项。

⑤收入与所有者投入资本无关。

2.收入确认的条件

只有同时满足以下条件，才能确认为收入。

（1）与商品所有权相关的主要风险和报酬已经转移给购买方。

（2）企业既没有保留通常与所有权相联系的继续管理权，也没有对已售出的商品实施有效控制。

（3）收入的金额能够可靠地计量。

（4）相关的经济利益很可能流入企业。

（5）相关的已发生的或将发生的成本能够可靠地计量。

3.收入的分类

（1）按照企业从事日常活动的性质分类，可以将收入分为销售商品收入、提供劳务收入、让渡资产使用权收入、建造合同收入等。

①销售商品收入：指企业通过销售商品实现的收入。

②提供劳务收入：指企业通过提供劳务实现的收入。

③让渡资产使用权收入：指企业通过让渡资产使用权实现的收入。

④建造合同收入：指企业承担建造合同所形成的收入。

（2）按照企业从事日常获得在企业的重要性分类，可以将收入分为主营业务收入和其他业务收入。

①主营业务收入（也称基本业务收入）：是指建筑施工企业为完成其经营目标从事的经常性活动所实现的收入，可以根据其营业执照上所注明的主营业务范围来确定。主营业务收入具有每笔业务金额一般较大、经常发生、在企业总收入中所占比重较高的特点。建筑施工企业主要是从事建筑安装工程施工的企业，因此建筑施工企业的主营业务收入是建造合同收入。

②其他业务收入（也称附营业务收入）：是指建筑施工企业在主营业务以外经营的各种不独立核算的兼营业务的收入。其他业务收入具有每笔业务金额一般较小、不经常发生、在企业总收入中所占比重较低的特点。建筑施工企业的其他业务收入具体包括产品销售收入、材料销售收入、机械作业收入、让渡资产使用权收入等。

4.收入核算和管理的基本要求

（1）建筑施工企业应正确区分收益、收入和利得的界限。

（2）建筑施工企业应正确地确认和计量收入。

（3）建筑施工企业应及时结转与收入相关的成本。

（4）建筑施工企业应正确计算收入和相关成本、税费。

（二）建造合同收入

建筑施工企业的主要业务活动是通过事先与买方（发包商）签订不可撤销建造合同，按建造合同要求进行施工生产、为发包商提供满足合同要求的工程产品，据此实现其主营业务收入。因此，建筑施工企业的主营业务收入又

85

称建造合同收入。相应地，建筑施工企业按建造合同来确认其收入，按现行会计制度规定，建筑施工企业应采用完工百分比法来确认其工程结算价款收入。

建造合同是指建筑施工企业为建造一项资产或者在设计、技术、功能、最终用途等方面密切相关的数项资产而订立的合同。其中，资产是指房屋、道路、桥梁、水坝等建筑物以及船舶、飞机、大型机械设备等。所建造的资产从其功能和最终用途来看，可以分为两类：一类是建成后就可以投入使用和单独发挥作用的单项工程，如房屋、道路、桥梁等；另一类是在设计、技术、功能和最终用途等方面密切相关的、由数项资产构成的建设项目。只有在这些资产全部建成并投入使用时，项目才能发挥整体效益，如承建一个发电厂，该项目由锅炉房、发电室、冷却塔等几个单项工程构成，只有在各个单项工程全部建成投入使用时，发电厂才能正常运转和发电。

1. 建造合同的特征

建造合同属于经济合同范畴，但它又不同于一般的物资采购合同和劳务供应合同，而是有其自身的特征，主要表现在以下四点。

（1）先有买主（客户），后有标底（资产）。建造资产的造价在签订合同时已经确定。

（2）资产的建设周期长，一般要跨越一个会计年度，有的长达数年。建筑施工企业为及时反映各年度的经营成果和财务状况，一般情况下，不能等到合同工程完工时才确认收入和费用，而应按照权责发生制的要求，遵循配比原则，在合同实施过程中，按照一定方法，合理地确认各年的收入和费用。

（3）所建造资产体积大，造价高。

（4）建造合同一般为不可撤销合同。

2. 建造合同的分类

建设工程施工合同的主要功能是明确承发包双方利益的分配和风险的分担，招标人或建设单位可以通过选择适宜的合同类型和设定适宜的合同条款而最大限度地将风险转移至各承包商，进而最大限度地降低自己的风险。建设工程合同根据合同计价方式的不同，一般可以分为三大类型：总价合同、单价合同、成本加酬金合同。

（1）总价合同。总价合同是指在合同中确定一个完成项目的总价，承包单位据此来完成项目内容的合同。它是以图纸和工程说明书为依据，由承包商与发包商经过商定做出的。

总价合同具有如下特征：价格根据承包商在投标报价中提出的总价确定；待实施的工程性质与工程量应在事先明确商定；能够使建设单位在评标时易于确定报价最低的承包商、易于进行工程价款支付计算。

显然，采用这种合同，必须弄清建筑安装承包合同标的物的详细内容及各种技术经济指标，否则承发包双方都有蒙受经济损失的可能。

总价合同的形式按其是否可以调值又分为以下两种形式：固定总价合同和可调总价合同。

①固定总价合同。这种合同的价格计算以图纸、规范、规则、合同约定为基础，承发包双方就承包项目协商一个固定总价，由承包方一笔包死，不能变化。

采用这种合同时，合同总价只有在设计和工程范围有所变更（业主要求变更原定的承包内容）的情况下才能随之做出相应的变更。承包商要承担实物工程量、工程单价等因素造成亏损的风险。在合同执行中，除合同另有约定外，承发包双方均不能因为工程量、设备、材料价格、工资等变动和气候恶劣等理由，对合同总价提出调值要求。

因此，采用这种合同时，业主风险较小，可以清楚把握与控制工程造价，防止超支，易于业主投资控制。相对而言，此时承包商的风险较大，因而承包商要在投标时对一切的所有费用上升因素做出充分估计，并体现在投标报价中。因为承包商将要为许多不可预见的因素付出代价，所以其往往加大不可预见费用，致使这种合同一般报价较高。

这种形式的合同主要适用于工期较短（一般不超过一年）的项目，或对最终要求非常明确、工程规模小、技术简单的中小型建设项目，又或是设计深度已经达到施工图阶段要求，合同履行中不会出现较大变更的项目。

②可调总价合同。可调总价合同也是一种总价合同，也是以图纸及规定、规范为基础，但它是按照时价进行计算的，是一种相对固定的价格。它与固定总价合同的区别在于，在合同执行过程中，当出现通货膨胀而导致工料成本增加时，可对合同总价进行相应的调值，即不改变合同总价，只是增加调值条款。

这种合同对合同实施过程中出现的风险做了分摊，发包方承担了通货膨胀这一不可预见费用因素的风险，而承包商只承担了实施中实物工程量、成本和工期等因素的风险。因此，这种合同适用于工程内容和技术经济指标规

87

定很明确的项目。合同中列明了调值条款，所以工期在一年以上的项目比较适合采用这种合同形式。

（2）单价合同。当准备发包的工程项目的内容和设计指标一时不能明确时或是工程量可能出入较大时，宜采用单价合同。这样在不能精确地计算工程量的情况下，可以避免使发包方或承包方任何一方承担过大风险。单价合同对发包方而言可提前招标，缩短资金占用时间，计算程序比较简单，但发包方的风险是在竣工前不能掌握工程总造价；对承包商而言，签订单价合同风险较小，但利润会较低。

单价合同可以分为估计工程量单价合同、纯单价合同、单价与包干混合合同。

二、建筑工程施工项目利润管理

（一）建筑施工企业利润概述

1. 利润的概念及意义

利润是指建筑施工企业通过一定期间的生产经营活动所取得的收入和其他收入在扣减各种成本费用、税费和损失之后的净额。

利润的核算可以及时反映企业在一定期间的经营绩效和获利水平，反映企业投入产出的效率和经济效益，有助于经营管理者进行盈利预测、评价企业的经营绩效并做出正确的决策。在市场经济条件下，企业努力开拓市场，努力创造利润。利润的形成对企业具有重要意义，具体体现在以下几点。

（1）利润是企业生产经营追求的目标。在重视风险因素评估、符合长远利益和有充足的资本及其他资源的前提下，企业追求利润最大化。通过利润的考核，企业可以分析评价企业的经营效率、经营业绩及实现经营目标和财务管理目标的能力。

（2）利润是企业投资人和债权人进行投资决策和信贷决策的重要依据。投资人的主要目的在于获得既定风险条件下的最大投资报酬率，债权人则要求保证其所投放债权的安全性，这些都要求企业必须具备较强的获利能力，而利润正是反映企业获利能力大小的主要指标。

（3）利润是企业分配的基础。就某一特定时期来说，利润水平代表可供分配的最高限额，因而利润是分析、确定利润分配关系的重要依据。

2. 建筑施工企业利润的构成

建筑施工企业作为独立的经济实体，应当以自己的经营收入抵补其经营成本、费用，并且实现盈利。企业盈利的大小在很大程度上反映了企业生产经营的经济效益，表明企业在每一会计年度的最终经营成果。

按照现行财务制度的规定，建筑施工企业的利润可以划分为营业利润、利润总额、净利润三个层次。

（1）营业利润。建筑施工企业的营业利润是指建筑施工企业在一定期间内正常的施工生产经营活动所获得的利润。

营业利润 = 营业收入 – 营业成本 – 营业税金及附加 – 期间费用 – 资产减值损失 +
公允价值变动收益 – 公允价值变动损失 + 投资净收益（– 投资净损失）（3-1）

从企业财务管理角度看，建筑施工企业的营业利润可以进一步分解如下：

主营业务利润 = 主营业务收入 – 主营业务成本 – 营业税金及附加（3-2）

其他业务利润 = 其他业务收入 – 其他业务成本 （3-3）

这样划分，有助于进一步考察建筑施工企业营业利润的构成是否合理，以便进一步分析评价建筑施工企业的利润来源是否正常、进一步考察建筑施工企业的获利能力及发展前景。

① 期间费用。建筑施工企业的期间费用主要包括管理费用和财务费用两种。

建筑施工企业的管理费用是指建筑施工企业行政管理部门（公司总部）为组织和管理企业经营活动而发生的各项费用，包括行政管理人员薪酬、行政管理部门固定资产折旧费及修理费、周转材料摊销、办公费、差旅费、交通费、工会经费、职工教育经费、董事会会费、咨询费、诉讼费、绿化费、税金、土地使用费、技术转让费、技术开发费、无形资产摊销、业务招待费等。

建筑施工企业的财务费用是指为筹集和使用生产经营所需资金而发生的各项费用，包括施工生产经营期间的利息净支出、汇兑净损失、金融机构手续费及企业筹资用资时发生的其他财务费用，但不包括在固定资产、无形资产、土地使用权的购建期间所发生的应该资本化的利息支出和汇兑损失，这些利息支出和汇兑损失应计入相关资产价值。

② 投资净收益。建筑施工企业的投资净收益是指建筑施工企业对外进行

股权投资、债权投资所获得的投资收益减去投资损失后的净额。投资净收益可按如下公式计算：

$$投资净收益 = 投资收益 - 投资损失 \qquad (3-4)$$

式中：投资收益包括从联营企业分得的利润、持有股票而从发行企业分得的股利、持有债券而获得的债券利息、期满收回投资或中途转让所获得超过原账面价值的差额、股权投资按照权益法核算在被投资企业当年增加的净盈利中所应享有的数额；投资损失包括投资到期收回或中途转让所获得的低于原账面价值的差额、进行股权投资按照权益法核算在被投资企业当年实现的净亏损中所应承担的数额。

（2）利润总额。

$$利润总额 = 营业利润 + 营业外收入 - 营业外支出 \qquad (3-5)$$

建筑施工企业的营业外收入和营业外支出是指与建筑施工企业施工生产经营活动没有直接关系的各项收入和支出。

①营业外收入。营业外收入是指与企业建造合同收入和其他业务收入相比，虽然与施工生产经营活动没有直接关系，但却与企业有相应关联，也会成为企业利润总额的有机组成部分。建筑施工企业的营业外收入主要包括处置固定资产净收益（对外投资转让、非货币性资产交换、债务重组、报废清理、对外出售等），处置临时设施净收益（报废清理、对外出售等），处置无形资产净收益（对外投资转让、非货币性资产交换、债务重组、报废清理、对外出售等），罚款收入、违约收入、赔偿收入、滞纳金收入，确实无法偿付的债务，现金盘盈收入，捐赠利得，债务重组利得，非货币性资产交换利得，政府补助利得。

②营业外支出。营业外支出是相对于营业成本、期间费用而言的。它虽然不属于建筑施工企业营业支出范围，但与企业支出相关联，因而必然构成企业利润总额的扣除项目。建筑施工企业的营业外支出主要包括处置固定资产净损失（对外投资转让、非货币性资产交换、债务重组、报废清理、对外出售等），处置临时设施净损失（报废清理、对外出售等），处置无形资产净损失（对外投资转让、非货币性资产交换、债务重组、报废清理、对外出售等），罚款支出、违约支出、赔偿支出、滞纳金支出，固定资产净盘亏，对外公益救济性捐赠支出，非广告性赞助支出，债务重组损失，非货币性资产交换损失。

（3）净利润。净利润（又称税后利润、税后净利）是指企业的利润总额扣除所得税费用之后的利润。净利润计算公式如下：

$$净利润 = 利润总额 - 所得税费用 \qquad （3-6）$$

（二）建筑施工企业目标利润管理

1. 建筑施工企业目标利润管理的意义

从整个建筑施工企业的财务管理角度来看，目标利润管理是建筑施工企业财务管理系统的一个子系统；从其所处地位来看，目标利润管理则是整个建筑施工企业财务管理的核心。因此，目标利润管理制约着建筑施工企业其他方面的管理，做好目标利润管理对建筑施工企业有着重要作用。

目标利润是指企业在未来一定期间内经过努力应该能够达到的利润水平，它反映一定时期内预期的财务成果和经营效益。目标利润是企业经营目标的重要组成部分。

目标利润管理是在目标利润规划的基础上，通过过程控制和结果考核，确保目标利润的实现；通过差异分析和结果考核，结合外部环境变化，重新进行下期目标利润规划。因此，目标利润管理是一个管理循环。

建筑施工企业目标利润管理是指将目标利润管理原理和方法具体运用到建筑施工企业利润管理实践中，要求企业通过科学方法确定在一定时期内所要实现的目标利润额，并根据目标利润的要求，确定为完成目标利润额的各项经营收支目标，列出日程，将归口分级进行分解、落实，有效实施日常控制，严格考评，确保目标利润额的实现。

2. 建筑施工企业目标利润制定的基本要求

（1）既要积极进取，又要留有余地。目标利润的确定应该基于企业的潜力，但也不能脱离实际和可能，还要充分考虑企业面临的复杂多变的外部环境及其风险程度，需要留有余地。

（2）要与内部环境和外部环境相适应。企业内部环境一般是企业可以控制、制约的，但内部环境的改善，必须朝着适应外部环境的方向进行。因此，制定目标利润要充分考虑企业内部环境和外部环境来平衡资源条件，协调内外关系。

（3）要力求实现综合平衡。在制定目标利润时，一方面要全面考虑企业经营规模、毛利率、费用开支等因素对利润变动的影响，为目标利润的确定提供科学依据；另一方面要与企业的购销计划和其他财务计划反复平衡。当然，企业的其他计划要服从目标利润计划，其中包括必要时应做出相应的调整，最终使其他计划成为实现目标利润的保证。

3. 建筑施工企业目标利润制定的程序

目标利润的制定一般是在考虑企业发展战略、市场需求状况、同行业有关企业平均利润水平、本企业未来发展对利润的特定要求的前提下，经过一系列的分析、计量后予以确定的。一般来说，目标利润的制定过程大致包括以下几个步骤。

首先，考察上期利润计划的完成情况，分析下期利润影响因素的变动。通过对上期的计划利润与实际利润的对照比较，弄清上期利润计划完成情况的好坏和盈利水平的高低，并尽可能把握以前年度尤其是上年度的经营情况对下期利润的影响。还要根据市场调查、销售预测等有关资料，测定和分析影响利润的诸多因素对未来目标利润的影响方向和程度。

其次，确定初步的利润目标。初步的利润目标是通过目标利润预测工作来完成的。在实际工作中，一般利用目标利润的预测值，参照过去企业利润增长的实际情况或同行业的平均实际利润水平，分析预测将来的利润需要和用途，确定一个基础性的利润数据，再按可预测的其他条件进行粗略的修正后作为初步利润目标确定下来。

最后，通过综合平衡，制定出最终的利润目标。最终利润目标是建立在综合考虑各因素基础之上的目标。要考虑各环境条件的变化、市场需求的变化、可能出现的各种风险等，并区别可控因素与不可控因素。其中，应首先考虑处理可控因素，计算其对目标利润的影响之后，再考虑不可控的外部因素。经过全面评价和综合平衡，得出最终的利润目标。

以上只是对目标利润制定业务程序的说明，在实际工作中，还需要建筑施工企业包括物资采购、施工生产及财务等有关部门的通力合作、积极参与，才能确保目标利润的制定科学合理，符合企业实际情况。

第四节　纳税管理制度

纳税管理与会计核算是建筑施工企业财务管理活动的重要组成部分。全面准确地掌握税法的基本规定，做好企业的纳税管理，是降低企业纳税成本和税务风险的基础；做好企业会计核算工作，尤其是落实《企业会计准则——基本准则》在施工项目会计核算中的应用，是提高企业会计信息质量的保障。

依法纳税是企业的一项义务，同时，降低纳税成本、规避税务风险也是企业发展的保障。建筑施工企业应该在财务部门设置纳税管理岗位，配备相应的纳税管理人员，负责税务登记、纳税申报、发票领用与管理、税前扣除事项的申报审批、外出经营证明的办理、税务台账的登记等日常管理工作；应及时掌握国家税收政策信息，制订本单位纳税筹划计划，制定工作方案；加强同税务部门的业务联系，争取来自税务部门的政策指导和工作上的支持。

一、我国的税收管理体制

（一）税务机构设置

2018 年 3 月，根据《中共中央关于深化党和国家机构改革的决定》，省级和省级以下国税地税机构合并，具体承担所辖区域内各项税收、非税收入征管等职责。为提高社会保险资金征管效率，基本养老保险费、基本医疗保险费、失业保险费等各项社会保险费交由税务部门统一征收。国税地税机构合并后，实行以国家税务总局为主与省（自治区、直辖市）人民政府双重领导管理体制。国家税务总局要会同省级党委和政府加强党在税务系统中的领导，做好党的建设、思想政治建设和干部队伍建设工作，优化各层级税务组织体系和征管职责，按照"瘦身"与"健身"相结合原则，完善结构布局和力量配置，构建优化高效统一的税收征管体系。

国家税务总局对国家税务局系统实行机构、编制、干部、经费的垂直管理，协同省级人民政府对省级地方税务局实行双重领导。

1. 国家税务局系统

国家税务局系统包括省、自治区、直辖市国家税务局，地区、地级市、自治州、盟国家税务局，县、县级市、旗国家税务局，征收分局、税务所。征收分局、税务所是县级国家税务局的派出机构，前者一般按照行政区划、经济区划或者行业设置，后者一般按照经济区划或者行政区划设置。

省级国家税务局是国家税务总局直属的正厅（局）级行政机构，是本地区主管国家税收工作的职能部门，负责贯彻执行国家的有关税收法律、法规和规章，并结合本地实际情况制定具体实施办法。

2. 地方税务局系统

地方税务局系统包括省、自治区、直辖市地方税务局，地区、地级市、自治州、盟地方税务局，县、县级市、旗地方税务局，征收分局、税务所。省以下地方税务局实行上级税务机关和同级政府双重领导、以上级税务机关垂直领导为主的管理体制，即地区（市）、县（市）地方税务局的机构设置、干部管理、人员编制和经费开支均由所在省（自治区、直辖市）地方税务局垂直管理。

省级地方税务局是省级人民政府所属的主管本地区地方税收工作的职能部门，一般为正厅（局）级行政机构，实行地方政府和国家税务总局双重领导、以地方政府领导为主的管理体制。国家税务总局对省级地方税务局的领导主要体现在对税收政策、业务的指导和协调，对国家统一的税收制度、政策的监督，组织经验交流等方面。

（二）税收征收管理范围划分

目前，我国的税收分别由财政、税务、海关等系统负责征收管理。

1. 国家税务局系统负责征收和管理的项目

国家税务局系统负责征收和管理的项目有增值税，消费税，车辆购置税，各银行总行、各保险总公司集中缴纳的营业税、所得税、城市维护建设税，中央企业缴纳的所得税，中央与地方所属企业、事业单位组成的联营企业、股份制企业缴纳的所得税，地方银行、非银行金融企业缴纳的所得税，海洋石油企业缴纳的所得税、资源税，外商投资企业和外国企业所得税，证券交易税（开征之前为对证券交易征收的印花税），个人所得税中对储蓄存款利息所得征收的部分，中央税的滞纳金、补税、罚款等。

2. 地方税务局系统负责征收和管理的项目

地方税务局系统负责征收和管理的项目有营业税、城市维护建设税（不包括上述由国家税务局系统负责征收管理的部分），地方国有企业、集体企业、私营企业缴纳的所得税、个人所得税（不包括对银行储蓄存款利息所得征收的部分），资源税，城镇土地使用税，耕地占用税，土地增值税，房产税，车船税，印花税，契税及地方税的滞纳金、补税、罚款等。

3. 海关系统负责征收和管理的项目

海关系统负责征收和管理的项目有关税、行李和邮递物品进口税等，同时负责代征进出口环节的增值税和消费税。

（三）中央政府与地方政府税收收入划分

根据《国务院关于实行分税制财政管理体制的规定》，我国的税收收入分为中央政府固定收入、地方政府固定收入和中央政府与地方政府共享收入。

1. 中央政府固定收入

中央政府固定收入包括消费税等及关税、海关代征的进口环节增值税等。

2. 地方政府固定收入

地方政府固定收入包括城镇土地使用税、耕地占用税、土地增值税、房产税、车船税、契税。

3. 中央政府与地方政府共享收入

中央政府与地方政府共享收入主要包括如下内容。

（1）增值税（不含进口环节由海关代征的部分）：中央政府分享75%，地方政府分享25%。

（2）营业税：各银行总行、各保险总公司集中缴纳的部分归中央政府，其余部分归地方政府。

（3）企业所得税、外商投资企业和外国企业所得税：各银行总行及海洋石油企业缴纳的部分归中央政府，其余部分中央政府与地方政府按60%与40%的比例分享。

（4）个人所得税：除储蓄存款利息所得的个人所得税外，其余部分的分享比例与企业所得税相同。

（5）资源税：海洋石油企业缴纳的部分归中央政府，其余部分归地方政府。

（6）城市维护建设税：各银行总行、各保险总公司集中缴纳的部分归中央政府，其余部分归地方政府。

（7）印花税：证券交易印花税收入的94%归中央政府，其余6%和其他印花税收入归地方政府。

二、税务登记的管理

税务登记（又称纳税登记），是指税务机关根据税法规定，对纳税人的生产、经营活动进行登记管理的一项法定制度。它是税务机关对纳税人实施税收管理的首要环节和基础工作，是征纳双方法律关系成立的依据和证明，也是纳税人必须依法履行的义务。

根据《中华人民共和国税收征收管理法》和《税务登记管理办法》的规定，企业及企业在外地设立的分支机构和从事生产、经营的场所，个体工商户和从事生产、经营的事业单位，均应当按规定办理税务登记。根据税收法律、行政法规的规定，具有扣缴税款义务的扣缴义务人（国家机关除外）也应当按照规定办理扣缴税款登记。县以上国家税务局（分局）、地方税务局（分局）是税务登记的主管税务机关，负责税务登记的设立登记、变更登记、注销登记和税务登记证验证、换证以及非正常户处理、报验登记等有关事项。

（一）设立登记

企业及企业在外地设立的分支机构和从事生产、经营的场所，个体工商户和从事生产、经营的事业单位（以下统称从事生产、经营的纳税人），要向生产、经营所在地税务机关申报办理税务登记。

（1）从事生产、经营的纳税人领取工商营业执照（含临时工商营业执照）的，应当自领取工商营业执照之日起30日内申报办理税务登记，税务机关核发税务登记证及副本（纳税人领取临时工商营业执照的，税务机关核发临时税务登记证及副本）。

（2）从事生产、经营的纳税人未办理工商营业执照，但经有关部门批准设立的，应当自有关部门批准设立之日起30日内申报办理税务登记，税务机关核发税务登记证及副本。

（3）从事生产、经营的纳税人未办理工商营业执照，也未经有关部门批准设立的，应当自纳税义务发生之日起30日内申报办理税务登记，税务机关核发临时税务登记证及副本。

（4）有独立的生产经营权、在财务上独立核算并定期向发包人或者出租人上交承包费或租金的承包承租人，应当自承包承租合同签订之日起 30 日内，向其承包承租业务发生地税务机关申报办理税务登记，税务机关核发临时税务登记证及副本。

（5）从事生产、经营的纳税人外出经营，自其在同一县（市）实际经营或提供劳务之日起，在连续的 12 个月内累计超过 180 日的，应当自期满之日起 30 日内，向生产、经营所在地税务机关申报办理税务登记，税务机关核发临时税务登记证及副本。

（6）境外企业在中国境内承包建筑、安装、装配、勘探工程和提供劳务的，应当自项目合同或协议签订之日起 30 日内，向项目所在地税务机关申报办理税务登记，税务机关核发临时税务登记证及副本。

企业在申报办理税务登记时，应当根据不同情况向税务机关如实提供以下证件和资料：工商营业执照或其他核准执业证件；有关合同、章程、协议书；组织机构统一代码证书；法定代表人或负责人或业主的居民身份证、护照或者其他合法证件。其他需要提供的有关证件、资料，由省、自治区、直辖市税务机关确定。

企业在申报办理税务登记时，还应当如实填写税务登记表。税务登记表的主要内容包括单位名称、法定代表人或者业主姓名及其居民身份证、护照或者其他合法证件的号码，住所、经营地点，登记类型，核算方式，生产经营方式，生产经营范围，注册资金（资本）、投资总额，生产经营期限，财务负责人、联系电话，国家税务总局确定的其他有关事项。

企业提交的证件和资料齐全且税务登记表的填写内容符合规定的，税务机关会及时发放税务登记证件。纳税人提交的证件和资料不齐全或税务登记表的填写内容不符合规定的，税务机关会当场通知其补正或重新填报。纳税人提交的证件和资料明显有疑点的，税务机关应进行实地调查，核实后予以发放税务登记证件。税务登记证件的主要内容包括纳税人名称、税务登记代码、法定代表人或负责人、生产经营地址、登记类型、核算方式、生产经营范围（主营、兼营）、发证日期、证件有效期等。

已办理税务登记的扣缴义务人应当自扣缴义务发生之日起 30 日内，向税务登记地税务机关申报办理扣缴税款登记。税务机关在其税务登记证件上登记扣缴税款事项，税务机关不再发给扣缴税款登记证件。根据税收法律、行政法规的规定可不办理税务登记的扣缴义务人，应当自扣缴义务发生之日起 30 日内，向机构所在地税务机关申报办理扣缴税款登记。税务机关核发扣缴税款登记证件。

（二）变更登记

企业税务登记内容发生变化的，应当向原税务登记机关申报办理变更税务登记。企业已在工商行政管理机关办理变更登记的，应当自工商行政管理机关变更登记之日起 30 日内，向原税务登记机关如实提供下列证件、资料，申报办理变更税务登记：工商登记变更表及工商营业执照，纳税人变更登记内容的有关证明文件，税务机关发放的原税务登记证件（登记证正副本和登记表等），其他有关资料。按照规定不需要在工商行政管理机关办理变更登记，或者其变更登记的内容与工商登记内容无关的，应当自税务登记内容实际发生变化之日起 30 日内，或者自有关机关批准或宣布变更之日起 30 日内，持下列证件到原税务登记机关申报办理变更税务登记：纳税人变更登记内容的有关证明文件，税务机关发放的原税务登记证件（登记证正副本和税务登记表等），其他有关资料。

纳税人提交的有关变更登记的证件、资料齐全的，应如实填写税务登记变更表，经税务机关审核，符合规定的，税务机关应予以受理；不符合规定的，税务机关应通知其补正。税务机关应当自受理之日起 30 日内，审核办理变更税务登记。纳税人税务登记表和税务登记证中的内容都发生变更的，税务机关按变更后的内容重新核发税务登记证件；纳税人税务登记表的内容发生变更而税务登记证中的内容未发生变更的，税务机关不重新核发税务登记证件。

（三）停业、复业登记

企业在申报办理停业登记时，应如实填写停业申请登记表，说明停业理由、停业期限、停业前的纳税情况和发票的领、用、存情况，并结清应纳税款、滞纳金、罚款。税务机关应收存其税务登记证件及副本、发票领购簿、未使用完的发票和其他税务证件。企业在停业期间发生纳税义务的，应当按照税收法律、行政法规的规定申报缴纳税款。

企业应当于恢复生产经营之前，向税务机关申报办理复业登记，如实填写《停业复业报告书》，领回并启用税务登记证件、发票领购簿及其停业前领购的发票。停业期满不能及时恢复生产经营的，应当在停业期满前向税务机关提出延长停业登记申请，并如实填写《停业复业报告书》。

（四）注销登记

企业发生解散、破产、撤销以及其他情形，依法终止纳税义务的，应当在向工商行政管理机关或者其他机关办理注销登记前，持有关证件和资料向原税务登记机关申报办理注销税务登记；按规定不需要在工商行政管理机关或者其他机关办理注册登记的，应当自有关机关批准或者宣告终止之日起15日内，持有关证件和资料向原税务登记机关申报办理注销税务登记。

企业被工商行政管理机关吊销营业执照或者被其他机关予以撤销登记的，应当自营业执照被吊销或者被撤销登记之日起15日内，向原税务登记机关申报办理注销税务登记。

企业因经营地点变动，涉及改变税务登记机关的，应当在向工商行政管理机关或者其他机关申请办理变更、注销登记前，或者经营地点变动前，持有关证件和资料，向原税务登记机关申报办理注销税务登记，并自注销税务登记之日起30日内向迁达地税务机关申报办理税务登记。

境外企业在中国境内承包建筑、安装、装配、勘探工程和提供劳务的，应当在项目完工、离开中国前15日内，持有关证件和资料，向原税务登记机关申报办理注销税务登记。

企业办理注销税务登记前，应当向税务机关提交相关证明文件和资料，结清应纳税款、多退（免）税款、滞纳金和罚款，缴销发票、税务登记证件和其他税务证件，经税务机关核准后，办理注销税务登记手续。

（五）外出经营报验登记

企业到外县（市）临时从事生产经营活动的，比如建筑施工企业去外县（市）承揽工程项目，应当在外出生产经营以前，持税务登记证向主管税务机关申请开具外出经营活动税收管理证明（以下简称外管证）。税务机关按照一地一证的原则，核发外管证，外管证的有效期限一般为30日，最长不得超过180日。

99

企业应当在外管证注明地进行生产经营前向当地税务机关报验登记，并提交下列证件、资料：税务登记证件副本、外管证。企业在外管证注明地销售货物的，除提交以上证件、资料外，还应如实填写《外出经营货物报验单》，申报查验货物。

企业外出经营活动结束后，应当向经营地税务机关填报《外出经营活动情况申报表》，并结清税款、缴销发票。企业在外管证有效期届满后 10 日内，持外管证回原税务登记地税务机关办理外管证缴销手续。

三、发票的管理

发票是指一切单位和个人在购销商品、提供劳务或接受劳务、服务以及从事其他经营活动时，所提供给对方的收付款的书面证明，是财务收支的法定凭证，是会计核算的原始依据，也是审计机关、税务机关执法检查的重要依据。

（一）发票的分类

发票的种类繁多，主要是按行业特点和纳税人的生产经营项目进行分类，每种发票都有特定的使用范围。一般来说，发票分为普通发票和增值税专用发票。

1. 普通发票

普通发票主要由营业税纳税人和增值税小规模纳税人使用，增值税一般纳税人在不能开具专用发票的情况下也可使用普通发票。普通发票由行业发票和专用发票组成。前者适用于某个行业和经营业务，如商业零售统一发票、餐饮业专用发票等；后者仅适用于某一经营项目，如广告费用结算发票、商品房销售发票等。

普通发票的基本联次为三联：第一联为存根联，开票方留存备查用；第二联为发票联，收执方留存作为付款或收款原始凭证；第三联为记账联，开票方留存作为记账原始凭证。

2. 增值税专用发票

增值税专用发票是国家税务部门根据增值税征收管理需要而设定的，专门用于纳税人销售或者提供增值税应税项目的一种发票。专用发票既具有普通发票所具有的内涵，又具有比普通发票更特殊的作用。它不仅是记载商品销售额和增值税税额的财务收支凭证，而且是兼记销货方纳税义务和购货方进项税额的合法证明，是购货方据以抵扣税款的法定凭证，对增值税的计算起着关键性作用。

发票的管理权限是按主体税种划分的。增值税纳税人使用的发票由国家税务局管理，如增值税专用发票、货物运输业增值税专用发票等；营业税纳税人使用的发票由地方税务局管理，如服务业、建筑安装业、金融保险业等开具的各种发票。

（二）发票的购买

企业依法办理税务登记并领取税务登记证件后，可向主管税务机关申请领购发票。申请领购发票时，企业应当提出购票申请，提供经办人身份证明、企业税务登记证件或者其他有关证明以及财务印章或者发票专用章的印模。如果曾经购买过发票，那么还需要出示使用完毕的最后一张发票的复印件（购增值税专用发票亦如此）。主管税务机关在纳税人的领购发票申请及有关证件审核通过后，发放发票领购簿。企业凭发票领购簿上核准的发票种类、数量以及购票方式，向主管税务机关领购发票。增值税专用发票仅限于一般纳税人领购，小规模纳税人和非增值税纳税人不得领购。

建筑施工企业临时到外省、自治区、直辖市从事经营活动的，应当凭机构所在地税务机关的证明，向经营地税务机关申请领购经营地的发票。企业在外省、自治区、直辖市从事临时经营活动申领购发票时，税务部门可以按照规定要求企业提供保证人或者根据所领购发票的票面限额及数量缴纳不超过一万元的保证金，以限期缴销发票。按期缴销发票的，解除保证人的担保义务或者退还保证金；未按期缴销发票的，由保证人或者以保证金承担法律责任。

不需要办理税务登记、临时需要使用发票的企业，可以直接向税务机关申请领购或者向税务机关申请代开发票，即需要发票时，企业可以凭发生购销业务、提供接受服务或者其他经营活动的书面证明直接到税务机关申请开具。对税法规定应当缴纳税款的，税务机关在开具发票的同时征税。

（三）发票的开具

若销售商品、提供服务以及从事其他经营活动的企业对外发生经营业务收取款项，收款方应当向付款方开具发票，特殊情况下，由付款方向收款方开具发票。开具发票应当按照规定时限、顺序，逐栏、全部联次一次性如实开具，并加盖单位发票专用章。使用电子计算机开具发票，须经主管税务机关批准，并使用税务机关统一监制的机外发票，开具后的存根联应当按照顺序装订成册。

任何企业和个人不得转借、转让、代开发票；未经税务机关批准，不得拆本使用发票；不得自行扩大专业发票的使用范围。禁止倒买倒卖发票、发票监制章和发票防伪专用品。

发票限于领购单位在本省、自治区、直辖市内开具。跨市、县开具发票的，要遵守各省、自治区、直辖市税务机关的规定。任何单位和个人未经批准，不得跨规定的使用区域携带、邮寄、运输空白发票。禁止携带、邮寄或者运输空白发票出入境。

开具发票的企业应当按照税务机关的规定存放和保管发票，不得擅自损毁。开具发票的企业和个人应当建立发票使用登记制度，设置发票登记簿，并定期向主管税务机关报告发票使用情况。开具发票的企业和个人应当在办理变更或注销税务登记的同时，办理发票和发票领购簿的变更、缴销手续。已经开具的发票存根联和发票登记簿应当保存 5 年；保存期满，报经税务机关查验后销毁。

（四）发票的取得

企业在购买商品、接受服务以及从事其他经营活动支付款项时，应当向收款方取得发票。取得发票时，不得要求变更品名和金额。不符合规定的发票不得作为财务报销凭证，任何单位和个人必须拒收。

不符合规定的发票主要指以下三类。

（1）发票本身不符合规定。包括白条及使用空白纸张直接制作的收付款凭证（如内部结算凭证、往来收据等）、伪造的假发票、作废的发票等。

（2）发票开具不符合规定。例如，填写项目不齐全、内容不真实等。

（3）发票来源不符合规定。发票必须是在购买商品、接受服务以及从事其他经营活动支付款项时，向销售商品、提供服务的收款方取得的。向第三者转借或者购买的发票都是不合法的。

单位之间发生业务往来，收款方在收款以后不需要纳税的，收款方可以开具税务部门监制的收据；行政事业单位发生的行政事业性收费，可以使用财政部门监制的收据；单位与部队之间发生业务往来，按照规定不需要纳税的，可以使用部队监制的收据。除上述几种收据外，企业在付款时收到的其他自制收据，不能作为成本费用凭证入账。

四、纳税申报的管理

企业必须依照法律、行政法规规定或者税务机关依照法律、行政法规的规定确定的申报期限、申报内容如实办理纳税申报，报送纳税申报表、财务会计报表以及税务机关根据实际需要要求纳税人报送的其他纳税资料。这些纳税资料通常还包括以下几种。

（1）与纳税有关的合同、协议书及凭证。

（2）税控装置的电子报税资料。

（3）外出经营活动税收管理证明和异地完税凭证。

（4）境内或者境外公证机构出具的有关证明文件。

（5）税务机关规定应当报送的其他有关证件、资料。

需要履行扣缴义务的企业必须依照法律、行政法规规定或者税务机关依照法律、行政法规的规定确定的申报期限、申报内容如实报送代扣代缴、代收代缴税款报告表以及税务机关根据实际需要要求扣缴义务人报送的其他有关资料。

各税种的申报期限，由主管税务机关根据各单位应纳税额的大小分别核定。一般情况下，各税种纳税期限如下。

（1）营业税。纳税人以1个月或者1个季度为1个纳税期的，自期满之日起15日内申报纳税。

（2）增值税。纳税人以1个月或者1个季度为1个纳税期的，自期满之日起15日内申报纳税。

（3）消费税。纳税人以1个月或者1个季度为1个纳税期的，自期满之日起15日内申报纳税。

（4）企业所得税。一般按照分月或分季预缴。纳税人应当自月份或者季度终了后15日内，向税务机关报送预缴企业所得税纳税申报表、预缴税款。企业应当自年度终了后5个月内，向税务机关报送年度企业所得税纳税申报表，并汇算清缴，结清应缴应退税款。

（5）个人所得税。作为个人所得税的扣缴义务人，各单位每月所扣的税款，应当在次月 7 日内缴入国库，并向主管税务机关报送《扣缴个人所得税报告表》，代扣代收税款凭证和包括每位纳税人姓名、单位、职务、收入、税款等内容的支付个人收入明细表以及税务机关要求报送的其他有关资料。

（6）城市维护建设税。纳税人在申报增值税、消费税、营业税的同时进行申报。

（7）资源税。纳税人以月为纳税期的，自期满之日起 10 日内申报纳税。

（8）土地增值税。纳税人应当自转让房地产合同签订之日起 7 日内向房地产所在地主管税务机关办理纳税申报，并在税务机关核定的期限内缴纳土地增值税。

（9）房产税。按年征收，具体纳税申报期限由省、自治区、直辖市人民政府确定。

（10）车船税。车船税按年申报缴纳，具体申报纳税期限由省、自治区、直辖市人民政府确定。一般情况下，纳税人应当在每年第一个季度内一次性申报缴纳本年度车船税，但以下情形除外：由扣缴义务人代收代缴机动车车船税的，纳税人应当在购买机动车交通事故责任强制保险的同时缴纳；购置新车船的，在纳税义务发生之日起 30 日内申报缴纳。

（11）耕地占用税。获准占用耕地的单位应当在收到土地管理部门的通知之日起 30 日内向耕地所在地方税务机关申报缴纳耕地占用税。

（12）城镇土地使用税。土地使用税按年计算、分期缴纳。缴纳期限由省、自治区、直辖市人民政府确定。

对新征用土地，依照下列规定缴纳土地使用税：征用的耕地，自批准征用之日起满 1 年时开始缴纳土地使用税；征用的非耕地，自批准征用次月起缴纳土地使用税。

（13）印花税。应纳税凭证应当于书立或者领受时贴花（申报缴纳税款）。同一种类应纳税凭证需频繁贴花的，应向主管税务机关申请按期汇总缴纳印花税。汇总缴纳限期额由地方税务机关确定，但最长期限不得超过 1 个月。

（14）教育费附加。纳税人在申报增值税、消费税、营业税的同时进行申报。纳税人可以直接到税务机关办理纳税申报或者报送代扣代缴、代收代缴税款报告表，也可以按照规定采取邮寄、数据电文或者其他方式办理上述申报、报送事项。不能按期办理纳税申报或者报送代扣代缴、代收代缴税款报告表的，经税务机关核准，可以延期申报。经核准延期办理前款规定的申报、报送事项的，应当在纳税期内按照上期实际缴纳的税额或者税务机关核定的税额预缴税款，并在核准的延期内办理税款结算。

纳税人在纳税期内没有应纳税款的，也应当按照规定办理纳税申报。纳税人享受减税、免税待遇的，在减税、免税期间也应当按照规定办理纳税申报。

第四章 基于建设项目决策阶段的造价控制

第一节 建设项目决策主要内容

一、投资决策与工程造价的关系

（一）建设项目投资决策的含义

项目投资决策是选择和决定投资行动方案的过程，指对拟建项目的必要性和可行性进行技术经济论证，对不同建设方案进行技术经济分析、比较及做出判断和决定的过程。项目投资决策是投资行动的前提和准则。正确的项目投资来源于正确的项目投资决策。项目决策的正确与否，是能否合理确定与控制工程造价的前提，它关系到工程造价的高低及投资效果的好坏，并直接影响到项目建设的成败。加强建设项目决策阶段的工程造价管理意义重大。

（二）建设项目投资决策和工程造价的关系

1. 建设项目投资决策的正确性是工程造价管理的前提

建设项目投资决策正确，意味着对项目建设做出科学的决断，优选出最佳投资行动方案，达到资源的合理配置。这样才能合理确定工程造价，并且在实施最优投资方案过程中，有效地控制工程造价。建设项目投资决策失误，主要体现在对不该建设的项目进行投资建设、项目建设地点的选择错误、投资方案的确定不合理等。诸如此类的决策失误会造成不必要的人力、物力及财力的浪费，甚至造成不可弥补的损失。在这种情况下，进行工程造价的计价与控制将毫无意义。因此，工程造价管理的前提是事先保证项目决策的正确性，避免决策失误。

2. 建设项目投资决策的工作内容是决定工程造价的基础

工程造价的计价与控制贯穿建设项目的全过程，但投资决策阶段各项技术经济分析与判断，对该项目的工程造价有重大影响，特别是建设标准的确定、建设地点的选择、技术工艺的评选、生产设备的选用等，直接关系到工程造价的高低。据有关资料统计，在建设项目的全过程中，项目决策阶段对工程造价的影响程度最高，可达到 70% ～ 90%。因此，项目投资决策阶段是决定工程造价的基础阶段，直接影响着投资决策阶段之后的各个建设阶段工程造价的计价与控制。

3. 工程造价的高低影响项目的最终决策

投资决策阶段对工程造价的估算即投资估算结果的高低是投资方案选择的重要依据之一，同时是决定投资项目是否可行及主管部门进行项目审批的参考依据。所以，建设项目工程造价的高低也能够对项目的决策产生影响。

4. 项目投资决策的深度影响投资估算的精确度，也影响工程造价的控制效果

建设项目投资决策过程是一个由浅入深、不断深化的过程，依次分为若干工作阶段，不同阶段决策的深度不同，投资估算的精确度也不同。例如，投资机会及项目建议书阶段是初步决策的阶段，投资估算的误差率在 ±30% 左右；而详细可行性研究阶段是最终决策阶段，投资估算误差率在 ±10% 以内。在建设项目的实施过程中，即决策阶段、初步设计阶段、技术设计阶段、施工图设计阶段、工程招投标及承发包阶段、施工阶段以及竣工验收阶段，工程造价的确定与控制会相应形成投资估算、设计概算、修正概算、施工图预算、承包合同价、竣工结算价及竣工决算造价。这些造价形式之间存在着前者控制后者、后者补充前者这样的相互作用关系。"前者控制后者"的制约关系意味着投资估算对其后面的各种形式的造价起着制约作用，是限

额目标。由此可见，只有加强项目投资决策的深度，采用科学的估算方法和可靠的数据资料，合理地进行投资估算，保证投资估算打足，才能保证其他阶段的造价被控制在合理范围，也才能使投资控制目标得以实现。

二、投资决策阶段工程造价的决定因素

建设项目投资决策阶段影响工程造价的因素主要有项目建设规模、项目建设地点、项目建设标准、项目生产工艺和设备方案等四个方面。建设标准是编制、评估、审批项目可行性研究的重要依据，是衡量工程造价是否合理及监督检查项目建设的客观尺度。

（一）项目建设规模

要使建设项目达到一定的规模，并实现项目的投资目的，就必须考察其合理的生产规模，并力求取得规模经济的成效。

1. 建设项目的生产规模

建设项目的生产规模指生产要素与产品在一个经济实体中的集中程度，通俗地讲就是解决"生产多少"的问题，往往以该建设项目的年生产（完成）能力来表示。生产规模的大小必将影响建设项目在生产工艺、设备选型、建设资源等方面的决策，进而影响投资规模的大小。

生产规模过小或过大均得不到较好的投资效益。比如，冶金工业的炼铁，若规模过小，单位生产能力的能耗就高，原料利用率较低，效益差；而规模过大会使得资源供给不足，生产能力不能得到有效发挥，或是产品供给超过需求，打乱了现有的供需平衡，导致价格下滑，对本项目的投资和原有的市场均将产生巨大的损害。

2. 规模经济

规模经济是指生产规模扩大引起单位成本下降而带来的经济效益。规模经济亦称规模效益。当项目单位产品的报酬为一定时，项目的经济效益与项目的生产规模成正比，也即随着生产规模的扩大会出现单位成本下降和收益递增的现象。规模经济的客观存在对项目规模的合理选择有重大影响，可以充分利用规模经济来合理确定和有效控制工程造价，提高项目的经济效益。

合理确定项目的建设规模不仅要考虑项目内部各因素之间的数量匹配、

能力协调，而且要使所有生产力因素共同形成的经济实体在规模上大小合理，以合理确定和有效控制工程造价。

（二）项目建设地点

建设地点选择包括建设地区和具体厂址的选择。它们之间既相互联系又相互区别，是一种递进关系。建设地区的选择是指在几个不同地区之间对拟建项目适宜建设在哪个区域范围的选择，厂址的选择是指对项目具体坐落位置的选择。

建设地区的选择对于该项目的建设工程造价和建成后的生产成本以及国民经济均有直接的影响。建设地区合理与否，很大程度上决定着拟建项命运，影响着工程造价、建设工期和建设质量，甚至影响建设项目投资目的的成功与否。因此，要根据国民经济发展的要求和市场需要以及各地社会经济、资源条件等，认真选择合适的建设地区。具体而言，即要考虑符合国民经济发展战略规划；要靠近基本投入物，如原料、燃料的提供地和产品消费地；要考虑工业项目适当积聚的原则。

在选择建设项目厂址时应分析的主要内容有厂址的位置、占地面积、地形地貌、气象条件、工程地质及水文地质条件、征地拆迁移民安置条件、交通运输条件、水电供应条件、环境保护条件、生活设施依托条件、施工条件等。

总之，在项目建设地点选择上要从项目投资费用和项目建成后的使用费用两个方面权衡考虑，使项目全寿命费用最低。

（三）项目建设标准

建设标准是指包括项目建设规模、占地面积、工艺设备、建筑标准、配套工程、劳动定员等方面的标准或指标。建设标准是编制、评估、审批项目可行性研究和初步设计的重要依据，是衡量工程造价是否合理及监督检查项目建设的客观尺度。

建设标准能否起到控制工程造价、指导建设的作用，关键在于标准水平定得是否合理。标准定得过高会脱离我国实际情况和财力、物力的承受能力，增加造价；标准定得过低将会妨碍技术进步，影响国民经济发展和人民生活水平的改善。根据我国目前的情况，大多数工业交通项目应采用中等适用标准。对于少数引进国外先进技术和设备的项目、有特殊要求的项目以及高新技术项目，标准可适当提高。在建筑方面应坚持适用、经济、安全、美观的原则。建设标准水平应从我国目前的经济发展水平出发，区别不同地区、不同规模、不同等级、不同功能，合理确定。

（四）项目生产工艺和设备方案

1. 项目生产工艺方案

生产工艺是指生产产品所采用的工艺流程和制作方法。工艺流程是指投入物（原料或半成品）经过有次序的生产加工，成为产出物（产品或加工品）的过程。选定不同的工艺流程，建设项目的工程造价将会不同，项目建成后的生产成本与经济效益也不同。一般把工艺先进适用、经济合理作为选择工艺流程的基本标准。

2. 设备选用方案

主要设备的选用应遵循以下原则：设备的选用应立足国内，尽量使用国产设备，凡国内能够制造并能保证质量、数量和按期供货的设备，或者引进一些关键技术就能在国内生产的设备，尽量选用国内制造的；只引进关键设备就能由国内配套使用的，就不必成套引进；已引进设备并根据引进设备或资料能国产的，就不再重复引进。

引进设备时要注意配套问题：注意引进设备之间以及国内外设备之间的配套衔接问题；注意引进设备与本厂原有设备的工艺、性能是否配套问题；注意进口设备与原材料、备品备件及维修能力之间的配套问题。

选用设备时要选用满足工艺要求和性能好的设备。满足工艺要求是选择设备的最基本原则，如不能符合工艺要求，设备再好也无用，即造成巨大的浪费。要选用低能耗又高效率的设备；要尽量选用维修方便、适用性和灵活性强的设备；尽可能选用标准化设备，以便配套和更新零部件。

三、投资决策阶段工程造价管理的主要内容

项目投资决策阶段工程造价管理，主要从整体上把握项目的投资，分析确定建设项目工程造价的主要影响因素，编制建设项目的投资估算，对建设

项目进行经济财务分析，考察建设项目的国民经济评价与社会效益评价，结合建设项目决策阶段的不确定性因素对建设项目进行风险管理等。

（一）分析确定影响建设项目投资决策的主要因素

1. 确定建设项目的资金来源

目前，我国建设项目的资金来源有多种渠道，一般从国内资金和国外资金两大渠道来筹集。国内资金来源一般包括国内贷款、国内证券市场筹资、国内外汇资金和其他投资等。国外资金来源一般包括国外直接投资、国外贷款、融资性贸易、国外证券市场筹资等。资金来源不同，其筹集资金的成本也不同，应根据建设项目的实际情况和所处环境选择恰当的资金来源。

2. 选择资金筹集方法

从全社会来看，筹资方法主要有利用财政预算投资、利用自筹资金安排的投资、利用银行贷款安排的投资、利用外资、利用债券和股票等资金筹集方法。各种筹资方法的筹资成本不尽相同，对建设项目工程造价均有影响，应选择几种适当的筹资方法进行组合，使得建设项目的资金筹集不仅可行，而且经济。

3. 合理处理影响建设项目工程造价的主要因素

在建设项目投资决策阶段，应合理地确定项目的建设规模、建设地区和厂址，科学地选定项目的建设标准并适当地选择项目生产工艺和设备，这些都直接地关系到项目的工程造价和全寿命成本。

（二）建设项目决策阶段的投资估算

投资估算是一个项目决策阶段的主要造价文件，它是项目可行性研究报告和项目建议书的组成部分，投资估算对于项目的决策及投资的成败十分重要。编制工程项目的投资估算时，应根据项目的具体内容及国家有关规定和估算指标等，以估算编制时的价格进行编制，并应按照有关规定，合理地预测估算编制后至竣工期间的价格、利率、汇率等动态因素的变化对投资的影响，打足建设投资，确保投资估算的编制质量。

提高投资估算的准确性，可以从以下几点做起：认真收集整理各种建设项目的竣工决算的实际造价资料；不能生搬硬套工程造价数据，要结合时间、物价及现场条件和装备水平等因素做出充分的调查研究；提高造价专业人员和设计人员的技术水平；提高计算机的应用水平；合理估算工程预备费；对引进设备和技术项目要考虑每年的价格浮动和外汇的折算变化等。

（三）建设项目决策阶段的经济分析

建设项目的经济分析是指以建设工程和技术方案为对象的经济方面的研究。它是可行性研究的核心内容，是建设项目决策的主要依据。其主要内容是对建设项目的经济效果和投资效益进行分析。进行项目经济评价就是在项目决策的可行性研究和评价过程中，采用现代化经济分析方法，对拟建项目计算期（包括建设期和生产期）内投入、产出等诸多经济因素进行调查、预测、研究、计算和论证，做出全面的经济评价，提出投资决策的经济依据，确定最佳投资方案。

1. 现阶段建设项目经济评价的基本要求

（1）宏观效益分析与微观效益分析相结合，以宏观效益分析为主。

（2）全过程经济效益分析与阶段性经济效益分析相结合，以全过程分析为主。

（3）预测分析与统计分析相结合，以预测分析为主。

（4）定量分析与定性分析相结合，以定量分析为主。

（5）动态分析与静态分析相结合，以动态分析为主。

（6）价值量分析与实物量分析相结合，以价值量分析为主。

2. 财务评价

财务评价是项目可行性研究中经济评价的重要组成部分，是根据国家现行财税制度和价格体系，分析、计算项目直接发生的财务效益和费用，编制财务报表，计算评价指标，考察项目的盈利能力、清偿能力以及外汇平衡等财务状况，据以判别项目的财务可行性。其评价结果是决定项目取舍的重要决策依据。

（1）财务盈利能力分析。财务评价的盈利能力分析主要是考察项目投资的盈利水平，主要指标有以下几种。

①财务内部收益率（FIRR），这是考察项目盈利能力的主要动态评价指标。

②投资回收期（payback period），这是考察项目在财务上投资回收能力的主要静态评价指标。

③财务净现值（FNPV），这是考察项目在计算期内盈利能力的动态评价指标。

④投资利润率，这是考察项目单位投资盈利能力的静态指标。

⑤投资利税率，这是判别单位投资对国家积累的贡献水平高低的指标。

⑥资本金利润率，这是反映投入项目的资本金盈利能力的指标。

（2）项目清偿能力分析。项目清偿能力分析主要是考察计算期内各年的财务状况及偿债能力，主要指标有以下几种。

①固定资产投资国内借款偿还期。

②利息备付率，表示使用项目利润偿付利息的保证倍率。

③偿债备付率，表示可用于还本付息的资金偿还借款本息的保证倍率。

（3）财务外汇效果分析。建设项目涉及产品出口创汇及替代进口节汇时，应进行项目的外汇效果分析。在分析时，计算财务外汇净现值、财务换汇成本、财务节汇成本等指标。

（四）国民经济评价与社会效益评价

1. 国民经济评价

国民经济评价是按照资源合理配置的原则，从国家整体角度考虑项目的效益和费用，用货物影子价格、影子工资、影子汇率和社会折现率等经济参数分析、计算项目对国民经济的净贡献，评价项目的经济合理性。

（1）国民经济评价指标。国民经济评价的主要指标是经济内部收益率（EIRR）；另外，根据建设项目的特点和实际需要，也可计算经济净现值（ENPV）和经济净现值率（ENPVR）指标。初选建设项目时，可计算静态指标投资净效益率。其中经济内部收益率是反映建设项目对国民经济贡献程度的相对指标；经济净现值反映建设项目对国民经济所做贡献，是绝对指标；经济净现值率是反映建设项目单位投资为国民经济所做净贡献的相对指标；投资净效益率是反映建设项目投产后单位投资对国民经济所做年净贡献的静态指标。

（2）国民经济评价外汇分析。涉及产品出口创汇及替代进口节汇的建设项目应进行外汇分析，计算经济外汇净现值、经济换汇成本、经济节汇成本等指标。

2.社会效益评价

我国现行的建设项目经济评价指标体系还没有规定社会效益评价指标。社会效益评价以定性分析为主，主要分析项目建成投产后对环境保护和生态平衡的影响、对提高地区和部门科学技术水平的影响、对提供就业机会的影响、对产品用户的影响、对提高人民物质文化生活水平及社会福利水平的影响、对城市整体改造的影响、对提高资源利用率的影响等。

（五）建设项目决策阶段的风险管理

在工程项目的整个建设过程中，决策阶段是进行造价控制的重点阶段，也是风险最大的阶段，因而风险管理的重点也在建设项目投资决策阶段。所以在该阶段，要及时通过风险辨识和风险分析，提出建设投资决策阶段的建筑施工、房地产项目工程造价全程控制风险防范措施，提高建设项目的抗风险能力。

第二节 建设项目可行性研究

项目建议书、可行性研究报告都是建设项目前期投资决策阶段所形成的成果。根据《国务院关于投资体制改革的决定》，涉及政府投资的项目需编制项目建议书及工程可行性研究报告并报主管部门审批；对于企业不使用政府投资建设的项目，区别不同情况实行核准制和备案制。因此，若涉及项目建议书及工程可行性研究报告的审批，则该项目为政府投资项目。建设项目前期投资决策实际上是可行性研究的过程，它包括投资机会可行性研究、预（初步）可行性研究和可行性研究三个阶段。项目可行性研究最终形成项目建议书和可行性研究报告。可行性研究报告经过了有关部门批准，就标志着建设项目的确立，简称立项，其过程如图 4-1 所示。

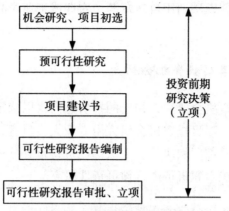

图 4-1　建设项目决策程序

可行性研究是一种包括机会研究、预可行性研究和可行性研究三个阶段的系统的投资决策分析，是在项目决策前，通过对与项目有关的工程、技术、经济等各方面条件和情况进行调查、研究、分析，对各种可能的建设方案进行比较论证，并对项目建成后的经济效益进行预测和评价的一种科学分析。它着重评价项目技术上的先进性和适用性、经济上的盈利性和合理性，以及建设上的可能性和可行性。

115

一、投资项目机会研究

建设项目实施的第一步是选择投资机会。机会研究是在一定的范围内，寻求有价值的投资机会，对项目的投资方向提出设想的活动。投资机会研究应对若干个投资机会或项目意向进行选定。它包括一般性投资机会研究和特定项目的投资机会研究。

（一）一般性投资机会研究

一般性投资机会研究并不预先确定某种目的，具有机会普查性质，通常有以下三种方式。

（1）地区投资机会研究：设法选定一个特定地区，寻找并研究适合于投资方向的机会。

（2）行业研究：设法在一个特定的行业寻求适合于投资方向的机会，从行业特征方面进行机会研究。

（3）资源研究：设法利用自然资源、农业或工业产品，寻求适合于投资方向的机会。

（二）特定项目的投资机会研究

经过一般性投资机会研究，初步的投资意向得以确定，随后便要进行特定项目的机会研究。项目投资机会研究由专业人员负责，研究完成后应写出意向性的建议供主管部门做决策。上级部门进行审查分析后，若做出投资初步意向决策，应组织专职班子进行预可行性研究。

（三）投资机会研究的内容

投资机会研究包括以下内容：投资项目选择；投资机会的资金条件、自然资源条件和社会地理条件；项目在国民经济中的地位和对产业结构、生产力布局的影响；拟建项目产品在国内外市场上的需求及替代进口的可能性；项目的财务收益和国民经济效益的大致预测；其他。

116

（四）投资机会研究的工作

投资机会研究的工作包括以下方面：投资机会研究包括以下内容：市场调查，发现新的需求；确定投资方向；选择投资方式；拟定项目实施的初步方案；估算所需投资；预算可能达到的目标。投资机会研究比较粗略，对基础数据的估算精度较低，误差允许达 ±30%。

二、预（初步）可行性研究

预可行性研究也称为初步可行性研究。

（一）预可行性研究的目的

项目预可行性研究应对项目投资意向进行初步的估计，其主要目的：确定投资机会是否可行；确定项目范围是否值得通过可行性研究，做进一步详尽分析；确定项目中某些关键部分是否有必要通过职能研究部门或辅助研究活动做进一步调查；确定机会研究资料是否对投资者有充分的吸引力，同时还应做哪些工作。

（二）辅助研究内容

预可行性研究是项目的机会研究与详细的可行性研究的中间阶段，常常需要进行辅助（或职能）研究，其主要内容：拟制造产品的市场研究，包括市场需求的规模以及进入市场的能力；原材料的投入研究；实验室的中间试验；建厂地区研究；规模的经济性研究；设备选择的研究。多数情况下，投资的辅助研究在可行性研究之前进行。

（三）预可行性研究的纲要

预可行性研究的纲要主要包含以下内容：实施纲要；项目背景和历史；市场和工厂生产能力；材料投入物；建厂地区及厂址；项目设计；工厂和组织机构及管理费用；人工；建设进度表；财务及经济估价。一旦预可行性研究的纲要制定完毕，业主单位即完成预可行性研究报告，经过审核决定投资意向后，就应着手向上级主管部门提出书面建议——项目建议书。

117

三、项目建议书编制和审批

从定性的角度来看，项目建议书是十分重要的，便于上级主管部门从总体上、宏观上对项目做出选择。

（一）项目建议书的作用

项目建议书是选择建设项目的依据，项目建议书得到批准后可进行可行性研究。利用外资的项目只有在上级主管部门批准项目建议书后方可对外开展工作。

（二）项目建议书的编制方法

项目建议书的编制一般由业主或业主委托咨询机构负责完成，他们通过考察和分析提出对项目的设想和对投资机会研究的评估，主要表现为以下内容。

（1）论证重点。研究项目是否符合国家宏观经济政策、产业政策，是否符合产品的结构、生产力布局要求。

（2）宏观信息。主要包括国家经济和社会发展规划、行业或地区规划、国家产业政策、技术政策、生产力布局、自然资源等信息。

（3）估算误差。在项目建议书阶段的投资估算误差一般在 ±20%。

（4）最终结论。通过市场预测研究项目产出物的市场前景，利用静态分析指标进行经济分析，以便做出对项目的评价。项目建议书的最终结论可以是项目投资机会研究有前途的肯定性推荐意见，也可以是项目投资机会研究不成立的否定性意见。

（三）项目建议书的主要内容

一般项目建议书必须阐明以下主要内容：项目的提出背景；项目提出的依据，特别是政策依据；项目实施的基础及有利条件；项目实施可能受到的制约因素，改变制约因素的措施；项目的初步投资估算；项目的资金来源及筹措办法；项目的社会效益预估；项目的经济效益预估；项目产品的销售途径；项目的原料供应；项目的建造工期及投产预计时间；项目的发展远景；项目的选址，项目的规模；预可行性研究报告，包括辅助（或职能）研究报告。

基本建设项目的项目建议书需阐明以下主要内容：建设项目提出的必要性和依据；产品方案，拟建规模和建设地点的初步设想；资源情况，建设条件，协作关系和对引进国别、厂商的初步分析；投资估算和资金筹措设想；项目进度安排；经济效益和社会效益的初步估算。

（四）项目建议书的审查

业主在正式报送有关主管部门审批前，应首先对项目建议书进行审查（包含以下方面）：项目是否符合国家的建设方针和长期规划，以及产业结构调整的方向和范围；项目的产品符合市场需要的论证理由是否充分；项目建设地点是否合适，有无不合理的布局或重复建设；对项目的财务、经济效益和还款要求的估算是否合理，是否与业主的投资设想一致；对遗漏、论证不足的地方，要求咨询机构补充修改。

（五）项目建议书的报批

除属于核准或备案范围外的项目，项目建议书审查完毕后，要按照国家颁布的有关文件规定、审批权限申请立项报批。审批权限按拟建项目的级别划分如下。

（1）大、中型及限额以上的工程项目：项目建议书的审批如表4-1所示。

（2）小型或限额以下的工程项目：项目建议书按隶属关系由各行业归口主管部门或省、自治区、直辖市的发改委审批。

表4-1　大、中型及限额以上项目建议书的审批

审批程序	审批单位	审批内容	备　注
初审	行业归口主管部门	资金来源、建设布局、资源合理利用、经济合理性、技术政策	
终审	国家发改委	建设总规模、生产力总布局、资源优化配置、资金供应可能性、外部协作条件	投资超过2亿元的项目，还需报国务院审批

119

四、项目可行性研究

（一）可行性研究概述

1. 可行性研究的目的

可行性研究的目的：项目建设的必要性；研究项目的技术方案及其可行性；研究项目生产建设的条件；进行财务和经济评价，解决项目建设的经济合理性。可行性研究阶段投资估算等误差一般在 ±10%。

2. 可行性研究的任务

（1）根据国民经济长期规划和地区规划、行业规划的要求，从市场需求

的预测开始，通过多方案比较，论证项目建设规模、工艺技术方案、厂址选择的合理性，原材料、燃料动力、运输、资金等建设条件的可靠性。

（2）对项目的投资建设方案进行详细规划，最后通过计算，分析项目投资、生产经营成本、销售收入和一系列指标，评价项目在财务上的生存能力、盈利能力、偿还能力和经济合理性，提出项目可行与否的结论。

3.可行性研究的作用

项目可行性研究是保证建设项目以最少的投资耗费取得最佳经济效果的科学手段，也是实现建设项目在技术上先进、经济上合理和建设上可行的科学分析方法。其主要作用：编制可行性研究报告，是项目评估和投资决策的依据；筹集资金，是向银行和金融机构申请贷款的依据；是项目部门商谈合同、签订协议的依据；是项目进行工程设计、设备订货、施工准备等建设前期工作的依据；是项目实施计划、施工材料采购的依据；是项目采用新技术、新设备研制计划和补充地形、地质工作及补充工业性试验的依据；是环保部门审查项目对环境影响的依据，亦是向项目建设所在地政府和规划部门申请建设执照的依据；是项目建成后企业组织管理、机构设置、职工培训等工作的依据。

4.可行性研究的内容

可行性研究包括以下内容：市场研究与需求分析；产品方案与建设规模；建厂条件与厂址选择；工艺技术方案设计与分析；项目的环境保护与劳动安全；项目实施进度安排；投资估算与资金筹措；财务效益和社会效益评估。

5.可行性研究的步骤

可行性研究有以下步骤：委托与签订合同；组织人员和制订计划；调查研究与收集资料；方案设计与优选；经济分析和评价；投资估算与资金筹措，即项目全部投资估算的分段净现值、资金来源、筹措方式及还贷计划（方式）等；效益分析与评价，即对项目建成投产后所产生的社会效益和经济效益进行分析评价；综合评价与结论，即可行性研究报告对诸项因素进行综合分析，权衡利弊，逐一分析比较方案，最后得出综合结论，并推荐一个以上的建议方案供业主审定；编写可行性研究报告；可行性研究报告的评估与审批。

（二）可行性研究报告

可行性研究报告是可行性研究成果的真实反映，是客观的总结，是认真的分析和科学的推理，进而得出尽可能正确的结论，以作为投资活动的依据和要实现的目标。

1. 可行性研究报告基本内容

可行性研究报告一般由咨询机构负责撰写，其主要内容有以下几部分：总论，即项目概述（况）及工作范围；市场研究与分析，即市场形势和特点、市场需求与预测；建设方案设想，即项目选址及建设规模的理由和依据；项目所需资源及原材料的投入，即所需原材料的种类、数量、质量标准以及水、电、气等资源的需求及可行的供应方式（条件）；项目工程设计方案，包括项目的组成部分及其布局多方案比较依据，环境保护、综合利用和"三废"处理、公共设施及绿化建议等；运行管理方案，即项目建成并投产运行后的管理体制、机构设置及所需人员和费用的估算等；项目实施计划，即项目从规划至投产运行全过程的计划安排，并附图表示。

2. 工业项目可行性研究报告的主要内容

按照国家发改委的规定，工业项目的可行性研究报告一般要具备以下主要内容。

（1）总论：项目提出的背景（改扩建项目要说明企业现有概况）、投资的必要性和经济意义、研究工作的依据和范围。

（2）需求预测和拟建规模：国内外需求情况的预测，国内现有工厂生产能力的估计，销售预测、价格分析、产品竞争能力，进入国际市场的前景，拟建项目的规模、产品方案和发展方向的技术经济比较和分析。

（3）资源、原材料、燃料及公用设施情况：经过国土资源部门正式批准的资源储量、品位、成分以及开采、利用条件的评述，原料、辅助材料、燃料的种类、数量、来源和供应可能，所需公用设施的数量、供应方式和供应条件。

（4）建厂条件和厂址方案：建厂的地理位置、气象、水文、地质、地形条件和社会经济现状，交通运输及水、电、气的现状和发展趋势，厂址比较与选择意见。

（5）设计方案：项目的构成范围（指包括的主要单项工程）、技术来源和生产方法，主要技术工艺和设备选择方案的比较，引进的技术；设备的来源国别，设备的国内或与外商合作制造所采用方式的设想；改扩建项目要说明对原有固定资产的利用情况、全厂布置方案的初步选择和土建工程量估算、公用辅助设施和厂内外交通运输方式的比较和初步选择。

（6）环境保护：调查环境现状，预测项目对环境的影响，提出环境保护和"三废"治理的初步方案。

（7）企业组织、劳动定员和人员培训估算。

（8）实施进度的建议。

（9）投资估算和资金筹措：项目建设和协作配套工程所需的投资，生产流动资金的估算，资金来源、筹措方式及贷款的偿付方式。

（10）社会及经济效果评价。

建设项目投资决策（建议书、可行性研究报告）流程如图 4-2 所示。

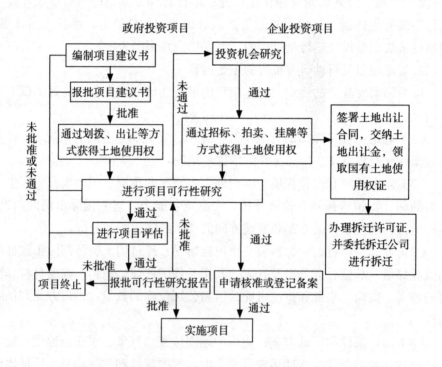

图 4-2　建设项目投资决策（建议书、可行性研究报告）流程图

五、可行性研究报告的评价

咨询机构完成可行性研究工作后提出的可行性研究报告是业主做出投资决策的依据，因此业主要对该报告进行详细的评价，评价其内容是否确实、完整，分析和计算是否正确，最终确定投资机会的选择是否合理、可行。

（一）可行性研究报告的评价内容

（1）建设项目的必要性：从国民经济和社会发展等宏观角度评价建设项目是否符合国家的产业政策、行业规划和地区规划，是否符合经济和社会发展需要；分析市场预测是否准确，项目规模是否经济合理，产品的性能、品种、规格构成和价格是否符合国内外市场需求的趋势和有无竞争能力。

（2）建设条件与生产条件：项目所需资金能否落实，资金来源是否符合国家有关政策规定；分析选址是否合理，总体布置方案是否符合国土规划、城市规划、土地管理和文物保护的要求和规定；项目建设过程中和建成投产后原材料、燃料的供应条件，及供电、供水、供气、供热、交通运输等要求能否落实；项目的"三废"治理是否符合保护生态环境的要求。

（3）工艺、技术、设备：分析项目采用的工艺、技术、设备是否符合国家的技术发展政策和技术装备政策，是否可行、先进、适用、可靠，是否有利于资源的综合利用，是否有利于提高产品质量、降低消耗、提高劳动生产率；项目所采用的新工艺、新技术、新设备是否安全可靠；引进设备有无必要；是否符合国家有关规定和国情；能否与国内设备、零配件、工艺技术互相配套。

（4）建筑工程的方案和标准：建筑工程有无不同方案的比选，分析推荐的方案是否经济、合理；审核工程地质、水文、气象、地震等自然条件对工程的影响和采取的治理措施；建筑工程采用的标准是否符合国家的有关规定，是否贯彻了勤俭节约的方针。

（5）基础经济数据的测量：分析投资估算的依据是否符合国家或地区的有关规定，工程内容和费用是否齐全，有无高估冒算、任意提高标准、扩大规模以及漏项、少算、压低造价等情况；资金筹措方式是否可行，投资计划安排是否得当；报告中的各项成本费用计算是否正确，是否符合国家有关成本管理的标准和规定；产品销售价格的确定是否符合实际情况和预测变化趋势，各种税金的计算是否符合国家规定的税种和税率；对预测的计算期内各年获得的利润额进行审核与分析；分析报告中确定的项目建设期、投产期、生产期等时间安排是否切实可行。

（6）财务效益：从项目本身出发，结合国家现行财税制度和现行价格，对项目的投入费用、产出效益、偿还贷款能力以及外汇效益等财务状况进行评价，以判断项目财务上的可行性；评价效益指标主要是复核财务内部收益率、财务净现值、投资回报率、投资利润率、投资利税率和固定资产借款偿还期；涉外项目还应评价外汇净现值、财务换汇成本和财务节汇成本等指标。

（7）国民经济效益：国民经济效益评价是从国家、社会的角度，考虑项目需要国家付出的代价和给国民经济带来的效益；一般评价时用影子价格、影子工资、影子汇率和社会折现率等，分析项目给国民经济带来的净效益，以判别项目经济上的合理性；评价指标主要是产值计算的经济内部收益率、经济净现值、投资净收益率等。

（8）社会效益：社会效益包括生态平衡、科技发展、就业效果、社会进步等方面，应根据项目的具体情况，分析和审查可能产生的主要社会效益。

（9）不确定性分析：评价不确定性分析一般应对报告中的盈亏平衡、敏感性进行分析，以确定项目在财务上、经济上的可靠性和抗风险能力。

业主对以上各方面进行审核后，对项目的投资机会进一步做出总的评价，进而做出投资决策。若认为推荐方案成立时，可就审查中所发现的问题要求咨询单位对可行性研究报告进行修改、补充、完善，并提出结论性的意见，然后上报有关主管部门批准。

（二）工业建设项目可行性研究报告的评价要点

（1）市场调查。对咨询单位市场调查资料和结论的评价目的是分析拟建项目的必要性。审查时应侧重以下方面：项目产出品的用途；产出品的目前生产能力和地区分布数量；产出品目前的产量和需求量；替代产品分析；目前产出品的价格；国外市场调查。

（2）市场预测。市场预测的目的是判断该项目的建设是否有前途，并对市场需求进行预测。审查时应侧重以下方面：判断市场需求与现有生产能力之间的差距；产出品出口或替代进口的可能性；价格预测。

（3）项目建设规模。这是指在对市场目前现状和前景预测的基础上，审查报告建议的项目建设规模。审查时应侧重以下方面。

①项目产出品的年产量：项目的设计生产能力，既包括主要产出品的年产量，也包括主要副产品的年产量，由此判别推荐建设规模的合理性。

②固定资产的建设规模：依据设计生产能力，评价土建和设备选择的合理性和可能性，包括拟建工程的总量和总体布置、生产工艺流程的选择，以及主要的建筑物和设备装置的布置。

③项目推荐规模的合理性：通过审查不同规模下项目效益与投资关系的比较，判定报告中推荐建设规模的合理性。

④分期建设的规模：如果根据市场要求预测，拟分期逐步扩大规模的工程项目应审查各阶段的拟建规模、建设的主要内容、分期的预计时间以及各阶段建设项目内容的相互关系和综合利用的效益。

（4）选址条件。工程项目的厂址选择是否合理，应根据资源条件、自然条件、社会条件、技术条件等因素，进行综合评价和比较后确定。因此，在评价报告的推荐项目地点时，应重点评价以下方面：资源条件是否合理可行；自然条件是否能满足项目需要；社会条件是否能满足要求；所需的外部配套基础设施条件在当地可利用的程度。

（5）项目厂址比较。可行性研究报告在所选定的地区内，应对若干个可建项目的厂址进行多方案比较，审查时应侧重以下方面：对地形、地貌、地质的比较；对土地占用情况的比较；对拆迁情况的比较；对各项费用的比较。

（6）生产设计方案的审查。可行性研究报告应提供可选择的几种生产设计构想，在审查时应就其推荐方案与其他可供选择的方案进行以下几个方面的比较：产出品的质量标准与国家规定的标准或国际上常用的标准；不同生产方法对产出品在用途、质量、成本等方面所产生的利弊；主要技术参数和工艺流程；主要生产设备的选型，包括国内不同厂家生产的设备或进口设备，在该阶段主要是通过对主要原材料、燃料或动力等消耗指标以及所需要的土建工程设施的计划指标来反映。

（7）工程项目的总体布置。审查时应侧重以下方面：总平面布置的合理性；与主要交通干线的运输连接方案；仓储方案；占地面积的比较和分析。

（8）土建工程。建筑物和构筑物的建造，在工程项目建设资金投入中所占比例较大，审查时应侧重以下方面：对报告中所提出的建筑物、构筑物建筑形式和标准以及建筑材料的选用要求进行审查，还应考虑所推荐方案是否满足防腐、防火、隔声、隔热等特殊要求；对供重要建筑物与大型工艺设备选择的特殊基础工程处理方案的合理性和可行性进行审查；对主要建筑材料的需用量和可能供应量估计进行评价；评价工程造价的估算。

（9）地震安全性。审查时应侧重以下方面：地震断层对建设场地的影响；抗震规划；抗震费用估算。

（10）"三废"处理措施。审查时应侧重以下方面："三废"治理的措施是否有效；采用该项措施后，"三废"的排放能否满足国家有关法规的要求；处理"三废"工程所需要的投资估算。

（11）项目建成后运行期间的管理方案。应结合项目规模、项目组成和工艺流程进行评价：生产管理的组织规模，主要指管理层次和组织机构设置的设想；劳动定员编制的合理性。

（12）投资估算。建设项目总投资由固定资产投资（项目建设投资）和项目建成投产后所需的流动资金两部分组成。固定资产投资应是动态的，包括项目建设的估算投资和动态投资。建设项目估算投资是指项目的建筑安装工程量、设备机具购置费、其他费用等；动态投资是指建设期贷款利息、汇率变动部分以及国家规定的税费和建设期价格变动引起的投资增加额。项目建成后运行期间的流动资金额，一般应根据资金周转天数和周转次数，按照行业惯例用评估或扩大指标估算法计算。对投资估算进行评价时，应侧重以下方面：投资估算的费用组成是否完整，有无漏项、少算；计算依据是否正确、合理，包括投资估算采用的方法是否正确；使用的标准、定额和费率是否恰当，有无高估冒算或压低工程造价等不正常现象；计算数据是否可靠，包括计算时所依据的工程量或设备数量是否准确；是否用动态方法进行估算等。

（13）资金筹措计划。该计划应包括资金筹措方案和投资使用计划两部分内容。资金筹措方案应对可利用的各种资金来源所组成的不同方案进行筹资成本、资金使用条件、利率和汇率风险等方面的比较，经过综合研究后提出最适宜的筹资方案。可能的筹资渠道包括国家开发银行贷款（或国家预算内拨款）、国内各商业银行贷款、国外资金（国际金融组织贷款、国外政府贷款、赠款、商业贷款、外商投资等）、自筹资金、其他资金来源（发行股票、债券等）。投资使用计划既要包括按项目实施进度的计划资金，又应包括借款偿还计划。在评价时，应侧重以下方面：资金的筹措方法是否正确，能否落实；资金的筹措和使用计划是否与项目的实施进度计划一致，有无脱节现象；利用外资来源是否可靠；利率是否优惠；有无其他附加条件或条件是否合理；偿还方式和条件是否有利；与其配套的国内资金筹措有无保障等；对各种筹资方案是否进行过经济论证和比较，所推荐的方案是否是最优选择。

（14）财务效益评价。项目的财务效益评价是根据实际的市场环境和国家财税制度，在项目投入、产出估算的基础上，对项目的效益和费用进行的测算。这是应从财务效益的角度判断项目的可行性和合理性，避免投资决策失误。可行性研究报告对财务效益的评价应采用动态分析与静态分析相结合，以动态分析为主的方法进行。其评价指标主要应包括财务内部收益率、投资回收期、贷款偿还期、财务净现值、投资利润率等。审查的重点：建设期、投产期和达产期的确定是否合理；主要产出品的产量、生产成本、销售收入等基本数据的选项是否可靠；主要指标的计算是否正确，是否符合有关行业的规定和要求；所推荐的方案是否为最佳方案；在各种财务效益指标计算中，贴现率、汇率、税率、利率等参数的选用是否合理；对改扩建项目，原有企业效益与新增企业效益的划分和界限是否清楚，算法是否正确，有无夸大或缩小原有企业效益的不合理情况。

（15）国民经济效益评价。对建设项目国民经济效益的评价应采用费用与效益分析的方法，运用影子价格、影子汇率、影子工资和社会折现率等经济参数，计算项目对国民经济的净贡献，评价项目经济上的合理性。影子价格是指当社会经济处于某种最优状态时，能够反映社会劳动消耗、资金稀缺程度和对产出品需求的价格，也就是说，影子价格是人为确定的、比交换价格（市场价格）更为合理的价格。从定价原则来看，影子价格能更好地反映产品的价值、市场供求情况和资金稀缺程度；从价格产出的效果来看，影子价格可以使资源配置向优化方向发展。根据国家规定，国民经济效益评价的主要指标有经济内部收益率和经济净现值或经济净现值率。可行性研究报告也可以采用投资净收益率等静态指标。

（16）社会效益评价。我国现行的建设项目经济评价指标体系还规定了社会效益评价指标。社会效益评价以定性为主，主要分析项目建成投产后对环境保护和生态平衡的影响、对提高地区和部门科学技术水平的影响、对提

127

供就业机会的影响、对提高人民物质文化生活及社会福利的影响、对城市整体改造的影响、对提高资源综合利用率的影响等。此外，社会效益评价还应计算相关工程发生费用以及项目建设后产生的负效益。

（17）不确定性分析。可行性研究在评价项目时采用的数据大部分来自预测和估算，由于未来情况是不断变化的，预测和估算的数据总会存在一些不确定因素，不可能与实际情况完全相同。为了解除不确定因素对经济效益评价指标的影响，还需要进行不确定性分析。不确定性分析是通过主要经济因素变化对经济效益带来的影响，预测项目抗风险能力的大小，分析项目在财务和经济上的可靠性。不确定性分析包括盈亏平衡分析、敏感性分析和概率分析等。盈亏平衡分析只用于财务效益评价；敏感性分析和概率分析可同时用于财务评价和国民经济评价。在可行性研究中，一般都要进行盈亏平衡分析、敏感性分析和概率分析，具体可视项目不同情况而定。评价的重点内容是所考虑的不确定影响因素是否全面，项目盈亏平衡点的计算内容、方法和结果是否正确。

第三节　建设项目财务评价

一、财务评价的概述

项目的经济评价包括财务评价和国民经济评价两部分内容。

（一）财务评价的概念及基本内容

财务评价就是根据国民经济与社会发展以及行业、地区发展规划的要求，在拟定的工程建设方案、财务效益与费用估算的基础上，采用科学的分析方法对工程建设方案的财务可行性和经济合理性进行分析论证，为项目科学决策提供依据。财务评价又称财务分析，应在项目财务效益与费用估算的基础上进行。对于经营性项目，财务分析是从建设项目的角度出发，根据国家现行财政、税收和现行市场价格，计算项目的投资费用、产品成本与产品销售收入、税金等财务数据，通过编制财务分析报表，计算财务指标，分析项目的盈利能力、偿债能力和财务生存能力，据此考察建设项目的财务可行性和财务可接受性，明确项目对财务主体及投资者的价值贡献，并得出财务评价的结论。投资者可根据项目财务评价结论、项目投资的财务状况和投资者所承担的风险程度决定是否应该投资建设。对于非经营性项目，财务分析应主要分析项目的财务生存能力。

1. 财务盈利能力分析

项目的盈利能力是指分析和测算建设项目计算期的盈利能力和盈利水平。其主要分析指标包括项目投资财务内部收益率和财务净现值、项目资本金财务内部收益率、投资回收期、总投资收益率和项目资本金净利润率等，可根据项目的特点及财务分析的目的和要求等选用。

2. 偿债能力分析

投资项目的资金构成一般可分为借入资金和自有资金，自有资金可长期使用，而借入资金必须按期偿还。项目的投资者主要关心项目偿债能力；借入资金的所有者——债权人，则关心贷出资金能否按期收回本息。项目偿债能力分析可在编制项目借款还本付息计算表的基础上进行。在计算中，通常采用"有钱就还"的方式，贷款利息一般做如下约定：长期借款，当年贷款按半年计息，当年还款按全年计息。

3. 财务生存能力分析

财务生存能力分析是根据项目财务计划现金流量表，通过考察项目计算期内的投资、融资和经营活动所产生的各项现金流入和流出，计算净现金流量和累计盈余资金，分析项目是否有足够的净现金流量维持正常运营，以实现财务可持续性。

（二）财务评价的程序

1. 熟悉建设项目的基本情况

熟悉建设项目的基本情况包括投资目的、意义、要求、建设条件和投资环境，做好市场调研和预测以及项目技术水平研究和设计方案。

2. 收集、整理和计算有关技术经济数据

资料与参数是进行项目财务评价的基本依据，所以在进行财务评价之前，必须先预测和选定有关的技术经济数据与参数。预测和选定技术经济数据与参数就是收集、估计、预测和选定一系列技术经济数据与参数，主要包括以下几点。

（1）项目投入物和产出物的价格、费率、税率、汇率、计算期、生产负荷以及基准收益率等。

（2）项目建设期间分年度投资支出额和项目投资总额。项目投资包括建设投资和流动资金需要量。

（3）项目资金来源方式、数额、利率、偿还时间以及分年还本付息数额。

（4）项目生产期间的分年产品成本。

（5）项目生产期间的分年产品销售数量、营业收入、营业税金及附加和营业利润及其分配数额。

3. 编制基本财务报表

财务评价所需财务报表包括各类现金流量表（包括项目投资现金流量表、项目资本金现金流量表、投资各方现金流量表）、利润与利润分配表、财务计划现金流量表、资产负债表等。

4. 计算与分析财务效益指标

财务效益指标包括反映项目盈利能力和项目偿债能力的指标。

5. 提出财务评价结论

将计算出的有关指标值与国家有关基准值进行比较，或与经验标准、历史标准、目标标准等加以比较，然后从财务的角度提出项目是否可行的结论。

6. 进行不确定性分析

不确定性分析包括盈亏平衡分析和敏感性分析两种方法，主要分析项目适应市场变化的能力和抗风险的能力。

二、资金时间价值

资金时间价值是指资金随着时间推移所具有的增值能力，或者是同一笔资金在不同的时间点上所具有的价值差异。从社会再生产角度来看，投资者利用资金。是为了获取投资回报，即让自己的资金发生增值，得到投资报偿，从而产生利润从流通领域来看，消费者如果推迟消费，也就是暂时不消费自己的资金，而把资金的使用权暂时让渡出来，得到利息作为补偿。因此，利润或利息就成了资金时间价值的绝对表现形式。换句话说，资金时间价值的相对表现形式就成为利润率或利息率，即在一定时期内所付利润或利息额与资金之比，简称为利率。

（一）利息的计算方法

1. 单利计息法

单利计息法是每期的利息均按照原始本金计算的计息方式，即不论计息期数为多少，只有本金计息，利息不再计利息。计算公式如下：

$$I = P \times n \times i \qquad (4-1)$$

式中：I 为利息总额；i 为利率；P 为现值（初始资金总额）；n 为计息期数。

n 个计息期结束后的本利和为

$$F = P + I = P \times (1 + n \times i) \qquad (4-2)$$

式中：F 为终值（本利和）。

2. 复利计息法

复利计息法是各期的利息分别按照原始本金与累计利息之和计算的计息方式，即每期利息计入下期的本金，下期则按照上期的本利和计息。计算公式如下：

$$F = P \times (1 + i)^n \qquad (4-3)$$

$$I = P \times \left[(1+i)^n - 1 \right] \qquad (4-4)$$

131

（二）实际利率和名义利率

复利计息法，一般采用年利率。当计息周期以年为单位，这种年利率称为实际利率；当实际计息周期小于一年，如每月、每季、每半年计息一次，这种年利率就称为名义利率。设实际利率为 i，名义利率为 r，一年内计息次数为 m，则名义利率与实际利率的换算公式如下：

$$i = \left(1 + \frac{r}{m} \right)^m - 1 \qquad (4-5)$$

（三）复利计息法资金时间价值的基本公式

资金时间价值换算的核心是复利计算问题，大体可以分为三种情况：一是将一笔总的金额换算成一笔总的现在值或将来值；二是将一系列金额换算成一笔总的现在值或将来值；三是将一笔总的金额的现在值或将来值换算成一系列金额。

1. 复利终值公式

投资者期初一次性投入资金为 P，按给定的投资报酬率为 i，期末一次性回收资金为 F，计息时限为 n，复利计息，终值 F 计算公式如下：

$$F = P \times (1+i)^n \tag{4-6}$$

式中：$(1+i)^n$ 为整付复本利系数，记为 $(F/P,i,n)$。

2. 复利现值公式

在将来某一时点 n 需要一笔资金 F，按给定的利率 i 复利计息，折算至期初，需要一次性存款或支付数额计算公式如下：

$$P = F \times (1+i)^{-n} \tag{4-7}$$

式中：$(1+i)^{-n}$ 为整付现值系数，记为 $(P/F,i,n)$。

把未来时刻资金的时间价值换算为现在时刻的价值，称为折现或贴现。

三、财务评价指标体系与评价方法

（一）财务评价的指标体系

财务评价的指标体系是最终反映项目财务可行性的数据体系。由于投资项目投资目标具有多样性，财务评价的指标体系也不是唯一的，根据不同的评价深度和可获得资料的多少，以及项目本身所处条件的不同，可选用不同的指标，这些指标可以从不同层次、不同侧面来反映项目的经济效果。建设项目财务评价指标体系根据不同的标准，可以有不同的分类形式，包括以下几种。

（1）根据是否考虑资金时间价值、是否进行贴现运算，可将常用方法与指标分为两类：静态分析方法与指标和动态分析方法与指标。前者不考虑资金时间价值、不进行贴现运算，后者则考虑资金时间价值、进行贴现运算。

（2）按照指标的经济性质，可以分为时间性指标、价值性指标、比率性指标。

（3）按照指标所反映的评价内容，可以分为盈利能力分析指标和偿债能力分析指标。

（二）反映项目盈利能力的指标与评价方法

1. 静态评价指标的计算与分析

（1）总投资收益率。总投资收益率是指项目达到设计生产能力后的一个正常生产年份的年息税前利润与项目总投资的比率。对生产期内各年的利润总额较大的项目，应计算运营期年平均息税前利润与项目总投资的比率。其计算公式如下：

$$总投资收益率 = \frac{正常年份年息税前利润或运营期内年平均息税前利润}{项目总投资} \times 100\%$$

$$(4-8)$$

总投资收益率可根据利润与利润分配表中的有关数据计算求得。项目总投资为固定资产投资、建设期利息、流动资金之和。计算出的总投资收益率要与规定的行业标准收益率或行业的平均投资收益率进行比较，若大于或等于标准收益率或行业平均投资收益率，则认为项目在财务上可以被接受。

（2）项目资本金净利润率。资本金净利润率是指项目达到设计生产能力后的一个正常生产年份的年净利润或项目运营期内的年平均利润与资本金的比率。其计算公式如下：

$$资本金净利润率 = \frac{正常年份的年净利润或运营期内年平均净利润}{资本金} \times 100\% \quad (4-9)$$

式（4-9）中的资本金是指项目的全部注册资本金。计算出的资本金净利润率要与行业的平均资本金净利润率或投资者的目标资本金净利润率进行比较，若前者大于或等于后者，则认为项目是可以考虑的。

（3）静态投资回收期。静态投资回收期是指在不考虑资金时间价值因素条件下，用生产经营期回收投资的资金来抵偿全部初始投资所需要的时间，即用项目净收益抵偿全部初始投资所需的全部时间，一般用年来表示，其符号为 P_t。在计算全部投资回收期时，假定全部资金都为自有资金，而且投资回收期一般从建设期开始算起（也可以从投产期开始算起）。使用这个指标时一定要注明起算时间。其计算公式如下：

$$P_t = 累计净现金流量开始现正值的年份 - 1 + \frac{上年累计净现金流量的绝对值}{当年净现金流量}$$

$$(4-10)$$

计算出的投资回收期要与行业规定的标准投资回收期或行业平均投资回

133

收期进行比较，如果小于或等于标准投资回收期或行业平均投资回收期，则认为项目是可以考虑的。

2. 动态评价指标的计算与分析

（1）财务净现值（FNPV）。财务净现值是指在项目计算期内，按照行业的基准收益率或设定的折现率计算的各年净现金流量现值的代数和，简称净现值，记作 FNPV。其表达式如下：

$$FNPV = \sum_{t=1}^{n}(C_I - C_O)_t(1+i_c)^{-t} \qquad (4-11)$$

式中：C_I 为现金流入量；C_O 为现金流出量；$(C_I - C_O)_t$ 为第 t 年的净现金流量；n 为计算期；i_c 为基准收益率或设定的折现率；$(1+i_c)^{-t}$ 为第 t 年的折现系数。

财务净现值的计算结果可能有三种情况，即 FNPV > 0、FNPV < 0 或 FNPV = 0。当 FNPV > 0 时，项目净效益大于用基准收益率计算的平均收益额，从财务角度考虑，项目是可以被接受的。当 FNPV = 0 时，拟建项目的净效益正好等于用基准收益率计算的平均收益额，这时判断项目是否可行就要看分析所选用的折现率。在财务评价中，若选用的折现率大于银行长期贷款利率，项目是可以被接受的；若选用的折现率等于或小于银行长期贷款利率，一般可判断项目不可行。当 FNPV < 0 时，拟建项目的净效益小于用基准收益率计算的平均收益额，一般认为项目不可行。

（2）财务内部收益率（FIRR）。财务内部收益率是使项目整个计算期内各年净现金流量现值累计等于零时的折现率，简称内部收益率。其表达式如下：

$$\sum_{t=1}^{n}(C_I - C_O)_t(1+FIRR)^{-t} = 0 \qquad (4-12)$$

财务内部收益率的计算是求解高次方程，为简化计算，在具体计算时可根据现金流量表中净现金流量用试差法进行。其基本步骤如下。

①用估计的某一折现率对拟建项目整个计算期内各年财务净现金流量进行折现，并求出净现值。如果得到的财务净现值等于零，则选定的折现率即为财务内部收益率；如果得到的净现值为正数，则再选一个更高的折现率再次试算，直至正数财务净现值接近零为止。

②在①的基础上，再继续提高折现率，直至计算出接近零的负数财务净现值为止。

③根据上两步计算所得的正、负财务净现值及其对应的折现率，运用试差法的公式计算财务内部收益率。其计算公式如下：

$$\text{FIRR} = i_1 + (i_2 - i_1) \times \frac{\text{FNPV}_1}{\text{FNPV}_1 - \text{FNPV}_2} \quad （4\text{-}13）$$

第五章 基于建设项目设计阶段的
造价控制

第一节 设计阶段造价控制主要内容

一、设计阶段工程造价的决定因素

（一）工业建筑设计影响工程造价的因素

在工业建筑设计中，影响工程造价的主要因素有厂区总平面图设计、工业建筑的平面和立面设计、建筑材料与结构的选择、工艺技术方案的选择、设备的选型和设计等。

1.厂区总平面图设计

厂区总平面图设计是指总图运输设计和总平面布置，主要包括的内容有以下方面：厂址方案、占地面积和土地利用情况；总图运输、主要建筑物和构筑物及公用设施的布置；外部运输，水、电、气及其他外部协作条件等。

正确合理的总平面图设计可以大大减少建筑工程量，节约建设用地，节省建设投资，降低工程造价和项目运行后的使用成本，加快建设进度，并可以为企业创造良好的生产组织、经营条件和生产环境，还可以为工业区创造完美的建筑艺术整体。总平面图设计与工程造价的关系体现在以下几个方面。

（1）运输方式的选择。运输方式不同，其运输效率及成本也不同。有轨运输运量大、运输安全，但需要一次性投入大量资金；无轨运输无须一次性大规模投资，但是运量小、运输安全性较差。从降低工程造价的角度来看，运输方式应尽可能选择无轨运输，这样可以减少占地，节约投资。但是运输方式的选择不能仅仅考虑工程造价，还应考虑项目运营的需要，如果运输量较大，则有轨运输往往比无轨运输成本低。

（2）占地面积。占地面积的大小一方面影响征地费用的高低，另一方面也会影响管线布置成本及项目建成运营的运输成本。因此，在总平面图设计中应尽可能节约用地。

（3）功能分区。工业建筑有许多功能，这些功能之间相互联系、相互制约。合理的功能分区既可以使建筑物的各项功能充分发挥，又可以使总平面布置紧凑、安全，避免大挖大填，减少土石方量和节约用地，降低工程造价。同时，合理的功能分区还可以使生产工艺流程顺畅，运输简便，降低项目建成后的运营成本。

2. 工业建筑的平面和立面设计

新建工业厂房的平面和立面设计方案是否合理和经济，不仅与建筑工程造价和使用费的高低有关，而且直接影响到节约用地和建筑工业化水平的提高。要根据生产工艺流程合理布置建筑平面，控制厂房高度，充分利用建筑空间，选择合适的厂内起重运输方式，尽可能把生产设备露天或半露天布置。

（1）工业厂房层数的选择。选择工业厂房层数应考虑生产性质和生产工艺的要求。对于需要大跨度和高层高、拥有重型生产设备和起重设备、生产时有较大振动及散发大量热量和气体的重型工业，采用单层厂房是经济合理的；而对于工艺过程紧凑、采用垂直工艺流程和利用重力运输方式、设备和产品重量不大、要求恒温条件的各种轻型车间，采用多层厂房则更为适用。多层厂房的突出优点是占地面积小，减少基础工程量，缩短交通线路、工程管线和围墙等的长度，降低屋盖和基础单方造价，缩小传热面，节约热能，经济效果显著。工业建筑层数与单位面积造价的关系如图5-1所示。

137

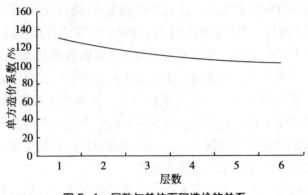

图 5-1 层数与单位面积造价的关系

确定多层厂房的经济层数主要依据两个因素。一是厂房展开面积的大小。展开面积越大，层数越可增加。二是厂房的宽度和长度。宽度和长度越大，则经济层数越可增加，而造价则相应降低。比如，当厂房宽为 30 m，长为 120 m 时，经济层数为 3 ～ 4 层；当厂房宽为 37.5 m，长为 150 m 时，则经济层数为 4 ～ 5 层，后者比前者造价降低 4% ～ 6%。

（2）工业厂房层高的选择。在建筑面积不变的情况下，建筑层高的增加会引起各项费用的增高，如墙与隔墙及有关粉刷、装饰费用提高，供暖空间体积增大，起重运输费增加，卫生设备的上下水管道长度增加，楼梯间造价和电梯设备费用增加，等等，从而增加单位面积造价。

据分析，单层厂房的层高每增加 1 m，其单位面积造价增加 1.8% ～ 3.6%，年度采暖费约增加 3%；多层厂房的层高每增加 0.6 m，其单位面积造价提高 8.3% 左右。由此可见，随着层高的增加，单位建筑面积造价也在不断增加。多层厂房造价增加幅度比单层厂房大的主要原因是多层厂房的承重部分占总造价的比重较大，而单层厂房的墙柱部分占总造价的比重较小。

（3）合理确定柱网。柱网的布置是指确定柱子的行距（跨度）和间距（每行柱子中两个柱子间的距离）。工业厂房柱网布置是否合理，对工程造价和厂房面积的利用效率都有较大的影响。

柱网的选择与厂房中有无吊车、吊车的类型及吨位、屋顶的承重结构以及厂房的高度等因素有关。对于单跨厂房，当柱间距不变时，跨度越大则单位面积的造价越小。因为除屋架外，其他结构件分摊在单位面积上的平均造价随跨度的增大而减少。对于多跨厂房，当跨度不变时，中跨数量越多越经济。这是因为柱子和基础分摊在单位面积上的造价减少了。

（4）尽量减少厂房的体积和面积。对于工业建筑，在不影响生产能力的条件下，厂房、设备布置力求紧凑合理；要采用先进工艺和高效能的设备，节省厂房面积；要采用大跨度、大柱距的大厂房平面设计形式，提高平面利用系数；尽可能把大型设备设置于露天，以节省厂房的建筑面积。

3. 建筑材料与结构的选择

建筑材料与结构的选择是否经济合理，对建筑工程造价有直接影响。这是因为材料费一般占直接费用的 70% 左右，同时直接费用的降低也会导致间接费用的降低。采用各种先进的结构形式和轻质高强度的建筑材料，能减轻建筑物的自重，简化基础工程，减少建筑材料和构配件的费用及运输费，并能提高劳动生产率和缩短建设工期，经济效果十分明显。工业建筑结构正在向轻型、大跨、大空间、薄壁的方向发展。

4. 工艺技术方案的选择

工艺技术方案主要包括建设规模、标准和产品方案，工艺流程和主要设备的选型，主要原材料、燃料供应，"三废"治理及环保措施，生产组织及生产过程中的劳动定员情况，等等。设计阶段应按照可行性研究阶段已经确定的建设项目的工艺流程进行工艺技术方案的设计，确定从原料到产品整个生产过程的具体工艺流程和生产技术。在选择具体项目工艺设计方案时，应以提高投资的经济效益为前提，认真进行分析、比较，综合考虑各方面因素后再确定。

5. 设备的选型和设计

工艺技术方案确定生产工艺流程后，就要根据工厂生产规模和工艺流程选择设备的型号和数量，对一些标准和非标准设备进行设计。设备和工艺的选择是相互依存、紧密相连的。设备选择的重点因设计形式的不同而不同，但选择的标准都是能否满足生产工艺和生产能力的需要。设备选型和设计应注意下列要求：应该注意标准化、通用化和系列化；采用高效率的先进设备要本着技术先进、稳妥可靠、经济合理的原则；设备的选择必须首先考虑国内可供的产品，如需进口国外设备，应力求避免成套进口和重复进口；在选择和设计设备时，要结合企业建设地点的实际情况和动力、运输、资源等具体条件综合考虑。

（二）民用建筑设计影响工程造价的因素

1.住宅建筑的平面布置

在同样建筑面积下，由于平面形状不同，住宅的建筑周长系数 K（即每平方米建筑面积所占的外墙长度）也不相同。圆形、正方形、矩形、T形、L形等，其建筑周长系数依次增大，即外墙面积、墙身基础、墙身内外表面装修面积依次增大。但圆形建筑施工复杂，施工费用较矩形建筑增加 20% ~ 30%，故其墙体工程量的减少不能使建筑工程造价降低。因此，一般来讲，平面形状为正方形和矩形的住宅既有利于施工，又能降低工程造价；而在矩形住宅建筑中，又以长宽比为 2 : 1 为最佳。

当房屋长度增加到一定程度时，就需要设置带有二层隔墙的变温伸缩缝；当长度超过 90 m 时，就必须有贯通式过道。这些都要增加房屋的造价，所以一般住宅以 3 ~ 4 个住宅单元、房屋长度在 60 ~ 80 m 较为经济。在满足住宅的基本功能、保证居住质量的前提下，加大住宅的进深（宽度）对降低造价也有明显的效果。

2.小区建设规划的设计

在进行小区规划时，要根据小区基本功能和要求确定各构成部分的合理层次与关系，据此安排住宅建筑、公共建筑、管网、道路及绿地的布局，确定合理人口与建筑密度、房屋间距和建筑层数，布置公共设施项目，保障水、电、热、燃气的供应等，并划分包括土地开发在内的上述各部分的投资比例。

小区用地面积指标反映小区内居住房屋和非居住房屋、绿化园地、道路和工程管网等占地面积及比重，是考察建设用地利用率和经济性的重要指标。它直接影响小区内道路管线长度和公用设备的多少，而这些费用约占小区建设投资的1/5。因此，用地面积指标在很大程度上影响小区建设的总造价。

小区的居住建筑面积密度、居住建筑密度、居住面积密度和居住人口密度也直接影响小区的总造价。在保证小区居住功能的前提下，密度越高，越有利于降低小区的总造价。

3.住宅的层高和净高

据有关资料分析，住宅层高每降低 10 cm，其造价可降低 1.2% ~ 1.5%。层高降低还可提高住宅区的建筑密度，节约征地费、拆迁费及市政设施费。一般来说，住宅层高不宜超过 2.8 m，可控制在 2.5 ~ 2.8 m。目前我国还有不少地区住宅层高沿用 2.9～3.2 m 的标准。有人认为层高降低了，住宅标准也就降低了。其实不然，住宅标准的高低取决于住宅面积和设备水平。

4. 住宅单元的组成、户型和住户面积

住宅结构面积与建筑面积之比为结构面积系数，这个系数越小，设计方案越经济。结构面积减少，有效面积就相应增加，因此它是评比新型结构经济的重要指标。该指标除与房屋结构有关外，还与房屋外形及其长度和宽度有关，也与房间平均面积的大小和户型组成有关。房屋平均面积越大，内墙、隔墙在建筑面积中所占比重就越小。

5. 住宅的层数

民用住宅按层数划分为低层住宅（1～3 层）、多层住宅（4～6 层）、中高层住宅（7～9 层）、高层住宅（10 层以上）。在民用建筑中，多层住宅具有降低工程造价和使用费、节约用地的优点。房间内部和外部的设施、供水管道、排水管道、煤气管道、电力照明和交通道路等费用，在一定范围内都随着住宅层数的增加而降低。

随着住宅层数的增加，单方造价系数在逐渐降低，即层数越多越经济。但是边际造价系数也在逐渐减少，说明随着层数的增加，单方造价系数下降幅度减缓。住宅超过 7 层，就要增加电梯费用，需要较多的交通面积（过道、走廊要加宽）和补充设备（供水设备和供电设备等）。特别是高层住宅，要经受较强的风荷载，需要提高结构强度，改变结构形式，使工程造价大幅度上升。因此，一般来讲，在中小城市以建筑多层住宅为经济合理，在大城市可沿主要街道建设一部分中高层和高层住宅，以合理利用空间，美化市容。

6. 住宅建筑结构类型的选择

对同一建筑物来说，结构类型不同，其造价也不同。一般来说，砖混结构比框架结构的造价低，因为框架结构的钢筋混凝土现浇构件的比重较大，其钢材、水泥的材料消耗量大，所以其建筑成本也高。由于各种建筑体系的结构形式各有利弊，在选用结构类型时应结合实际，因地制宜，就地取材，采用适合本地区、本部门的经济合理的结构形式。

二、设计阶段工程造价控制的措施和方法

设计阶段控制工程造价的方法有以下几种：对造价估算、设计概算和施

工图预算的编制与审查；设计方案的优化比选；推广限额、标准设计；推行设计索赔、监理制度，加强设计变更管理等。

（一）对造价估算、设计概算和施工图预算的编制与审查

在实际工作中，有的方案估算不够完整，有的限额设计的目标值缺乏合理性，有的概算不够正确，有的施工图预算或者标底不够准确，这些都会影响到设计过程中各个阶段造价控制目标的制定，最终不能达到以造价目标控制设计工作的目的。所以说，设计阶段加强对设计方案造价估算、初步设计概算、施工图预算的编制和审查是至关重要的。

方案估算要建立在分析测算的基础上，才能够比较全面、真实地反映各个方案所需的造价。在方案的投资估算过程中，要多考虑一些影响造价的因素，如施工的工艺和方法的不同、施工现场的不同情况等，因为这些都会使按照经验估算的造价发生变化，只有这样才能使估算更加完善。对于设计单位来说，当务之急是要对各类设计资料进行分析测算，以掌握大量的第一手资料数据，为方案的造价估算积累有效的数据。

142

设计概算不准、与施工图预算差距很大的现象常有发生，其原因主要是初步设计图纸深度不够、概算编制人员缺乏责任心、概算与设计和施工脱节、概算编制中错误太多等。要提高概算的质量，首先，必须加强设计人员与概算编制人员的联系与沟通；其次，要提高概算编制人员的素质，加强责任心，多深入实际，丰富现场工作经验；最后，要加强对初步设计概算的审查。概算审查可以避免重大错误的发生，避免不必要的经济损失。设计单位要建立健全三审制度（自审、审核、审定），大的设计单位还应建立概算抽查制度。概算审查不仅仅局限于设计单位，建设单位和概算审批部门也应加强对初步设计概算的审查，严格概算的审批，从而有效控制工程造价。

施工图预算是签订施工承包合同、确定承包合同价、进行工程结算的重要依据，其质量的高低直接影响到施工阶段的造价控制。提高施工图预算的质量可以从加强对编制施工图预算的单位和人员的资质审查以及加强对他们的管理实现。

（二）设计方案的优化和比选

为了提高工程建设投资效果，从选择建设场地和工程总平面布置开始，直到最后结构构件的设计，都应进行多方案比选，从中选取技术先进、经济合理的最佳设计方案，或者对现有的设计方案进行优化，使其能够更加经济合理。在设计过程中，可以利用价值工程的思路和方法对设计方案进行比较，对不合理的设计提出改进意见，从而达到控制造价、节约投资的目的。

（三）推广限额、标准设计

限额设计是设计阶段控制工程造价的重要手段，它能有效地控制和避免"三超"现象，使设计单位加强技术与经济的对立统一管理，还能降低设计概预算本身的失控对工程造价带来的负面影响。另外，推广成熟的、行之有效的标准设计不但能够提高设计质量，而且能够提高效率，节约成本；同时，因为标准设计大量使用标准构配件，压缩现场工作量，所以标准设计有利于工程造价的控制。

143

（四）推行设计索赔、监理制度，加强设计变更管理

设计索赔及设计监理等制度的推行能够真正提高人们对设计工作的重视程度，从而使设计阶段的造价控制得以有效开展，也可以促进设计单位建立完善的管理制度，提高设计人员的质量意识和造价意识。设计索赔制度的推行和加大索赔力度是切实保障设计质量和控制造价的必要手段。另外，设计图纸变更得越早，造成的经济损失越小；反之则损失越大。工程设计人员应建立设计施工轮训或继续教育制度，尽可能地避免设计与施工相脱节的现象发生，由此可减少设计变更的发生。对非发生不可的变更，应尽量将其控制在设计阶段，务必用先算账后变更、层层审批的方法，以使投资得到有效控制。

三、设计阶段工程造价管理的主要内容

随着设计工作的开展，各个阶段工程造价管理的内容又有所不同，各个阶段工程造价管理工作的主要内容和程序如下。

（一）方案设计阶段

根据方案图纸和说明书，做出专业详尽的工程造价估算书。

（二）初步设计阶段

根据初步设计方案图纸和说明书及概算定额编制初步设计总概算，概算一经批准，即为控制拟建项目工程造价的最高限额。总概算是确定建设项目的投资额、编制固定资产投资计划的依据，是签订建设工程总包合同、贷款总合同、实行投资包干的依据，也可作为控制建设工程拨款、组织主要设备订货、进行施工准备及编制技术设计文件或施工图设计文件等的依据。

（三）技术设计阶段（扩大初步设计阶段）

根据技术设计的图纸和说明书及概算定额编制初步设计修正总概算。这一阶段往往是针对技术比较复杂、工程比较大的项目而设立的。

（四）施工图设计阶段

根据施工图纸和说明书及预算定额编制施工图预算，用以核实施工图阶段造价是否超过批准的初步设计概算。以施工图预算为基础进行招标投标的工程，则是以中标的施工图预算价作为确定承包合同价的依据，也是作为结算工程价款的依据。

（五）设计交底和配合施工

设计单位应负责交代设计意图，进行技术交底，解释设计文件，及时解决施工中设计文件出现的问题，参加试运转和竣工验收、投产及进行全面的

工程设计总结。设计过程中应及时地对项目投资进行分析对比，反馈造价信息，能动地影响设计，控制投资。

设计阶段的造价控制是一个有机联系的整体，各设计阶段的造价（估算、概算、预算）相互制约、相互补充，前者控制后者，后者补充前者，共同组成工程造价的控制系统。

第二节　工程设计的程序

工程设计是指在工程开始施工之前，根据已批准的设计任务书，为具体实现拟建项目的技术、经济要求，拟定建筑、安装及设备制造等所需的规划、图纸、数据等技术文件的工作。工程设计阶段是对建设项目由计划变为现实具有决定意义的工作阶段。设计文件是建筑安装施工的依据。拟建工程在建设过程中能否保证进度、保证质量和节约投资，在很大程度上取决于设计质量的优劣。在工程建成后能否获得满意的经济效果这方面，除了项目决策之外，设计工作起着决定性的作用。设计工作的重要原则之一是保证设计的整体性，为此，设计工作必须按一定的程序分阶段进行。

145

一、设计阶段

根据建设程序的进展，为保证工程建设和设计工作有机配合和衔接，按照由粗到细的原则将工程设计划分阶段进行。一般工业项目与民用建设项目设计分两个阶段，即初步设计和施工图设计。对于技术上复杂而又缺乏设计经验的项目，分三个阶段进行设计，即初步设计、技术设计和施工图设计。

各设计阶段都需要编制相应的工程造价文件，与初步设计、技术设计对应的是设计概算、修正概算，与施工图设计对应的是施工图预算。

二、设计程序

设计程序是指设计工作的先后顺序，包括设计准备阶段、初步方案阶段、初步设计、技术设计阶段、施工图设计阶段、设计交底和配合施工阶段，如图5-2所示。

```
          ┌─────────────────┐
          │  设计前准备工作   │
          └─────────────────┘
                   │
                   ▼
          ┌─────────────┐        ┌─────────────┐
          │  方案设计    │ ─ ─ ─ →│   造价估算   │
          └─────────────┘        └─────────────┘
                   │
                   ▼
          ┌─────────────┐        ┌─────────────┐
          │  初步方案    │ ─ ─ ─ →│   设计概算   │
          └─────────────┘        └─────────────┘
                   │
                   ▼
          ┌─────────────┐        ┌─────────────┐
          │  技术设计    │ ─ ─ ─ →│   修正概算   │
          └─────────────┘        └─────────────┘
                   │
                   ▼
          ┌─────────────┐        ┌─────────────┐
          │  施工图设计  │ ─ ─ ─ →│  施工图预算  │
          └─────────────┘        └─────────────┘
                   │
                   ▼
    ┌───────────────────┐        ┌─────────────┐
    │  设计交底和配合施工 │ ─ ─ ─ →│  工程价款调整 │
    └───────────────────┘        └─────────────┘
```

图 5-2　工程设计的全过程

（一）设计准备阶段

在设计之前，首先要了解并熟悉外部条件和客观情况（具体内容包括地形、气候、地质、自然环境等自然条件）、城市规划对建筑物的要求（交通、水、电、气、通信等基础设施状况）、业主对工程的要求（特别是工程应具备的各项使用要求）、对工程经济估算的依据和所能提供的资金、材料、施工技术和装备等供应情况以及可能影响工程设计的其他客观因素，为进行设计做好充分准备。

（二）初步方案阶段

设计人员应对工程主要内容（包括功能与形式）的安排有大概的布局设想，还要考虑工程与周围环境之间的关系。在这一阶段，设计者可以与使用者和规划部门充分交换意见，最后使自己的设计取得规划部门的同意，与周围环境有机地融为一体。对于不太复杂的工程，这一阶段可以省略，把有关的工作并入初步设计阶段。

（三）初步设计阶段

初步设计是设计过程的一个关键性阶段，也是整个设计构思基本形成的阶段。初步设计可以进一步明确拟建工程在指定地点和规定期限内进行建设的技术可行性和经济合理性，并规定主要技术方案、工程总造价和主要技术经济指标，以利于在项目建设和使用过程中最有效地利用人力、物力和财力。工业项目的初步设计包括总平面设计、工艺设计和建筑设计三部分，在初步设计阶段还应编制设计总概算。

（四）技术设计阶段

技术设计是初步设计的具体化，也是各种技术问题的定案阶段。技术设计研究和决定的问题与初步设计大致相同，但需要根据更详细的勘察资料和技术经济计算加以补充修正。技术设计的详细程度应满足确定设计方案中重大技术问题和有关试验、设备选择等方面的要求，应能保证可以根据它进行施工图设计和提出设备订货明细表。技术设计时，如果对初步设计中所确定的方案有所更改，应对更改部分编制修正概算书。对于不太复杂的工程，技术设计阶段可以省略，这个阶段的工作可以纳入施工图设计阶段。

（五）施工图设计阶段

施工图设计阶段主要是通过图纸把设计者的意图和全部设计结果表达出来，作为施工的依据，是设计工作和施工工作的桥梁。其具体内容包括建设项目各部分工程的详图和零部件、结构构件明细表以及验收标准、方法等。施工图设计的深度应能满足设备材料的选择与确定、非标准设备的设计与加工制作、施工图预算的编制、建筑工程施工和安装工程施工的要求。

（六）设计交底和配合施工阶段

施工图交付给施工单位之后，根据现场需要，设计单位应派人到施工现场，与建设、施工单位共同会审施工图纸，并进行技术交底，介绍设计意图和技术要求，修改不符合实际和有错误的图纸，参加试运转和竣工验收，解决试运转过程中的各种技术问题，并检验设计的正确和完善程度。

第三节　工程设计方案的优化管理

一、通过优化设计进行造价控制

（一）把握不同设计内容的造价控制重点

（1）建筑方案设计。在满足建设项目主题鲜明、形象美观，充分展示设计师设计理念的前提下，建筑方案要充分考虑功能完善、简洁耐用、运行可靠、经济合理等房屋使用要求和经济要求。在建筑设计阶段的重点是把握好平面布置、柱网、长宽比的合理性；合理确定建筑物的层数和层高，按功能要求确定不同的建筑层高；按销售要求，合理分布户型、确定内墙分割，减少隔墙和装饰面；尽可能地避免建筑形式的异型化和色彩、材料的特殊化。

（2）结构工程设计。应在建筑方案设计的基础上，在满足结构安全的前提下，充分优化结构设计，必要时应委托专业的设计公司进行结构设计和结构的优化设计，降低建筑物的自身载荷，减少主要材料的消耗。通过工程概算及其主要技术经济指标分析结构设计的优化程度。

（3）设备选型。在满足建筑环境和使用功能的前提下，以经济实用、运行可靠、维护管理方便为原则进行主要设备选型。通过主要技术经济指标对设备选型进行限额控制，通过设备询价对主要设备提出可靠的价格信息，详细制定大型设备选型、招标、采购控制办法，尽可能采用性价比较优的设备。在建筑设备造价控制方面的重点是控制好通风空调设备、电气设备、电梯设备、水处理设备、建筑智能设备等。

（4）装饰工程。装饰工程以匹配销售目标、满足形象要求和符合主题宣传为前提进行设计。外墙装饰工程应尽可能采用成熟可靠、经济实用、形象美观的设计方案，并进行必要的深化设计。例如，采用幕墙方案时，一方面严格控制幕墙的深化设计，节省结构和装饰材料，避免设计与材料规格脱节而导致的饰面材料消耗系数增大；另一方面严格控制饰面材料的档次和标准。室内精装修工程应以销售对象需求为前提，做到简洁、美观，重点是做好公共部位的装饰工程，并要保证适当的建设标准和档次要求。对于预留给目标客户的室内装饰工程（包括照明和弱电工程），尽量由客户进行装饰设计和投资，以降低开发费用，防止投资沉没。

（5）特殊专业工程。对于特殊的火灾自动报警及消防联动系统、综合布线系统、有线电视及卫星电视系统、车辆管理系统、无线网络覆盖系统等专业工程宜进行深化设计，以满足销售为前提；对于建筑智能和网络工程等尽可能地预留接口，由目标客户自行投资建设。该类工程在造价控制上尽可能地采用限额设计。

（6）室外附属工程。对于与主体工程配套的室外道路工程、园林绿化工程、雨污水工程等，应在保证道路应用、绿化指标的前提下，尽可能减少高标准道路面积，使道路工程、停车场与绿化工程相结合，在营造园林小景、绿化美化社区的同时，充分考虑整体形象设计与室外附属工程的维护、保养费用。

（二）优化设计的步骤

（1）优化设计的提出。优化设计应贯穿整个建设项目的全过程，优化设计带来的直接效益包括造价的降低、质量的提高、工期的缩短以及安全隐患的排除等。建设项目的参与各方均有义务提出工程优化设计建议，建设项目的业主和造价咨询单位、招标代理机构等在各类施工合同、咨询服务合同的拟订过程中，要明确优化设计提出和实施的激励措施，调动各方提出和实施优化设计的积极性。

（2）优化设计的审查和实施。因为优化设计不仅仅以降低工程造价为目的，在实施过程中必须进行全面的、综合的技术经济分析。造价咨询一方面应将单项工程、单位工程、部分分部分项工程中的某项技术经济指标过高的情况，及时反馈给业主和设计、监理单位，提出优化设计的建议，协助建设单位、设计单位进行设计方案的优化；另一方面应对建设项目参与各方提出的优化设计建议，充分运用价值工程的理论，以降低工程建设投资、提高工程质量为主要目的，进行全面的技术经济分析，提出是否实施的建议。

二、通过设计招标和设计方案竞选优化设计方案

建设单位应先就拟建工程的设计任务通过报刊、信息网络或其他媒介发布公告，吸引设计单位参加设计招标或设计方案竞选，以获得众多的设计方

案；然后组织专家评定小组，由专家评定小组采用科学的方法，按照经济、适用、美观的原则以及技术先进、功能全面、结构合理、安全适用、建设节能及环境保护等要求，综合评定各设计方案优劣，从中选择最优的设计方案，或将各方案的可取之处重新组合，提出最佳方案。专家评价法有利于多种设计方案的比较与选择，能集思广益，吸收众多设计方案的优点，使设计更完美。通过设计招标和设计方案竞选优化设计方案，有利于控制建设工程造价，使投资概算控制在投资者限定的投资范围内。

三、运用价值工程优化设计方案

（一）在设计阶段实施价值工程的意义

在设计阶段实施价值工程意义重大，尤其是建筑工程。设计过程涉及多部门多专业工种，就一项简单的民用住宅工程设计来说，就要涉及建筑、结构、电气、给排水、供暖、煤气等专业工种。在工程设计过程中，每个专业都各自独立进行设计势必会产生各个专业工种设计的相互协调问题。实施价值工程不仅可以保证各专业工种的设计符合各种规范和用户的要求，而且可以解决各专业工种设计的协调问题，得到整体合理和优良的方案。建筑产品具有单件性的特点，工程设计往往也是一次性的，设计过程中可以借鉴的经验教训不一而足，而利用价值工程可以发挥集体智慧，群策群力，得到最佳设计方案。建筑工程在设计阶段实施价值工程的意义有以下几点。

（1）可以有效地控制工程造价。价值工程需要对研究对象的功能与成本之间的关系进行系统分析。设计人员参与价值工程，就可以避免在设计过程中只重视功能而忽视成本的倾向，在明确功能的前提下，发挥设计人员的创造精神，提出各种实现功能的方案，从中选取最合理的方案。这样既保证了用户所需功能的实现，又有效地控制了工程造价。

（2）可以使建筑产品的功能更合理。工程设计实质上就是对建筑产品的功能进行设计，而价值工程的核心就是功能分析。实施价值工程可以使设计人员更准确地了解用户所需及建筑产品各项功能之间的比重，还可以考虑设计、建筑材料和设备制造、施工技术专家的建议，从而使设计更加合理。

（3）可以节约社会资源。价值工程着眼于寿命周期成本，即研究对象在其寿命期内所发生的全部费用。对于建设工程而言，寿命周期成本包括工程造价和工程使用成本。价值工程的目的是以研究对象的最低寿命周期成本可靠地实现使用者所需功能，使工程造价、使用成本及建筑产品功能合理匹配，节约社会资源。

（二）价值工程在新建项目设计方案优选中的应用

在新建项目设计中应用价值工程与一般工业产品中应用价值工程略有不同，因为建设项目具有单件性和一次性的特点。利用其他项目的资料选择价值工程研究对象，效果较差。而设计主要是对项目的功能及其实现手段进行设计，因此整个设计方案就可以作为价值工程的研究对象。在设计阶段实施价值工程的步骤一般如下。

（1）功能分析。建筑功能是指建筑产品满足社会需要的各种性能的总和。不同的建筑产品有不同的使用功能，它们通过一系列建筑因素体现出来，反映建筑物的使用要求。建筑产品的功能一般分为社会性功能、适用性功能、技术性功能、物理性功能和美学功能五类。功能分析首先应明确项目各类功能具体有哪些，哪些是主要功能，并对功能进行定义和整理，绘制功能系统图。

（2）功能评价。功能评价主要是比较各项功能的重要程度，用 $0 \sim 1$ 评分法、$0 \sim 4$ 评分法、环比评分法等方法，计算各项功能的功能评价系数，作为该功能的重要度权数。

（3）方案创新。根据功能分析的结果，提出各种实现功能的方案。

（4）方案评价。对方案创新提出的各种方案对各项功能的满足程度打分，然后以功能评价系数作为权数计算各方案的功能评价得分，最后再计算各方案的价值系数，以价值系数最大者为最优。

（三）价值工程在设计阶段工程造价控制中的应用

价值工程在设计阶段工程造价控制中应用的程序如下。

（1）对象选择。在设计阶段应用价值工程控制工程造价，应以对控制造价影响较大的项目为价值工程的研究对象。因此，可以应用 ABC 分析法，将设计方案的成本分解并分成 A、B、C 三类，A 类成本比重大、品种数量少，可以作为实施价值工程的重点。

151

（2）功能分析。分析研究对象具有哪些功能、各项功能之间的关系如何。

（3）功能评价。评价各项功能，确定功能评价系数，并计算实现各项功能的现实成本是多少，从而计算各项功能的价值系数。价值系数小于1的，应该在功能水平不变的条件下降低成本，或在成本不变的条件下提高功能水平。价值系数大于1的，如果是重要的功能，应该提高成本，保证重要功能的实现；如果该项功能不重要，可以不做改变。

（4）分配目标成本。根据限额设计的要求，确定研究对象的目标成本，并以功能评价系数为基础，将目标成本分摊到各项功能上，与各项功能的现实成本进行对比，确定成本改进期望值。成本改进期望值大的，应首先重点改进。

（5）方案创新及评价。根据价值分析结果及目标成本分配结果的要求，提出各种方案，并用加权评分法选出最优方案，使设计方案更加合理。

四、推广标准化设计，优化设计方案

标准化设计又称定型设计、通用设计，是工程建设标准化的组成部分。各类工程建设的构件、配件、零部件以及通用的建筑物、构筑物、公用设施等，只要有条件的，都应该实施标准化设计。设计标准规范是重要的技术规范，是进行工程建设、勘察设计施工及验收的重要依据。设计标准规范按其实施范围划分，可以分为全国统一的设计规范及标准设计、行业范围内统一的设计规范及标准设计、省（直辖市、自治区）范围内统一的设计规范及标准设计、企业范围内统一的设计规范及标准设计。随着工程建设和科学技术的发展，设计规范和标准设计必须经常补充、及时修订、不断更新。

（一）改进设计质量，加快实现建筑工业化

因为标准化设计来源于工程建设实际经验和科技成果，是将大量成熟的、行之有效的实际经验和科技成果，按照统一简化、协调选优的原则，提炼上升为设计规范和标准设计的，所以标准化设计质量比一般工程设计质量要高。另外，由于标准化设计采用的都是标准构配件，建筑构配件和工具式模板的制作过程可以从工地转移到专门的工厂中批量生产，使施工现场变成"装配车间"和机械化浇筑场所，从而大幅减少现场的工程量。

（二）提高劳动生产率，加快工程建设进度

设计过程中，采用标准构配件可以节省设计力量，加快设计图纸提供速度，大大缩短设计时间，一般可以使设计速度加快 1～2 倍，从而使施工准备工作和定制预制构件等生产准备工作提前，缩短整个建设周期。另外，由于生产工艺定型、生产均衡、配料统一、劳动效率提高，标准构配件的生产成本大幅度降低。

（三）节约建筑材料，降低工程造价

标准构配件的生产是在工厂内批量生产的，便于预制厂统一安排，合理配置资源，发挥规模经济的作用，节约建筑材料。

标准设计是经过反复实践加以检验和补充完善的，所以能较好地贯彻国家技术经济政策，密切结合自然条件和技术发展水平，合理利用能源资源，充分考虑施工生产、使用维修的要求，既经济又优质。

五、限额设计

153

（一）限额设计的概念

设计阶段的投资控制就是编制出满足设计任务书要求、造价受控于投资决策的设计文件，限额设计就是根据这一点要求提出来的。所谓限额设计，就是按照设计任务书批准的投资估算额进行初步设计，按照初步设计概算造价限额进行施工图设计，按施工图预算造价对施工图设计的各个专业设计文件做出决策，所以限额设计实际上是建设项目投资控制系统中的一个重要环节或称其为一项关键措施。在整个设计过程中，设计人员与经济管理人员密切配合，做到技术与经济的统一。设计人员在设计时考虑经济支出，做出方案进行比较，有利于强化设计人员的工程造价意识，优化设计；经济管理人员及时进行造价计算，为设计人员提供信息，使设计小组内部形成有机整体，避免相互脱节的现象，改变"设计过程不算账、设计完成见分晓"的状况，达到动态控制投资的目的。

（二）限额设计的目标

（1）限额设计目标的确定。限额设计目标是在初步设计开始前，根据批准的可行性研究报告及其投资估算确定的。限额设计指标经项目经理或总设计师提出，经主管院长审批下达，其总额度一般只下达直接工程费的 90%，以便项目经理或总设计师和室主任留有一定的调节指标，限额指标用完后，必须经批准才能调整。专业之间或专业内部节约下来的单项费用，未经批准不能相互调用。

虽然说限额设计是设计阶段控制造价的有效方法，但工程设计是一个从概念到实施的不断认识的过程，控制限额的提出也难免会产生偏差或错误，因此限额设计应以合理的限额为目标。如果限额设计的目标值缺乏合理性，一方面，目标值过低会造成这个目标值易被突破，限额设计无法实施；另一方面，目标值过高会造成投资浪费现象。限额设计目标值绝不是建设单位和领导机关或权力部门随意提出的限额，而是对整个建设项目进行投资分解后，对各个单项工程、单位工程、分部分项工程的各个技术经济指标提出的科学、合理、可行的控制额度。在设计过程中，一方面要严格按照限额控制目标，选择合理的设计标准进行设计；另一方面要不断分析限额的合理性，若设计限额确定不合理，必须重新进行投资分解，修改或调整限额设计目标值。

（2）采用优化设计，确保限额目标的实现。优化设计是以系统工程理论为基础，应用现代数学方法对工程设计方案、设备选型、参数匹配、效益分析等方面进行最优化的设计方法。它是控制投资的重要措施，在进行优化设计时，必须根据问题的性质，选择不同的优化方法。一般来说，对于一些确定性问题，如投资、资源消耗、时间等有关条件已确定的问题，可采用线性规划、非线性规划、动态规划等理论和方法进行优化；对于一些非确定性问题，可以采用排队论、对策论等方法进行优化；对于涉及流量的问题，可以采用图与网络理论进行优化。

优化设计通常是通过数学模型进行的。一般工作步骤：首先，分析设计对象的综合数据，建立设计目标；其次，根据设计对象的数据特征选择合适的优化方法，并建立模型；最后，用计算机对问题求解，并分析计算结果的可行性，对模型进行调整，直到得到满意结果为止。

优化设计不仅可选择最佳设计方案，提高设计质量，而且能有效控制投资。

（三）限额设计的全过程

限额设计的全过程实际上就是建设项目投资目标管理的过程，即目标分解与计划、目标实施、目标实施检查、信息反馈的控制循环过程。

（1）投资分配。投资分配是实行限额设计的有效途径和主要方法。设计任务书获批准后，设计单位在设计之前应在设计任务书的总框架内将投资先分解到各专业，然后再分配到各单项工程和单位工程，作为进行初步设计的造价控制目标。这种分配往往不是只凭设计任务书就能办到，而是要进行方案设计，在此基础上做出决策。

（2）限额初步设计。初步设计应严格按分配的造价控制目标进行设计。在初步设计开始之前，项目总设计师应将设计任务书规定的设计原则、建设方针和投资限额向设计人员交底，将投资限额分专业下达到设计人员，发动设计人员认真研究实现投资限额的可能性，切实进行多方案比选，对各个技术经济方案的关键设备、工艺流程、总图方案、总图建筑和各项费用指标进行比较和分析，从中选出既能达到工程要求又不超过投资限额的方案作为初步设计方案。如果发现重大设计方案或某项费用指标超出任务书的投资限额，应及时反映，并提出解决问题的办法。不能等到设计概算编出后才发觉投资超限额，再被迫压低造价，减项目、减设备，这样不但影响设计进度，而且会造成设计上的不合理，给施工图设计超投资埋下隐患。

（3）施工图设计的造价控制。已批准的初步设计及初步设计概算是施工图设计的依据，在施工图设计中，无论是建设项目总造价，还是单项工程造价，均不应该超过初步设计概算造价。设计单位按照造价控制目标确定施工图设计的构造，选用材料和设备。

进行施工图设计应把握两个标准，一个是质量标准，另一个是造价标准，并应做到两者协调一致、相互制约，防止只顾质量而放松经济要求的倾向，当然也不能因为经济上的限制而消极地降低质量，因此必须在造价限额的前提下优化设计。在设计过程中，要对设计结果进行技术经济分析，看是否有利于造价目标的实现。每个单位工程施工图设计完成后，要做出施工图预算，判别是否满足单位工程造价限额要求，如果不满足，应修改施工图设

155

计，直到满足限额要求。只有施工图预算造价满足施工图设计造价限额时，施工图才能归档。

（4）设计变更。在初步设计阶段，外部条件的制约和人们主观认识的局限往往会造成施工图设计阶段甚至施工过程中的局部修改和变更。这是使设计、建设更趋完善的正常现象，但是会引起已经确认的概算价值的变化。这种变化在一定范围内是允许的，但必须经过核算和调整。如果施工图设计变化涉及建设规模、产品方案、工艺流程或设计方案的重大变更，会使原初步设计失去指导施工图设计的意义时，必须重新编制或修改初步设计文件，并重新报原审查单位审批。对于非发生不可的设计变更，应尽量提前，以减少变更对工程造成的损失。对于影响工程造价的重大设计变更，更要采取先算账后变更的办法进行解决，以使工程造价得到有效控制。

（四）限额设计的横向控制、纵向控制

限额设计控制工程造价可以从两个角度入手：一种是按照限额设计过程从前往后依次进行控制，称为纵向控制；另外一种是对设计单位及其内部各专业、科室及设计人员进行考核，实施奖惩，进而保证设计质量，称为横向控制。横向控制首先必须明确各设计单位以及设计单位内部各专业、科室对限额设计所负的责任，将工程投资按专业进行分配，并分段考核，下段指标不得突破上段指标，责任落实越接近于个人，效果就越明显，并赋予责任者履行责任的权利。其次，要建立健全奖惩制度。设计单位在保证工程安全和不降低工程功能的前提下，采用新材料、新工艺、新设备、新方案，从而节约投资，应根据节约投资额的大小对设计单位给予奖励；因设计单位设计错误、漏项或扩大规模和提高标准而导致工程静态投资超支的，要视其超支比例扣减相应比例的设计费。

六、运用寿命周期成本理论优化设备选型

工程设计是规划如何实现建设项目使用功能的过程，对设计方案的评价一般也是在保证功能水平的前提下尽可能节约工程建设成本，限额设计就是在设计阶段节约建设成本的主要措施之一。然而，建设成本低的方案未必就是功能水平优的方案。建设项目具有一次性投资大、使用周期长的特点。在项目的长期运营过程中，每年支出的项目维持费与大额的建设投资相比也许

数量不多，但是长期的积累也会产生巨额的支出。传统的设计方案评价对这部分费用重视不够。如果我们过分强调节约投资，往往会造成项目功能水平不合理而导致项目维持费迅速增加的情况。因此，设计方案评价应该从寿命周期成本的角度进行评价。

（一）在设计阶段应用寿命周期成本理论的意义

众所周知，建设项目的使用功能在决策和设计阶段就已基本确定，项目的寿命周期成本也已基本确定，因此，决策和设计阶段就成为寿命周期成本控制潜力最大的阶段，在决策和设计阶段进行寿命周期成本评价有着极其重要的意义。

（1）寿命周期成本评价能够真正实现技术与经济的有机结合。设计阶段控制成本的一个重要原则是技术与经济的有机结合。传统的成本控制方法是先由设计人员从技术角度进行方案设计，然后由经济人员计算相关费用，再从费用角度调整设计方案；或者先制定限额目标，设计人员在设计限额内进行方案设计。这种方法是技术和经济相互割裂的两个过程，而寿命周期成本评价将寿命周期成本作为一个设计参数，与其他功能设计参数一同考虑进行方案设计，真正实现了技术与经济的有机结合。

（2）寿命周期成本为确定项目合理的功能水平提供了依据。对于不同类型的建设项目，其功能水平由不同的指标来衡量。人们当然希望项目的功能水平越高越好，但是，较高的功能水平往往需要高额的建设成本，而节约建设成本又会导致项目功能水平降低。这是一种两难的选择，尤其是公共投资项目，由于市场具有不完善性，无法通过市场确定其合理的功能水平，就导致很多公共投资项目超标准建设。而寿命周期成本评价为设计阶段确定项目的合理功能水平提供了依据，即费用效率尽可能大、寿命周期成本尽可能小的功能水平是比较合理的功能水平。

（3）寿命周期成本评价有助于增强项目的抗风险能力。寿命周期成本评价在设计阶段即对未来的资源需求进行预测，根据预测结果合理确定项目功能水平及设备选择，并且鉴别潜在的问题，能够使项目对未来的适应性增强，有助于提高项目的经济效益。

（4）寿命周期成本评价可以使设备选择更科学。建设项目在运营的过程中，还需要对自身的功能不断地进行更新，以适应技术进步和外界经济环境

157

的变化。项目运营过程中功能的更新主要是通过设备更新来实现的。因此，建设项目在设计阶段就综合考虑技术进步、项目寿命及设备投资等因素，可以使设备选择更科学。

（二）寿命周期成本理论在设计阶段设备选型的应用

寿命周期成本评价是一种技术与经济有机结合的方案评价方法，它要考虑项目的功能水平与实现功能的寿命周期费用之间的关系。这种方法在设备选型中应用较为广泛，对于设备的功能水平的评价一般可用生产效率、使用寿命、技术寿命、能耗水平、可靠性、可操作性、环保性和安全性等指标。在设备选型中应用寿命周期成本评价方法的步骤如下。

（1）提出各项备选方案，并确定系统效率评价指标。

（2）明确费用构成项目，并预测各项费用水平。

（3）计算各方案的经济寿命，作为分析的计算期。

（4）计算各方案在经济寿命期内的寿命周期成本。

（5）计算各方案可以实现的系统效率水平，然后与寿命周期成本相除，计算费用效率，费用效率较大的方案较优。

第四节　设计概算及施工图预算的编制与审查

一、设计概算的编制与审查

（一）设计概算的内容

设计概算是以初步设计文件为依据，按照规定的程序、方法和依据，对建设项目总投资及其构成进行的概略计算。

设计概算是由单个到综合、局部到总体，逐级编制、层层汇总而成的。当建设项目为一个单项工程时，可采用单位工程概算、总概算两级概算编制形式。三级概算之间的相互关系和费用构成如下。

1. 单位工程概算

单位工程概算是以初步设计文件为依据，按照规定的程序、方法和依据，计算单位工程费用的成果文件。它是编制单项工程综合概算的依据，是单项工程综合概算的组成部分。

2. 单项工程综合概算

单项工程综合概算是以初步设计文件为依据，将组成单项工程的各个单位工程概算汇总得到单项工程费用的成果文件。它是建设项目总概算的组成部分。

3. 建设项目总概算

建设项目总概算是确定整个建设项目从筹建到竣工验收所需全部费用的文件。

（二）单位工程设计概算的编制

1. 单位建筑工程概算的编制方法

（1）概算定额法。当初步设计或扩大初步设计具有相当深度，建筑结构比较明确，图纸的内容比较齐全、完善，能根据图纸资料划分计算工程量时，可以采用概算定额编制概算。具体步骤如下。

①列出单位工程中分项工程的项目名称，并计算其工程量。

②确定各分部分项工程项目的概算定额单价，其计算公式为

概算定额单价 = 概算定额人工费 + 概算定额材料费 + 概算定额机械台班使用费 = $\sum$（概算定额中人工消耗量 × 人工单价）+ $\sum$（概算定额中材料消耗量 × 材料预算单价）+ $\sum$（概算定额中机械台班消耗量 × 机械台班单价）

$$(5-1)$$

③计算分部分项工程的人工费、材料费和施工机具使用费，汇总各个分部分项工程的人工费、材料费和施工机具使用费得到单位工程的人工费、材料费和施工机具使用费。

④按照一定的取费标准和计算基础计算企业管理费、规费和税金。

⑤计算单位建筑工程概算造价。将已经计算出来的单位工程人工费、材料费和施工机具使用费、企业管理费、规费和税金汇总，得到单位工程概算造价。

（2）概算指标法。当初步设计深度不够，不能准确地计算工程量，但是

工程采用的技术比较成熟，并且有概算指标可以利用时，可采用概算指标来编制概算，这种方法叫作概算指标法。

概算指标是一种以整个建筑物或构筑物为依据编制的定额，以 m³、m² 或 "座" 为计量单位，规定人工、材料和机械台班的消耗量标准和造价指标。编制步骤如下。

①收集编制概算的基础资料，并根据设计图纸计算建筑面积或构筑物的 "座" 数。

②根据拟建工程项目的性质、规模、结构内容和层数等基本条件，选用相应的概算指标。

③计算工程直接费。

$$工程直接费 = 每百平方米造价指标 \times 建筑面积 /100 \text{ m}^2 \quad （5-2）$$

另一种方法是以概算指标中规定的每 100 m² 建筑物面积（或 1 000 m³）所耗人工工日数、主要材料数量为依据进行计算：

$$100 \text{ m}^2 建筑物面积的主要材料费 = \sum（指标规定的主要材料数量 \times 地区材料预算单价） \quad （5-3）$$

$$100 \text{ m}^2 建筑物面积的其他材料费 = 主要材料费 \times 其他材料费占主要材料费的百分比 \quad （5-4）$$

$$100 \text{ m}^2 建筑物面积的机械使用费 =（人工费 + 主要材料费 + 其他材料费）\times 机械使用费所占百分比 \quad （5-5）$$

$$每 1 \text{ m}^2 建筑面积的直接工程费 =（人工费 + 主要材料费 + 其他材料费 + 机械使用费）\div 100 \quad （5-6）$$

④调整工程直接费，调整费率按工程直接费的百分比计取。

$$调整后工程直接费 = 工程直接费 \times 调整费率 \quad （5-7）$$

⑤计算间接费、利润、税金等。

拟建工程结构特征与概算指标有局部差异时要进行调整。当采用概算指标编制概算时，如果初步设计的工程内容与概算指标规定的内容有局部差异，就必须对原概算指标进行调整，然后才能使用。一般从原指标的单位造价中减去应换出的原指标，加入应换进的新指标，就得出调整后的单位造价指标。

$$单位面积造价调整指标 = 原造价指标单价 - 换出结构构件单价 + 换入结构构件单价（5-8）$$

$$换出（入）结构构件单价 = 换出（入）结构构件工程量 \times 相应概算定额地区单价（5-9）$$

160

概算直接费 = 单位面积造价调整指标 × 建筑面积 　　（5-10）

（3）类似工程预算法。采用类似工程预算法进行设计概算编制，其主要原理是参照具有类似技术条件和设计对象的工程项目的造价资料进行编制。

①类似工程造价资料有具体的人工、材料、机械台班的用量时，用其乘以拟建工程所在地的主要材料预算价格、人工单价、机械台班单价，计算出人工、材料、机械使用费再乘以当地的综合费率，即可得出所需的造价指标。

②类似工程造价资料只有人工、材料、机械台班费用和措施费、间接费时，可采用如下公式进行计算：

$$D = A \times K \qquad (5-11)$$

$$K = a\%K_1 + b\%K_2 + c\%K_3 + d\%K_4 + e\%K_5 \qquad (5-12)$$

式中：D 为拟建工程单方概算造价；A 为类似工程单方预算造价；K 为综合调整系数；$a\%$、$b\%$、$c\%$、$d\%$、$e\%$ 分别为类似工程预算的人工费、材料费、机械台班费、措施费、间接费占预算造价的比重；K_1、K_2、K_3、K_4、K_5 为拟建工程地区与类似工程预算造价在各项费用上的差异系数。

2. 设备及安装工程概算的编制方法

设备及安装工程概算费用包括设备购置费和设备安装工程费用。

（1）设备购置费概算编制方法。

设备购置费概算 = $\sum$（设备清单中的设备数量 × 设备原价）×（1+ 运杂费率）（5-13）

设备购置费概算 = $\sum$（设备清单中的设备数量 × 设备预算价格）（5-14）

（2）设备安装工程概算的编制方法。对设备安装工程进行概算编制，需要考虑初步设计的深度，具体可按照下面的方法进行编制。

①预算单价法。初步设计达到较深的阶段，且清单较详细的情况下，则能够按照安装工程预算定额单价进行概算编制。

②扩大单价法。初步设计深度未达到一定要求，且清单有遗漏的情况下，只有主体设备或仅有成套设备重量，可采用主体设备、成套设备的综合扩大安装单价来编制概算。

③概算指标法。初步设计的清单有遗漏，或安装预算单价及扩大综合单价不全，无法采用预算单价法和扩大单价法的情况下，可采用概算指标编制概算。通常依据下面的方法进行计算。

A. 按占设备价值的百分比的概算指标计算：

$$设备安装费 = 设备原价 \times 设备安装费率 \qquad （5-15）$$

B. 按每吨设备安装费的概算指标计算：

$$设备安装费 = 设备总吨数 \times 每吨设备安装费 \qquad （5-16）$$

C. 按座、台、套、组、根或功能等为计量单位的概算指标计算。

D. 按设备安装工程每平方米建筑面积的概算指标计算。

（三）单项工程综合概算

单项工程综合概算可以用来确定建设单项工程的费用，是进行工程总概算的基本环节，需要对构成单项工程的单位工程进行统计以得出结果。

单项工程综合概算文件包括编制说明和综合概算表。编制说明主要包括编制依据、编制方法、主要设备和材料的数量及其他有关问题。综合概算表是根据单项工程所辖范围内的各单位工程概算等基础资料，按照有关规定的统一表格编制的。

（四）建设项目总概算的编制

建设项目总概算是设计文件必不可少的部分，其用于预估建设项目的整个过程中需要花费的总费用。

通常来说，建设项目总概算文件包括如下内容。

（1）封面、签署页及目录。

（2）编制说明，包括以下内容。

①工程概况：简述建设项目的建设地点、设计规模、建设性质、工程类别、建设期、主要工程内容、主要工程量、主要工艺设备及数量等。

②主要技术经济指标：项目概算总投资及主要分项投资、主要技术经济指标等。

③资金来源和投资方式。

④编制依据。

⑤其他需要说明的问题。

（3）总概算表。

（4）各单项工程综合概算书。

（5）工程建设其他费用概算表。

（6）主要建筑安装材料汇总表。

（五）设计概算的审查

1.审查设计概算的意义

（1）可以督促相关编制人员遵守国家的有关规定，保障设计概算编制的有效性。

（2）符合客观经济规律的需要，能够有效增强投资的准确性和合理性。

（3）可以防止任意扩大建设规模，减少漏项的可能。

（4）可以正确地确定工程造价，合理地分配投资资金。

2.设计概算审查的步骤

进行设计概算审查，不仅需要掌握专业知识，还需要能够熟练进行编制概算，一般的审查步骤包括如下内容。

（1）概算审查的准备。进行概算审查前，应弄清设计概算的具体组成、编制依据和方法；了解建设规模、设计能力和工艺流程；熟悉设计图纸和说明书，掌握概算费用的构成和有关技术指标；收集概算定额、概算指标、取费标准等文件。

（2）进行概算审查。根据审查的主要内容，分别审查设计概算的编制依据、单位工程设计概算、综合概算、建设工程总概算等。

（3）进行技术经济对比分析。根据设计和概算列明的工程性质、结构类型、建设条件、费用构成、投资比例、占地面积、生产规模、设备数量、造价指标、劳动定员等与其他同类型工程规模进行对比分析，从中找出与同类型工程的差距。

（4）调查研究。了解设计是否经济合理，概算编制依据是否符合现行规定和施工现场实际，有无扩大规模、多估投资或预留缺口等情况，并及时核实概算投资。

（5）积累资料。逐一厘清审查过程中发现的问题，收集建成项目的实际成本和有关数据资料等，并整理成册，便于以后审查同类工程概算和国家修订概算定额。

163

二、施工图预算的编制与审查

（一）施工图预算的概念

建设项目施工图预算是施工图设计阶段合理确定和有效控制工程造价的重要依据。它是根据拟建工程已批准的施工图纸和既定的施工方法，按照国家现行的预算定额和单位估价表及有关费用定额编制而成的。施工图预算应当控制在批准的初步设计概算内，不得任意突破。施工图预算由建设单位委托设计单位、施工单位或中介服务机构编制，由建设单位负责审核，或由建设单位委托中介服务机构审核。

（二）施工图预算的编制

施工图预算的编制方法有以下几种。

1. 单价法

采用单价法编制施工图预算的计算公式为

单位工程施工图预算直接工程费 = ∑（工程量 × 预算定额单价）（5-17）

单价法编制施工图预算的步骤如图 5-3 所示。

收集各种编制依据 → 熟悉施工图纸和定额 → 计算工程量 → 套用预算定额单价 → 编制工料分析表 → 计算其他费用，汇总造价 → 复核 → 编制说明、填写封面

图 5-3　单价法编制施工图预算步骤

具体步骤如下。

（1）收集各种编制依据资料。各种编制依据资料包括施工图纸，施工组织设计或施工方案，现行建筑安装工程预算定额、费用定额，统一的工程量计算规则，预算工作手册，以及工程所在地区的材料、人工、机械台班预算价格与调价规定等。

（2）熟悉施工图纸和定额。只有对施工图纸和预算定额有全面详细的了解，才能全面准确地计算出工程量，进而合理地编制出施工图预算造价。

（3）计算工程量。工程量的计算在整个预算过程中是最重要、最繁重的一个环节，不仅影响预算的及时性，更影响预算造价的准确性。计算工程量一般可按下列具体步骤进行。

①根据施工图纸的工程内容和定额项目，列出计算工程量的分部分项工程。

②根据一定的计算顺序和计算规则，列出计算式。

③根据施工图纸尺寸及有关数据，代入计算式进行数学计算。

④按照定额中的分部分项工程的计量单位对相应的计算结果的计量单位进行调整，使之一致。

（4）套用预算定额单价。工程量计算完毕并核对无误后，用所得到的分部分项工程量套用单位估价表中相应的定额基价，相乘后相加汇总便可求出单位工程的直接工程费。

（5）编制工料分析表。根据各分部分项工程的实物工程量和相应定额中的项目所列的用工工日及材料数量，计算出各分部分项工程所需的人工及材料数量，相加汇总便得出该单位工程所需要的各类人工和材料的数量。

（6）计算其他各项应取费用和汇总造价。按照建筑安装单位工程造价构成的规定费用项目、费率及计费基础分别计算出间接费、利润和税金等，并汇总单位工程造价。

（7）复核。单位工程预算编制完成后，有关人员对单位工程预算进行复核以便及时发现差错，提高预算质量。

（8）编制说明、填写封面。编制说明是编制者向审核者提供编制方面有关情况，包括编制依据、工程性质、内容范围、设计图纸号、所用预算定额、编制年份、有关部门的调价文件号、套用单价或补充单位估价表方面的情况及其他需要说明的问题等。填写封面应写明工程名称、工程编号、工程量（建筑面积）、预算总造价、单方造价、编制单位名称、负责人和编制日期等。

2. 实物法

采用实物法编制施工图预算中的直接工程费可用下式进行计算。

单位工程预算直接工程费 = $\sum$（工程量 × 材料预算定额用量 × 当时当地材料预算价格）+ $\sum$（工程量 × 人工预算定额用量 × 当时当地人工工资单价）+ $\sum$（工程量 × 施工机械预算定额台班用量 × 当时当地机械台班单价）

$$(5-18)$$

实物法编制施工图预算的步骤如图5-4所示。

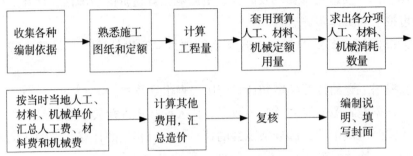

图 5-4　实物法编制施工图预算步骤

由图 5-3、图 5-4 可见，实物法与单价法首尾部分的步骤是相同的，所不同的主要是中间的三个步骤。如下为实物法与单价法不同的三个步骤。

（1）工程量计算后，套用相应预算人工、材料、机械台班定额用量。

（2）求出各分项工程人工、材料、机械台班消耗数量，并汇总单位工程所需各类人工、材料和机械台班的消耗量。

（3）用当时当地的人工、材料和机械台班的实际单价分别乘以相应的人工、材料和机械台班的消耗量，汇总便得出单位工程的人工费、材料费和机械使用费。

采用实物法编制施工图预算，编制出的预算能比较准确地反映实际水平，误差较小。但工作量较大，计算过程烦琐。实物法是一种与统一"量"、指导"价"、竞争"费"的工程造价管理机制相适应的行之有效的预算编制方法，因此，实物法是与市场经济体制相适应的预算编制方法。

（三）施工图预算的审查

施工图预算文件的审查应当委托具有相应资质的工程造价咨询机构进行，从事建设工程施工图审查的人员应具备相应的执业（从业）资格。施工图预算编制完成后，应经过相关责任人的审查、审核、审定三级审核程序，编制、审查、审核、审定和审批人员应在施工图预算文件上加盖注册造价工程师执业资格专用章或造价员从业资格章，并出具审查意见报告，报告要加盖咨询单位公章。

1. 施工图预算审查的意义

（1）可以合理确定建筑工程造价，为建设单位进行投资分析、施工企业成本分析、银行拨付工程款和办理工程价款结算提供可靠的依据。

（2）能够有效避免非法套取建设款项的发生，保证建设款项合理使用，进而保护国家和建设单位的利益。

（3）施工任务较少，施工单位的选择较少，建设市场处于买方占据有利地位时，对施工图预算进行审查能够避免出现建设单位过度降低建设造价的情况，保护施工单位的合法权益。

（4）可以促进工程预算编制水平的提高，使施工企业端正经营思想，从而达到预算管理的目的。

2. 审查施工图预算的内容

施工图预算审查应重点对工程量，人工、材料、机具要素价格，预算单价的套用、费率及计取等进行审查。

（1）审查施工图预算的编制是否符合现行国家、行业、地方政府有关法律、法规和规定的要求。

（2）审查工程量计算的准确性、工程量计算规则与计价规范规则或定额规则的一致性。

（3）审查在施工图预算的编制过程中，各种计价依据使用是否恰当，各项费率的计取是否正确；审查依据主要有施工图设计资料、有关定额、施工组织设计、有关造价文件规定和技术规范、规程等。

（4）审查各种要素市场价格选用是否合理。

（5）审查施工图预算是否超过概算以及进行偏差分析。

3. 审查施工图预算的方法

审查施工图预算的方法较多，主要包括以下八种。

（1）全面审查法。全面审查法又叫逐项审查法，就是按预算定额顺序或施工的先后顺序，逐一地全部进行审查的方法。其具体计算方法和审查过程与编制施工图预算基本相同。此方法的优点是全面、细致，经审查的工程预算差错比较少，质量比较高；缺点是工作量大。对于一些工程量比较小、工艺比较简单的工程，编制工程预算的技术力量又比较薄弱，可采用全面审查法。

（2）标准预算审查法。标准预算审查法就是对于利用标准图纸或通用图纸施工的工程，先集中力量编制标准预算，并以此为标准进行预算审查的方法。按标准图纸设计或通用图纸施工的工程一般上部结构和做法相同，可集中力量细审一份预算或编制一份预算作为这种标准图纸的标准预算，或用这种标准图纸的工程量为标准对照审查，而对局部不同的部分做单独审查即可。这种方法的优点是时间短、效果好、好定案；缺点是只适应按标准图纸设计的工程，适用范围小。

（3）分组计算审查法。分组计算审查法是一种能够加快审查工程量速度的方法。把预算中的项目划分为若干组，并把相邻且有一定内在联系的项目编为一组，审查或计算同一组中某个分项工程量，利用工程量间具有相同或相似计算基础的关系判断同组中其他几个分项工程量计算的准确程度。

（4）对比审查法。对比审查法是用已建成工程的预算或虽未建成但已审查修正的工程预算对比审查拟建的类似工程预算的一种方法。对比审查法应根据工程的不同条件区别对待，一般有以下几种情况。

①两个工程采用同一个施工图，但基础部分和现场条件不同，其新建工程基础以上部分可采用对比审查法，不同部分可分别采用相应的审查方法进行审查。

②两个工程设计相同但建筑面积不同，根据两个工程建筑面积之比与两个工程分部分项工程量之比基本一致的特点，可审查新建工程各分部分项工程的工程量。

③两个工程的面积相同但设计图纸不完全相同时，可把相同的部分进行工程量的对比审查，不能对比的分部分项工程按图纸计算。

（5）筛选审查法。筛选法是统筹法的一种，也是一种对比方法。建筑工程虽然有建筑面积和高度的不同，但是它们的各个分部分项工程的工程量、造价、用工量在每个单位面积上的数值变化不大，把这些数据加以汇集、优选，归纳为工程量、造价（价值）、用工三个单方基本指标，并注明其适用的建筑标准。筛选法的优点是简单易懂、便于掌握，审查速度和发现问题快。此法适用于住宅工程或不具备全面审查条件的工程。

（6）重点抽查法。此法是抓住工程预算中的重点进行审查的方法。审查的重点一般是工程量大或造价较高、工程结构复杂的工程，补充单位估价表，计取各项费用（计费基础、取费标准等）。重点抽查法的优点是重点突出，审查时间短、效果好。

（7）利用手册审查法。此法是把工程中常用的构配件事先整理成预算手册，按手册对照审查的方法。

（8）分解对比审查法。将一个单位工程按直接费与间接费进行分解，然后再把直接费按工种和分部工程进行分解，分别与审定的标准预算进行对比分析的方法被称为分解对比审查法。

4.审查施工图预算的步骤

（1）做好审查前的准备工作。包括熟悉施工图纸、了解预算包括的范围、弄清预算用的单位估价表等。

（2）选择合适的审查方法，按相应内容审查。由于工程规模、繁简程度不同，施工方法和施工企业情况不一样，所编工程预算的质量也不同。因此，需选择适当的审查方法进行审查。应综合整理审查资料，并与编制单位交换意见，定案后编制调整预算。审查后，对于需要进行增加或核减的，经与编制单位协商，统一意见后，进行相应的修正。

第六章　基于建设项目招投标阶段的造价控制

第一节　建设项目招投标主要内容

一、建设项目招投标的概念

建设工程投标一般是指经过特定审查而获得投标资格的建设项目承包单位按照招标文件的要求，在规定的时间内向招标单位填报投标书并争取中标的法律行为。

建设工程投标一般要经过以下几个步骤。

（1）投标人了解招标信息，申请投标。建筑企业根据招标广告或投标邀请书，分析招标工程的条件，依据自身的实力，选择投标工程，向招标人提出投标申请，并提交有关资料。

（2）接受招标人的资质审查。

（3）购买招标文件及有关技术资料。

（4）参加现场踏勘，并对有关疑问质询。

（5）编制投标书及报价。投标书是投标人的投标文件，是对招标文件提出的要求和条件做出的实质性响应。

（6）参加开标会议。

（7）接受中标通知书，与招标人签订合同。

二、建设项目招投标的意义

招标是我国建筑市场或设备供应走向规范化、完善化的重要举措，是计划经济向市场经济转变的重要步骤，对控制项目成本、保护相关员工、廉政廉洁有着重要意义。

第一，推行招投标制基本形成了由市场定价的价格机制，使工程价格更加趋于合理。推行招投标制最明显的表现是若干投标人之间出现激烈竞争（相互竞标），这种市场竞争最直接、最集中的表现就是在价格上的竞争。通过竞争确定出工程价格，使其趋于合理或下降，这将有利于节约投资、提高投资效益。

第二，推行招投标制能够不断降低社会平均劳动消耗水平，使工程价格得到有效控制。在建筑市场中，不同投标者的个别劳动消耗水平是有差异的。推行招投标制会使得那些个别劳动消耗水平最低或接近最低的投标者获胜，这样便实现了生产力资源较优配置，也对不同投标者实行了优胜劣汰。面对激烈竞争的压力，为了自身的生存与发展，每个投标者都必须切实在降低自己个别劳动消耗水平上下功夫，这样将逐步而全面地降低社会平均劳动消耗水平，使工程价格更合理。

第三，推行招投标制便于供求双方更好地相互选择，使工程价格更加符合价值基础，进而更好地控制工程造价。由于供求双方各自出发点不同，存在利益矛盾，所以若单纯采用"一对一"的选择方式，成功的可能性较小。采用招投标方式就为供求双方在较大范围内进行相互选择创造了条件，为需求者（如建设单位、业主）与供给者（如勘察设计单位、施工企业）在最佳点上结合提供了可能。需求者对供给者选择（即建设单位、业主对勘察设计单位和施工单位的选择）的基本出发点是"择优"，即倾向于选择那些报价较低、工期较短、具有良好业绩和管理水平的供给者，这样就为合理控制工程造价奠定了基础。

第四，推行招投标制有利于规范价格行为，使公开、公平、公正的原则得以贯彻。我国招投标活动有特定的机构进行管理，有必须遵循的严格程序，有高素质的专家支持系统，有工程技术人员的群体评估与决策，能够避

171

免盲目过度的竞争和营私舞弊现象的发生，也能够强有力地遏制建筑领域中的腐败现象，使价格形成过程变得透明而较为规范。

第五，推行招投标制能够减少交易费用，节省人力、物力、财力，进而使工程造价有所降低。我国目前从招标、投标、开标、评标到定标均有一些法律、法规规定，已进入制度化操作时期。招投标中，若干投标人在同一时间、地点报价竞争，在专家支持系统的评估下，以群体决策方式确定中标者，此种方式必然会减少交易过程的费用，这本身就意味着招标人收益的增加，对工程造价必然产生积极的影响。

第六，推行招投标制能够起到保护员工、廉政廉洁的作用。一般来说，只要经过正常程序，不受有关部门、有关人员的压力而进行暗箱操作，在中标单位保证其品牌、口碑延伸且不偷工减料的情况下，其中标价格的利润空间就相当有限。这个时候如果有的人私欲膨胀要伸手，对方可能会很难再有很大余地来作为回扣给他，即使建设单位某些人不能很好地把握住自己，对方也无法满足他的贪心。这样，纵然这个人心中有怨气也只好作罢。反过来，正是这一次的招标挽救了他，使他没有滑向深渊。

三、建设项目招标

客观来讲，建设工程施工招标应该具备的条件包括以下几项：招标人已经依法成立；初步设计及概算应当履行审批手续的，已经批准；招标范围、招标方式和招标组织形式等应当履行核准手续的，已经核准；有相应资金或资金来源已经落实；有招标所需的设计图纸及技术资料。这些条件和要求一方面从法律上保证了项目和项目法人的合法化，另一方面也从技术和经济上为项目的顺利实施提供了支持和保障。

（一）招投标项目的确定

从理论上讲，在市场经济条件下，建设工程项目是否采用招投标的方式确定承包人，业主有着完全的决定权；采用何种方式进行招标，业主也有着完全的决定权。但是为了保证公共利益，各国的法律都规定了有政府资金投资的公共项目（包括部分投资的项目或全部投资的项目）和涉及公共利益的其他资金投资项目的投资额在一定额度之上时，要采用招投标方式进行。对此，我国也有详细的规定。

　　根据《中华人民共和国招标投标法》和国家发展改革委发布的《必须招标的工程项目规定》的规定，大型基础设施、公用事业等关系社会公共利益、公众安全的项目，全部或者部分使用国有资金投资或者国家融资的项目，使用国际组织或者外国政府贷款、援助资金的项目，包括项目的勘察、设计、施工、监理以及与工程建设有关的重要设备、材料等的采购，达到下列标准之一的，必须进行招标。

　　（1）施工单项合同估算价在 400 万元人民币以上；

　　（2）重要设备、材料等货物的采购，单项合同估算价在 200 万元人民币以上；

　　（3）勘察、设计、监理等服务的采购，单项合同估算价在 100 万元人民币以上。

（二）招标方式的确定

　　世界银行贷款项目中的工程和货物的采购可以采用国际竞争性招标、有限国际招标、国内竞争性招标、询价采购、直接签订合同、自营工程等采购方式。其中，国际竞争性招标和国内竞争性招标都属于公开招标，而有限国际招标则相当于邀请招标。

173

　　《中华人民共和国招标投标法》规定，招标分公开招标和邀请招标两种方式。

1. 公开招标

　　公开招标亦称无限竞争性招标，招标人在公共媒体上发布招标公告，提出招标项目和要求，符合条件的一切法人或者组织都可以参加投标竞争，都有同等竞争的机会。按规定应该招标的建设工程项目一般应采用公开招标方式。

　　公开招标的优点是招标人有较大的选择范围，可在众多的投标人中选择报价合理、工期较短、技术可靠、资信良好的中标人。但是公开招标的资格审查和评标的工作量比较大，耗时长、费用高，且有可能因资格预审把关不严而发生鱼龙混杂的现象。

　　如果采用公开招标方式，招标人就不得以不合理的条件限制或排斥潜在的投标人，如不得限制本地区以外或本系统以外的法人或组织参加投标等。

2.邀请招标

邀请招标亦称有限竞争性招标，招标人事先经过考察和筛选，将投标邀请书发给某些特定的法人或者组织，邀请其参加投标。

为了保护公共利益，避免邀请招标方式被滥用，各个国家和世界银行等金融组织都有相关规定：对于应该招标的建设工程项目，一般应采用公开招标方式，如果要采用邀请招标方式，需经过批准。

有些特殊项目采用邀请招标方式确实更加有利。根据我国的有关规定，有下列情形之一的，经批准可以进行邀请招标。

（1）项目技术复杂或有特殊要求，只有少量潜在投标人可供选择的。

（2）受自然地域环境限制的。

（3）涉及国家安全、国家秘密或者抢险救灾，适宜招标但不宜公开招标的。

（4）拟公开招标的费用与项目的价值相比，不值得的。

（5）法律、法规规定不宜公开招标的。

招标人若采用邀请招标方式，应当向三个以上具备承担招标项目能力、资信良好的特定的法人或者其他组织发出投标邀请书。

174

（三）自行招标与委托招标

招标人可自行办理招标事宜，也可以委托招标代理机构代为办理招标事宜。招标人若自行办理招标事宜，应当具有编制招标文件和组织评标的能力。

招标人不具备自行招标能力的，必须委托具备相应资质的招标代理机构代为办理招标事宜。

工程招标代理机构资格分为甲、乙两级。其中乙级工程招标代理机构只能承担工程投资额（不含征地费、大市政配套费与拆迁补偿费）10 000万元以下的工程招标代理业务。

工程招标代理机构可以跨省、自治区、直辖市承担工程招标代理业务。

（四）招标信息的发布与修正

1. 招标信息的发布

工程招标是一种公开的经济活动，因此要采用公开的方式发布信息。

招标公告应在国家指定的媒介（报刊和信息网络）上发表，以保证信息能够发布到必要的范围以及发布的及时与准确，招标公告应该尽可能地发布翔实的项目信息，以保证招标工作的顺利进行。

招标公告应当载明招标人的名称和地址、招标项目的性质和数量、实施地点和时间、投标截止日期以及获取招标文件的办法等事项。招标人或其委托的招标代理机构应当保证招标公告内容的真实、准确和完整。

拟发布的招标公告文本应当由招标人或其委托的招标代理机构的主要负责人签名并加盖公章。招标人或其委托的招标代理机构发布招标公告时应当向指定媒介提供营业执照（或法人证书）、项目批准文件的复印件等证明文件。

招标人或其委托的招标代理机构应至少在一家指定的媒介发布招标公告。指定报刊在发布招标公告的同时，应将招标公告如实抄送指定网络。招标人或其委托的招标代理机构在两个以上媒介发布的同一招标项目的招标公告的内容应当相同。

招标人应当按招标公告或者投标邀请书规定的时间、地点出售招标文件或资格预审文件。自招标文件或者资格预审文件出售之日起至停止出售之日止，最短不得少于 5 天。

投标人必须自费购买相关招标文件或资格预审文件，但对招标文件或者资格预审文件的收费应当合理，不得以营利为目的。对于所附的设计文件，招标人可以向投标人酌收押金；对于开标后投标人退还设计文件的，招标人应当向投标人退还押金。招标文件或者资格预审文件售出后不予退还。招标人在发布招标公告、发出投标邀请书后或者售出招标文件或资格预审文件后不得擅自终止招标。

2. 招标信息的修正

如果招标人在招标文件发布之后发现有问题需要进一步澄清或修改，必须依据以下原则进行。

（1）时限：招标人若要对已发出的招标文件进行必要的澄清或者修改，应当在招标文件要求提交投标文件截止时间至少 15 日前发出。

175

（2）形式：所有澄清文件必须以书面形式进行。

（3）全面：所有澄清文件必须直接通知所有招标文件收受人。

由于修正与澄清文件是对于原招标文件的进一步的补充或说明，所以该澄清或者修改的内容应为招标文件的有效组成部分。

（五）资格预审

招标人可以根据招标项目本身的特点和要求，要求投标申请人提供有关资质、业绩和能力等的证明，并对投标申请人进行资格审查。资格审查分为资格预审和资格后审。

资格预审是指在招标开始之前或者开始初期，由招标人对申请参加投标的潜在投标人进行资质条件、业绩、信誉、技术、资金等多方面情况的资格审查；经认定合格的潜在投标人才可以参加投标。

资格预审可以使招标人了解潜在投标人的资信情况，包括财务状况、技术能力以及以往从事类似工程的施工经验，从而选择优秀的潜在投标人参加投标，降低将合同授予不合格的投标人的风险；通过资格预审，可以淘汰不合格的潜在投标人，从而有效地控制投标人的数量，减少多余的投标，进而减少评审阶段的工作时间，减少评审费用，也为不合格的潜在投标人节约了投标的无效成本；通过资格预审，招标人可以了解潜在投标人对项目投标的兴趣。如果潜在投标人的兴趣大大低于招标人的预料，招标人可以修改招标条款，以吸引更多的投标人参加竞争。

资格预审是一个重要的过程，要有比较严谨的执行程序，一般可以参考以下程序。

（1）由业主自行或委托咨询公司编制资格预审文件，主要内容有工程项目简介、对潜在投标人的要求、各种附表等。可以成立以业主为核心、由咨询公司专业人员和有关专家组成的资格预审文件起草工作小组。编写的资格预审文件内容要齐全，要使用所规定的语言；要根据需要，明确规定应提交的资格预审文件的份数，注明"正本"和"副本"。

（2）在国内外有关媒介上发布资格预审广告，邀请有意参加工程投标的单位申请资格审查。在投标意向者明确参与资格预审的意向后，将给予具体的资格预审通知，该通知一般包括以下内容：业主和工程师的名称；工程所在位置、概况和合同包含的工作范围；资金来源；资格预审文件的发售日期、时间、地点和价格；预期的计划（授予合同的日期、竣工日期及其他关键日期）；招标文件发出和提交投标文件的计划日期；申请资格预审须知；提交资格预审文件的地点及截止日期、时间；最低资格要求及准备投标的投标意向者可能关心的具体情况。

（3）在指定的时间、地点开始出售资格预审文件，并同时公布对资格预审文件的答疑的具体时间。

（4）由于各种原因，在资格预审文件发售后，购买文件的投标意向者可能对资格预审文件提出各种疑问，投标意向者应将这些疑问以书面形式提交业主，业主应以书面形式回答。为保证竞争的公平性，应使所有投标意向者对于该工程所得到的信息量相同，对于任何一个投标意向者问题的答复均要同时通知所有购买资格预审文件的投标意向者。

（5）投标意向者在规定的截止日期之前完成填报的内容，报送资格预审文件，所报送的文件在规定的截止日期后不能再进行修改。当然，业主可就报送的资格预审文件中的疑点要求投标意向者进行澄清，投标意向者应按实际情况回答，但不允许投标意向者修改资格预审文件中的实质内容。

（6）由业主组织资格预审评审委员会，对资格预审文件进行评审，并将评审结果及时以书面形式通知所有参加资格预审的投标意向者。对于通过预审的投标人，还要向其通知出售招标文件的时间和地点。

（六）标前会议

标前会议也称为投标预备会或招标文件交底会，是招标人按投标须知在规定的时间和地点召开的会议。标前会议上，招标人除介绍工程概况以外，还可以对招标文件中的某些内容加以修改或补充说明，以及对投标人书面提出的问题和会议上即席提出的问题给予解答。会议结束后，招标人应将会议纪要用书面通知的形式发给每一个投标人。

无论是会议纪要还是对个别投标人的问题的解答，都应以书面形式发给每一个获得投标文件的投标人，以保证招标的公平和公正。但对问题的答复不需要说明问题来源。会议纪要和答复函件形成招标文件的补充文件，都是招标文件的有效组成部分，与招标文件具有同等法律效力。当补充文件与招标文件内容不一致时，应以补充文件为准。

为了使投标单位在编写投标文件时有充分的时间考虑招标人对招标文件

的补充或修改内容，招标人可以根据实际情况在标前会议上确定延长投标截止时间。

（七）评标

评标分为评标的准备、初步评审、详细评审、编写评标报告等过程。

初步评审主要是进行符合性审查，即重点审查投标书是否实质上响应了招标文件的要求。审查内容包括投标资格审查、投标文件完整性审查、投标担保的有效性、与招标文件是否有显著的差异和保留等。如果投标文件实质上不响应招标文件的要求，将作无效标处理，不必进行下一阶段的评审。另外还要对报价计算的正确性进行审查，如果计算有误，通常的处理方法是大小写不一致的以大写为准；单价与数量的乘积之和与所报的总价不一致的应以单价为准；标书正本和副本不一致的，则以正本为准。这些修改一般应由投标人代表签字确认。

详细评审是评标的核心，是对标书进行实质性审查，包括技术评审和商务评审。技术评审主要是对投标书的技术方案、技术措施、技术手段、技术装备、人员配备、组织结构、进度计划等的先进性、合理性、可靠性、安全性、经济性等进行分析评价。商务评审主要是对投标书的报价高低、报价构成、计价方式、计算方法、支付条件、取费标准、价格调整、税费、保险及优惠条件等进行评审。

评标方法可以采用评议法、综合评分法或评标价法等，可根据不同的招标内容选择确定相应的方法。

评标结束后应该推荐中标候选人。评标委员会推荐的中标候选人应当限定在1～3人，并标明排列顺序。

四、建设项目施工投标

（一）研究招标文件

投标单位取得投标资格、获得投标文件之后的首要工作就是认真仔细地研究招标文件，充分了解其内容和要求，以便有针对性地安排投标工作。研究招标文件的重点应放在投标者须知、合同条款、设计图纸、工程范围及工程量表上，还要研究技术规范要求，看是否有特殊的要求。

投标人应该重点注意招标文件中以下几个方面的问题。

1. 投标人须知

"投标人须知"是招标人向投标人传递基础信息的文件，包括工程概况、招标内容、招标文件的组成、投标文件的组成、报价的原则、招投标时间安排等关键的信息。

首先，投标人需要注意招标工程的详细内容和范围，避免遗漏或多报。

其次，还要特别注意投标文件的组成，避免因提供的资料不全而被作为废标处理。例如，曾经有一家著名的资信良好的企业在投标时因为遗漏资产负债表而失去了本来非常有希望的中标机会。在工程实践中，这方面的先例不在少数。

最后，还要注意招标答疑时间、投标截止时间等重要的时间安排，避免因遗忘或迟到等原因而失去竞争机会。

2. 投标书附录与合同条件

这是招标文件的重要组成部分，其中可能标明了招标人的特殊要求，即投标人在中标后应享受的权利、所要承担的义务和责任等，投标人在报价时需要考虑这些因素。

3. 技术说明

投标人要研究招标文件中的施工技术说明，熟悉所采用的技术规范，了解技术说明中有无特殊施工技术要求和有无特殊材料设备要求，以及有关选择代用材料、设备的规定，以便根据相应的定额和市场确定价格，计算有特殊要求项目的报价。

4. 永久性工程之外的报价补充文件

永久性工程是指合同的标的物——建设工程项目及其附属设施。但是为了保证工程建设的顺利进行，不同的业主还会对于承包商提出额外的要求。这些可能包括对旧有建筑物和设施进行拆除，工程师的现场办公室及其各项开支、模型、广告、工程照片和会议费用等。如果有额外要求，则需要将其列入工程总价中去，弄清一切费用纳入工程总报价的方式，以免产生遗漏从而导致损失。

（二）进行各项调查研究

在研究招标文件的同时，投标人需要开展详细的调查研究，即对招标工程的自然、经济和社会条件进行调查，这些都是工程施工的制约因素，必然会影响到工程成本，是投标报价所必须考虑的，所以在报价前必须了解清楚。

1. 市场宏观经济环境调查

投标人应调查工程所在地的经济形势和经济状况，包括与投标工程实施有关的法律法规、劳动力与材料的供应状况、设备市场的租赁状况、专业施工公司的经营状况与价格水平等。

2. 工程现场考察和工程所在地区的环境考察

投标人要认真地考察施工现场，认真调查具体工程所在地区的环境，包括一般自然条件、施工条件及环境，如地质地貌、气候、交通、水电等的供应和其他资源情况等。

3. 对于工程业主方和竞争对手公司的调查

投标人应调查业主、咨询工程师的情况，尤其是业主的项目资金落实情况、参加竞争的其他公司与工程所在地的工程公司的情况以及与其他承包商或分包商的关系。参加现场踏勘与标前会议可以获得更充分的信息。

（三）复核工程量

有的招标文件中提供了工程量清单，尽管如此，投标人还是需要进行复核，因为这直接影响到投标报价以及中标的机会。例如，当投标人大体上确定了工程总报价以后，可适当采用报价技巧如不平衡报价法，对某些工程量可能增加的项目提高报价，而对某些工程量可能减少的可以降低报价。

对于单价合同，尽管是以实测工程量结算工程款，但投标人仍应根据图纸仔细核算工程量，当发现相差较大时，投标人应向招标人要求澄清。

对于总价固定合同，更要特别重视，工程量估算的错误可能带来无法弥补的经济损失，因为总价合同是以总报价为基础进行结算的，如果工程量出现差异，可能对施工方极为不利。对于总价合同，如果业主在投标前对争议工程量不予更正，而且是对投标者不利的情况，投标者在投标时就要附上声明：工程量表中某项工程量有错误，施工结算应按实际完成量计算。

投标人在核算工程量时，还要结合招标文件中的技术规范弄清工程量中每一细目的具体内容，避免在计算单位、工程量或价格方面出现错误与遗漏。

（四）选择施工方案

施工方案是报价的基础和前提，也是招标人评标时要考虑的重要因素之一。有什么样的方案，就有什么样的人工、机械与材料消耗，就会有相应的报价。因此，必须弄清分项工程的内容、工程量、所包含的相关工作、工程进度计划的各项要求、机械设备状态、劳动与组织状况等关键环节，据此制定施工方案。

施工方案应由投标人的技术负责人主持制定，主要应考虑施工方法、主要施工机具的配置、各工种劳动力的安排及现场施工人员的平衡、施工进度及分批竣工的安排、安全措施等。施工方案的制订应在技术、工期和质量保证等方面对招标人有吸引力，同时有利于降低施工成本。

（1）要根据分类汇总的工程数量和工程进度计划中该类工程的施工周期、合同技术规范要求以及施工条件和其他情况选择和确定每项工程的施工方法，应根据实际情况和自身的施工能力确定各类工程的施工方法。对各种不同施工方法应当从保证完成计划目标、保证工程质量、节约设备费用、降低劳务成本等多方面综合比较，选定最适用的、经济的施工方案。

（2）要根据上述各类工程的施工方法选择相应的机具设备并计算所需数量和使用周期，研究确定采购新设备、租赁当地设备或调动企业现有设备。

（3）要研究确定工程分包计划。根据概略指标估算劳务数量，考虑其来源及进场的时间安排。注意当地是否有限制外籍劳务的规定。另外，要从所需劳务的数量估算所需管理人员和生活性临时设施的数量和标准等。

（4）要用概略指标估算主要的和大宗的建筑材料的需用量，考虑其来源和分批进场的时间安排，从而可以估算现场用于存储、加工的临时设施（如仓库、露天堆放场、加工场地或工棚等）。

（5）根据现场设备、高峰人数和一切生产和生活方面的需要，估算现场用水、用电量，确定临时供电和排水设施；考虑外部和内部材料供应的运输方式，估计运输和交通车辆的需要和来源；考虑其他临时工程的需要和建设方案；提出某些特殊条件下保证正常施工的措施。例如，排除或降低地下水

181

以保证地面以下工程施工的措施、冬季和雨季施工的措施以及其他必需的临时设施安排，如现场安全保卫设施（包括临时围墙、警卫设施、夜间照明等）、现场临时通信联络设施等。

（五）投标计算

投标计算是投标人对招标工程施工所要发生的各种费用的计算。投标人在进行投标计算时，必须首先根据招标文件复核或计算工程量。作为投标计算的必要条件，投标人应预先确定施工方案和施工进度。此外，投标计算还必须与采用的合同计价形式相协调。

（六）确定投标策略

正确的投标策略对提高中标率并获得较高的利润有重要作用。常用的投标策略有以信誉取胜、以低价取胜、以缩短工期取胜、以改进设计取胜和以先进或特殊的施工方案取胜等。不同的投标策略要在不同投标阶段的工作（如制定施工方案、投标计算等）中体现和贯彻。

（七）正式投标

投标人按照招标人的要求完成标书的准备与填报之后，就可以向招标人正式提交投标文件。在投标时需要注意以下几方面。

1. 注意投标的截止日期

招标人所规定的投标截止日就是提交标书最后的期限。投标人在招标截止日之前所提交的投标文件是有效的，超过该日期之后就会被视为无效投标。对于在招标文件要求提交投标文件的截止时间后送达的投标文件，招标人可以拒收。

2. 投标文件的完备性

投标人应当按照招标文件的要求编制投标文件。投标文件应当对招标文件提出的实质性要求和条件做出响应。投标不完备、投标没有达到招标人的要求或在招标范围以外提出新的要求均会被视为对于招标文件的否定，不会被招标人所接受。投标人必须为自己所投出的标负责，如果中标，必须按照投标文件中所阐述的方案来完成工程，这其中包括质量标准、工期与进度计划、报价限额等基本指标以及招标人所提出的其他要求。

3. 注意投标书的标准

投标书的提交有固定的要求，基本内容是签章、密封。如果不密封或密封不满足要求，投标就是无效的。投标书还需要按照要求签章，投标书需要盖有投标企业公章以及企业法人的名章（或签字）。如果项目所在地与企业距离较远，应由当地项目经理部组织投标，需要提交企业法人对于投标项目经理的授权委托书。

4. 注意投标的担保

通常投标需要提交投标担保，应注意要求的担保方式、金额以及担保期限等。

第二节 建设项目的招投标程序

一、建设项目招标程序

（一）招标活动的准备工作

项目招标前，招标人应当进行有关的审批手续办理、招标方式确定以及标段划分等工作。

1. 招标方式的确定

关于招标方式的确定，本章第一节已经介绍，在此不再赘述。

2. 标段的划分

招标项目需要划分标段的，招标人应当合理划分标段。一般情况下，一个项目应当作为一个整体进行招标。但是，对于大型的项目，作为一个整体进行招标将大大降低招标的竞争性，因为符合招标条件的潜在投标人数量太少，这样就应当将招标项目划分成若干个标段分别进行招标。但也不能将标段划分得太小，太小的标段将失去对实力雄厚的潜在投标人的吸引力。建设项目的施工招标，一般可以将一个项目分解为单位工程及特殊专业工程分别招标，但不允许将单位工程肢解为分部、分项工程进行招标。标段的划分是招标活动中较为复杂的一项工作，应当综合考虑以下因素。

（1）招标项目的专业要求。如果招标项目的几部分内容专业要求接近，则该项目可以考虑作为一个整体进行招标；如果该项目的几部分内容专业要求相距甚远，则应当考虑将该项目划分为不同的标段分别招标，如对于一个项目中的土建和设备安装两部分内容就应当分别招标。

（2）招标项目的管理要求。有时一个项目的各部分内容相互之间干扰不大，方便招标人进行统一管理，这时就可以考虑对各部分内容分别进行招标。反之，如果各个独立的承包商之间的协调管理是十分困难的，则应当考虑将整个项目发包给一个承包商，由该承包商进行分包后统一进行协调管理。

（3）对工程投资的影响。标段划分对工程投资也有一定的影响，这种影响是由多方面因素造成的。例如，如果一个项目作为一个整体招标，则承包商需要进行分包，分包的价格在一般情况下不如直接发包的价格低；但一个项目作为一个整体招标时有利于承包商统一管理，人工、机械设备、临时设施等可以统一使用，费用又可能降低。因此，应当具体情况具体分析。

（4）工程各项工作的衔接。在划分标段时还应当考虑到项目在建设过程中的时间和空间的衔接，应当避免产生平面或者立面交接工作责任的不清晰。如果建设项目的各项工作的衔接、交叉和配合少，责任清晰，则可考虑分别发包；反之，则应考虑将项目作为一个整体发包给一个承包商，因为此时由一个承包商进行协调管理容易做好衔接工作。

（二）招标公告和投标邀请书的编制与发布

招标人采用公开招标方式的，应当发布招标公告。招标公告应当在国家指定的报刊和信息网络上发布。投标邀请书是指采用邀请招标方式的招标人，向三个以上具备承担招标项目的能力、资信良好的特定法人或者其他组织发出的参加投标的邀请。

1. 招标公告和投标邀请书的内容

按照《中华人民共和国招标投标法》和《工程建设项目施工招标投标办法》的规定，招标公告与投标邀请书应当载明同样的事项，具体包括以下内容。

（1）招标人的名称和地址；

（2）招标项目的内容、规模、资金来源；

（3）招标项目的实施地点和工期；

（4）获取招标文件或者资格预审文件的地点和时间；

（5）对招标文件或者资格预审文件收取的费用；

（6）对投标人的资质等级的要求。

2.公开招标项目招标公告的发布

（1）对招标公告发布的监督。

（2）对招标人的要求。

（3）对指定媒介的要求。

（4）拟发布的招标公告文本有下列情形之一的，有关媒介可以要求招标人或其委托的招标代理机构及时予以改正、补充或调整：字迹潦草、模糊，无法辨认的；载明的事项不符合规定的；没有招标人或其委托的招标代理机构主要负责人签名并加盖公章的；在两家以上媒介发布的同一招标公告的内容不一致的。

185

（三）资格审查

资格预审的目的是为了排除那些不合格的投标人，进而降低招标人的采购成本，提高招标工作的效率。资格预审的程序如下。

（1）发布资格预审公告。进行资格预审的，招标人可以发布资格预审公告。资格预审公告的发布方式和内容与招标公告相同。

（2）发出资格预审文件。招标公告或资格预审公告发布后，招标人向申请参加资格预审的申请人出售资格审查文件。资格预审的内容包括基本资格审查和专业资格审查两部分。基本资格审查是指对申请人的合法地位和信誉等进行的审查；专业资格审查是对已经具备基本资格的申请人履行拟定招标采购项目能力的审查。

（3）对潜在投标人资格的审查和评定。招标人在规定时间内，按照资格预审文件中规定的标准和方法，对提交资格预审申请书的潜在投标人资格进行审查。资格预审和后审的内容是相同的，主要审查潜在投标人或者投标人是否符合下列条件。

①具有独立订立合同的能力；

②具有履行合同的能力，包括专业、技术资格和能力，资金、设备和其他物质设施状况，管理能力，经验、信誉和相应的从业人员；

③没有处于被责令停业，投标资格被取消，财产被接管、冻结，破产状态；

④在最近三年内没有骗取中标和严重违约及重大工程质量问题；

⑤法律、行政法规规定的其他资格条件。

资格审查时，招标人不得以不合理的条件限制、排斥潜在投标人或者投标人，不得对潜在投标人或者投标人实行歧视待遇。任何单位和个人不得以行政手段或者其他不合理方式限制投标人数量。

（4）发出资格预审合格通知书。经资格预审后，招标人应当向资格预审合格的投标申请人发出资格预审合格通知书，告知获取招标文件的时间、地点和方法，并同时向资格预审不合格的投标申请人告知资格预审结果。

（四）编制和发售招标文件

（1）招标文件的编制。

（2）招标文件的发售与修改。

（3）招标文件中工程量清单的编制。

（五）踏勘现场与召开投标预备会

（1）踏勘现场。招标人根据招标项目的具体情况，可以组织潜在投标人踏勘项目现场，向其介绍工程场地和相关环境的有关情况。潜在投标人依据招标人介绍情况做出的判断和决策由投标人自行负责。招标人不得单独或者分别组织任何一个投标人进行现场踏勘。

（2）召开投标预备会。对于投标人在领取招标文件、图纸和有关技术资料及踏勘现场后提出的疑问，招标人可通过召开投标预备会的方式进行解答。

（六）建设项目投标

1.投标前的准备

（1）投标人及其资格要求。投标人是响应招标、参加投标竞争的法人或者其他组织，其资质应与项目和招标人的要求相符合。响应招标，是指投标人应当对招标人在招标文件中提出的实质性要求和条件做出响应。招标人的任何不具有独立法人资格的附属机构（单位），或者为招标项目的前期准备或者监理工作提供设计、咨询服务的任何法人及其任何附属机构（单位），都无资格参加该招标项目的投标。

（2）调查研究，收集投标信息和资料。

（3）建立投标机构。

（4）投标决策。

（5）准备相关的资料。

2. 编制、提交投标文件

投标人应当按照招标文件的要求编制投标文件，并在招标文件要求提交投标文件的截止时间前，将投标文件送达投标地点。

3. 联合体投标

两个以上法人或者其他组织可以组成一个联合体，以一个投标人的身份共同投标。

4. 串通投标

在投标过程有串通投标行为的，招标人或有关管理机构可以认定该行为无效。

（1）下列行为均属投标人串通投标报价：投标人之间相互约定抬高或压低投标报价；投标人之间相互约定，在招标项目中分别以高、中、低价位报价；投标人之间先进行内部竞价，内定中标人，然后再参加投标；投标人之间其他串通投标报价的行为。

（2）下列行为均属招标人与投标人串通投标：招标人在开标前开启投标文件，并将投标情况告知其他投标人，后者协助投标人撤换投标文件，更改报价；招标人与投标人商定，投标时压低或抬高报价，中标后再给投标人或招标人额外补偿；招标人预先内定中标人。

（七）开标、评标和定标

在建设项目招投标中，开标、评标和定标是招标程序中极为重要的环节。只有做出客观、公正的评标、定标，才能最终选择最合适的承包人，从而顺利进入到建设项目的实施阶段。我国相关法规对于开标的时间和地点、出席开标会议的一系列规定、开标的顺序以及废标等，对于评标原则和评标委员会的组建、评标程序和方法，对于定标的条件与做法，均做出了明确而清晰的规定。

二、建设项目投标程序

任何一个工程项目的投标报价都是一项系统工程，必须遵循一定的程序。

（一）投标报价前期的调查研究，收集信息资料

调查研究主要是对投标和中标后履行合同有影响的各种客观因素、招标人和监理工程师的资信以及工程项目的具体情况等进行深入细致的了解和分析。具体包括以下内容。

（1）政治和法律方面。投标人首先应当了解在招标投标活动中以及在合同履行过程中有可能涉及的法律，也应当了解与项目有关的政治形势、国家经济政策走向等。

（2）自然条件。自然条件包括工程所在地的地理位置和地形、地貌；气象状况包括气温、湿度、主导风向、年降水量以及洪水、台风及其他自然灾害状况等。

（3）市场状况。投标人调查市场情况是一项非常艰巨的工作，其内容也非常多，主要包括建筑材料、施工机械设备、燃料、动力、水和生活用品的供应情况及其价格水平，还包括过去几年批发物价和零售物价指数以及今后的变化趋势和预测；劳务市场情况，如工人技术水平、工资水平、有关劳动保护和福利待遇的规定等；金融市场情况，如银行贷款的难易程度以及银行贷款利率等。

（4）工程项目方面的情况。工程项目方面的情况包括工作性质、规模、发包范围；工程的技术规模和对材料性能及工人技术水平的要求；总工期及分批竣工交付使用的要求；施工场地的地形、地质、地下水位、交通运输、给排水、供电、通信条件的情况；工程项目资金来源；对购买器材和雇佣工人有无限制条件；工程价款的支付方式、外汇所占比例；监理工程师的资历、职业道德和工作作风等。

（5）招标人情况。招标人情况包括招标人的资信情况、履约态度、支付能力、在其他项目上有无拖欠工程款的情况、对实施的工程需求的迫切程度等。

（6）投标人自身情况。投标人对自己内部情况、资料也应当进行归纳管理。这类资料主要用于招标人要求的资格审查和本企业履行项目的可能性。

（7）竞争对手资料。掌握竞争对手的情况是投标策略中的一个重要环节，也是投标人参加投标能否获胜的重要因素。投标人在制定投标策略时必须考虑到竞争对手的情况。

（二）对是否参加投标做出决策

投标人在做是否参加投标的决策时，应考虑到以下几个方面的问题。

（1）承包招标项目的可行性与可能性。例如，本企业是否有能力（包括技术力量、设备机械等）承包该项目，能否抽调出管理力量、技术力量参加项目承包，竞争对手是否有明显的优势，等等。

（2）招标项目的可靠性。例如，项目的审批程序是否已经完成、资金是否已经落实等。

（3）招标项目的承包条件。如果承包条件苛刻，自己无力完成施工，则应放弃投标。

（三）研究招标文件并制定施工方案

（1）研究招标文件。投标人报名参加或接受邀请参加某一工程的投标，通过了资格审查，取得招标文件之后，首要的工作就是认真仔细地研究招标文件，充分了解其内容和要求，以便有针对性地安排投标工作。

（2）制定施工方案。施工方案是投标报价的一个前提条件，也是招标人评标时要考虑的因素之一。施工方案应由投标人的技术负责人主持制定，主要应考虑施工方法、主要施工机具的配置、各工种劳动力的安排及现场施工人员的平衡、施工进度及分批竣工的安排、安全措施等。施工方案的制定应在技术和工期两方面对招标人有吸引力，同时有助于降低施工成本。

（四）编制投标报价

投标报价应由投标人受其委托把具有相应资质的工程造价咨询人员编制，投标报价由投标人依据相关规定自主确定。

189

（五）确定投标报价的策略

投标策略是指投标人在投标竞争中的系统工作部署及参与投标竞争的方式和手段。投标策略作为投标取胜的方式、手段和艺术，贯穿于投标竞争的始终，内容十分丰富。常用的投标策略主要有以下几种。

1. 根据招标项目的不同特点采用不同报价

投标报价时，投标人既要考虑自身的优势和劣势，也要分析招标项目的特点。按照工程项目的不同特点、类别、施工条件等选择报价策略。

（1）遇到如下情况报价可高一些：施工条件差的工程；专业要求高的技术密集型工程，而投标人在这方面又有专长，声望也较高；总价低的小工程，以及自己不愿做又不方便不投标的工程；特殊的工程，如港口码头、地下开挖工程等；工期要求急的工程；投标对手少的工程；支付条件不理想的工程。

（2）遇到如下情况报价可低一些：施工条件好的工程；工作简单、工程量大而其他投标人都可以做的工程；投标人目前急于打入某一市场、某一地区，或在该地区面临工程结束，机械设备等无工地转移时；投标人在附近有工程，而本项目又可利用该工程的设备、劳务，或有条件短期内突击完成的工程；投标对手多，竞争激烈的工程；非急需工程；支付条件好的工程。

2. 不平衡报价法

这一方法是指一个工程项目总报价基本确定后，通过调整内部各个项目的报价，以期既不提高总报价、不影响中标，又能在结算时得到更理想的经济效益。一般可以考虑在以下几方面采用不平衡报价。

（1）能够早日结账收款的项目（如临时设施费；基础工程、土方开挖、桩基等）可适当提高单价。

（2）预计今后工程量会增加的项目，单价适当提高，这样在最终结算时可多盈利；将工程量可能减少的项目单价降低，工程结算时损失不大。

（3）设计图纸不明确、估计修改后工程量要增加的，可以提高单价；而工程内容说明不清楚的，则可适当降低一些单价，待澄清后可再要求提价。

（4）暂定项目，又叫任意项目或选择项目，对这类项目要具体分析。因为这类项目需在开工后再由招标人研究决定是否实施，以及由哪家投标人实施。如果工程不分标，不会另由一家投标人施工，则其中肯定要做的单价可高些，不一定做的则应低些。如果工程分标，该暂定项目也可能由其他投标人施工时，则不宜报高价，以免抬高总报价。

采用不平衡报价一定要建立在对工程量表中工程量仔细核对分析的基础上，特别是对报低单价的项目，如工程量执行时增多将造成投标人的重大损失；不平衡报价过多和过于明显可能会引起招标人反对，甚至导致废标。

3. 零星用工单价的报价

如果是单纯报零星用工单价，而且不计入总价中，可以报高些，以便在招标人额外用工或使用施工机械时多盈利。但如果零星用工单价要计入总报价，则需具体分析是否报高价，以免抬高总报价。总之，要先分析招标人在开工后可能使用的零星用工数量，再来确定报价方针。

4. 可供选择的项目的报价

有些工程项目的分项工程，招标人可能要求按某一方案报价，而后再提供几种可供选择方案的比较报价。投标时，应对不同规格情况下的价格都进行调查，对于将来有可能被选择使用的规格应适当提高其报价；对于技术难度大或其他原因导致的难以实现的规格，可将价格有意抬高得更多一些，以阻挠招标人选用。但是，所谓"可供选择项目"并非由投标人任意选择，而是招标人才有权进行选择。因此，适当提高可供选择项目的报价并不意味着肯定可以取得较好的利润，只是提供了一种可能性，一旦招标人今后选用，投标人即可得到额外加价的利益。

5. 暂定工程量的报价

暂定工程量有以下三种。

（1）招标人规定了暂定工程量的分项内容和暂定总价款，并规定所有投标人都必须在总报价中加入这笔固定金额，但由于分项工程量不很准确，允许将来按投标人所报单价和实际完成的工程量付款。这种情况下，由于暂定总价款是固定的，对各投标人的总报价水平竞争力没有任何影响，所以投标时应当对暂定工程量的单价适当提高。

（2）招标人列出了暂定工程量的项目的数量，但并没有限制这些工程量的估价总价款，要求投标人既列出单价，也按暂定项目的数量计算总价，将来结算付款时可按实际完成的工程量和所报单价支付。这种情况下，投标人必须慎重考虑。如果单价定得高了，同其他工程量计价一样，将会增大总报价，影响投标报价的竞争力；如果单价定得低了，将来这类工程量增大，将会影响收益。一般来说，这类工程量可以采用正常价格。如果投标人估计今后实际工程量肯定会增大，则可适当提高单价，使将来可增加额外收益。

（3）只有暂定工程的一笔固定总金额，将来这笔金额做什么用由招标人确定。这种情况对投标竞争没有实际意义，按招标文件要求将规定的暂定款列入总报价即可。

6. 多方案报价法

对于一些招标文件，如果发现工程范围不很明确，条款不清楚或很不公正，或技术规范要求过于苛刻时，则要在充分估计投标风险的基础上，按多方案报价法处理，即按原招标文件报一个价，然后再提出如某某条款做某些变动报价可降低多少，由此可报出一个较低的价。这样可以降低总价，吸引招标人。

7. 增加建议方案

有时招标文件中规定，可以提一个建议方案，即可以修改原设计方案，提出投标者的方案。投标人这时应抓住机会，组织一批有经验的设计和施工工程师，对原招标文件的设计和施工方案仔细研究，提出更为合理的方案以吸引业主，促成自己的方案中标。这种新建议方案可以降低总造价、缩短工期或使工程运用更为合理。但要注意对原招标方案一定也要报价。建议方案不要写得太具体，要保留方案的技术关键，防止招标人将此方案交给其他投标人。同时要强调的是，建议方案一定要比较成熟，有很好的可操作性。

8. 分包商报价的采用

总承包商通常应在投标前先取得分包商的报价，并增加总承包商摊入的一定的管理费，而后将其作为自己投标总价的一个组成部分一并列入报价单中。应当注意，分包商在投标前可能同意总承包商压低其报价的要求，但等到总承包商得标后，他们常以种种理由要求提高分包价格，这将使总承包商处于十分被动的地位。解决的办法是，总承包商在投标前找两三家分包商分别报价，而后选择其中一家信誉较好、实力较强且报价合理的分包商签订协议，同意该分包商为本分包工程的唯一合作者，并将分包商的姓名列到投标文件中，但要求该分包商相应地提交投标保函。如果该分包商认为总承包商确实有可能得标，也许愿意接受这一条件。这种把分包商的利益同投标人捆在一起的做法不但可以防止分包商事后反悔和涨价，还可能迫使其分包时报出较合理的价格，以便共同争取得标。

9. 无利润报价

缺乏竞争优势的承包商在不得已的情况下只好在报价时为了得标根本不考虑利润。这种办法一般是处于以下条件时采用。

（1）有可能在得标后，将大部分工程分包给索价较低的一些分包商。

（2）对于分期建设的项目，先以低价获得首期工程，而后赢得机会创造第二期工程中的竞争优势，并在以后的实施中盈利。

（3）较长时期内，投标人没有在建的工程项目，如果再不得标，就难以维持生存。因此，虽然此工程无利可图，但只要能有一定的管理费维持公司的日常运转，就可设法渡过暂时的困难，以图将来东山再起。

第三节　招投标阶段的开标、评标和定标

一、开标

（一）开标的时间和地点

开标应当在招标文件确定的提交投标文件截止时间的同一时间公开进行。这样的规定是为了避免投标中的舞弊行为。在下列情况下可以暂缓或者推迟开标时间。

（1）招标文件发售后对原招标文件做了变更或者补充。

（2）开标前发现有影响招标公正性的不正当行为。

（3）出现突发事件等。

开标地点应当为招标文件中预先确定的地点。招标人应当在招标文件中对开标地点做出明确、具体的规定，以便投标人及有关方面按照招标文件规定的开标时间到达开标地点。

（二）出席开标会议的规定

开标由招标人或者招标代理人主持，邀请所有投标人参加。投标人单位的法定代表人或授权代表未参加开标会议的视为自动弃权。

（三）开标程序和唱标的内容

（1）开标会议宣布开始后，应首先请各投标人单位的代表确认其投标文件的密封完整性，并签字予以确认。当众宣读评标原则、评标办法。由招标人依据招标文件的要求，核查投标人提交的证件和资料，并审查投标文件的完整性、文件的签署、投标担保等，但提交合格"撤回通知"的投标文件不予启封。

（2）唱标顺序应按各投标人报送投标文件时间先后的顺序进行。当众宣读有效标函的投标人名称、投标价格、工期、质量、主要材料用量、修改或撤回通知、投标保证金、优惠条件，以及招标人认为有必要的内容。

（3）开标过程应当记录，并存档备查。

（四）招标人不予受理的投标

投标文件有下列情形之一的，招标人不予受理。

（1）逾期送达的或者未送达指定地点的。

（2）未按招标文件要求密封的。

194

二、评标

评标是招投标过程中的核心环节。其目的是根据招标文件确定的标准和方法，对每个投标人的标书进行评审和比较，从中选出最优的投标人。《中华人民共和国招标投标法》对评标做出了原则的规定。

（一）评标的原则以及保密性和独立性

评标活动应遵循公平、公正、科学、择优的原则，招标人应当采取必要的措施，保证评标在严格保密的情况下进行。评标是招标投标活动中一个十分重要的阶段，如果评标过程没有得到保密，则有可能发生影响公正评标的不正当行为。

评标委员会成员名单一般应于开标前确定，而且该名单在中标结果确定前应当保密。评标委员会在评标过程中是独立的，任何单位和个人都不得非法干预、影响评标过程和结果。

（二）评标委员会的组建与对评标委员会成员的要求

（1）评标委员会的组建。评标委员会由招标人负责组建，负责评标活动，向招标人推荐中标候选人或者根据招标人的授权直接确定中标人。

（2）对评标委员会成员的要求。评标委员会中的专家成员应符合下列条件。

①从事相关专业领域工作满八年并具有高级职称或者同等专业水平。

②熟悉有关招标投标的法律法规，并具有与招标项目相关的实践经验。

③能够认真、公正、诚实、廉洁地履行职责。

（3）有下列情形之一的，不得担任评标委员会成员。

①投标人或者投标人主要负责人的近亲属。

②项目主管部门或者行政监督部门的人员。

③与投标人有经济利益关系，可能影响对投标公正评审的。

④曾因在招标、评标以及其他与招标投标有关活动中从事违法行为而受过行政处罚或刑事处罚的。

评标委员会成员有上述情形之一的，应当主动提出回避。

195

（三）评标的准备与初步评审

（1）评标的准备。评标委员会成员应当编制供评标使用的相应表格，认真研究招标文件，至少应了解和熟悉以下内容。

①招标的目标。

②招标项目的范围和性质。

③招标文件中规定的主要技术要求、标准和商务条款。

④招标文件规定的评标标准、评标方法和在评标过程中考虑的相关因素。

（2）初步评审的内容。初步评审的内容包括对投标文件的符合性评审、技术性评审和商务性评审。

①投标文件的符合性评审。投标文件的符合性评审包括商务符合性和技术符合性鉴定。

②投标文件的技术性评审。投标文件的技术性评审包括方案可行性评估和关键工序评估；劳务、材料、机械设备、质量控制措施评估；对施工现场周围环境污染的保护措施评估。

③投标文件的商务性评审。投标文件的商务性评审包括投标报价校核，审查全部报价数据计算的正确性，分析报价构成的合理性，并与标底价格进行对比分析。修正后的投标报价经投标人确认后对其起约束作用。

（3）投标文件的澄清和说明。评标委员会可以书面方式要求投标人对投标文件中含义不明确的内容做必要的澄清、说明或补正，但是澄清、说明或补正不得超出投标文件的范围或者改变投标文件的实质性内容。对投标文件的相关内容做出澄清、说明或补正，有助于评标委员会对投标文件进行审查、评审和比较。投标人的澄清、说明或补正包括投标文件中含义不明确、对同类问题表述不一致或者有明显文字和计算错误的内容。但评标委员会不得向投标人提出带有暗示性或诱导性的问题，或向其明示投标文件中的遗漏和错误。

（4）应当作为废标处理的情况。根据《工程建设项目施工招标投标办法》，投标文件有下列情形之一的，由评标委员会初审后按废标处理。

①在评标过程中，评标委员会发现投标人以他人的名义投标、串通投标、以行贿手段谋取中标或者以其他弄虚作假方式投标的。

②评标委员会发现投标人的报价明显低于其他投标报价或者在设有标底时明显低于标底，使得其投标报价可能低于其个别成本的，应当要求该投标人做出书面说明并提供相关证明材料。投标人不能合理说明或者不能提供相关证明材料的。

③投标文件无单位盖章并无法定代表人或法定代表人授权的代理人签字或盖章的。

④投标文件未按规定的格式填写，内容不全或关键字迹模糊、无法辨认的。

⑤投标人递交两份或多份内容不同的投标文件，或在一份投标文件中对同一招标项目有两个或多个报价，且未声明哪一个有效。按招标文件规定提交备选投标方案的除外。

⑥投标人名称或组织结构与资格预审时不一致的。

⑦未按招标文件要求提交投标保证金的。

⑧联合体投标未附联合体各方共同投标协议的。

⑨未能在实质上响应的投标。评标委员会应当审查每一投标文件是否对

招标文件提出的所有实质性要求和条件做出响应。未能在实质上响应的投标应作废标处理。

（5）投标偏差。评标委员会应当根据招标文件审查并逐项列出投标文件的全部投标偏差。投标偏差分为重大偏差和细微偏差。

①重大偏差。下列情况属于重大偏差：没有按照招标文件要求提供投标担保或者所提供的投标担保有瑕疵；投标文件没有投标人授权代表签字和加盖公章；投标文件载明的招标项目完成期限超过招标文件规定的期限；明显不符合技术规格、技术标准的要求；投标文件载明的货物包装方式、检验标准和方法等不符合招标文件的要求；投标文件附有招标人不能接受的条件。

②细微偏差。细微偏差是指投标文件在实质上响应招标文件要求，但在个别地方存在漏项或者提供了不完整的技术信息和数据等情况，并且已补正这些遗漏或者不完整不会对其他投标人造成不公平的结果。细微偏差不影响投标文件的有效性。

（四）详细评审及其方法

（1）对于经初步评审合格的投标文件，评标委员会应当根据招标文件确定的评标标准和方法，对其技术部分和商务部分做进一步的评审、比较。

（2）经评审的最低投标价法。根据经评审的最低投标价法，能够满足招标文件的实质性要求，并且经评审的最低投标价的投标应当被确定为中标候选人。这种评标方法是按照评审程序，经初审后，以合理低标价作为中标的主要条件。合理的低标价必须是经过终审，进行答辩，证明是实现低标价的措施有力可行的合理报价。世界银行、亚洲开发银行等都是以这种方法作为主要的评标方法。因为在市场经济条件下，投标人的竞争主要是价格的竞争，而其他的一些条件，如质量、工期等已经在招标文件中规定好了，投标人不得违反。

（3）综合评估法。对于不宜采用经评审的最低投标价法的招标项目，一般应当采取综合评估法进行评审。

综合评估法的评标要求：评标委员会对各个评审因素进行量化时，应当将量化指标建立在同一基础或者同一标准上，使各投标文件具有可比性。对技术部分和商务部分进行量化后，评标委员会应当对这两部分的量化结果进行加权，计算出每一投标的综合评估价或者综合评估分。

根据综合评估法完成评标后，评标委员会应当拟定一份"综合评估比较表"，连同书面评标报告提交给招标人。"综合评估比较表"应当载明投标人的投标报价、所作的任何修正、对商务偏差的调整、对技术偏差的调整、对各评审因素的评估以及对每一投标的最终评审结果。

（4）其他评标方法。在法律、行政法规允许的范围内，招标人也可以采用其他评标方法。例如，评议法。评议法不量化评价指标，通过对投标人的能力、业绩、财务状况、信誉、投标价格、工期、质量、施工方案（或施工组织设计）等内容进行定性的分析和比较，评标委员会进行评议后，选择投标人在各指标都较优良者为中标单位，也可以用表决的方式确定中标人。当然，评议法是一种比较特殊的评标方法，只有在特殊情况下方可采用。

（五）编制评标报告

评标委员会经过对投标人的投标文件进行初审和终审以后，应当向招标人提出书面评标报告，并抄送有关行政监督部门。评标报告应当如实记载以下内容。

（1）基本情况和数据表。

（2）评标委员会成员名单。

（3）开标记录。

（4）符合要求的投标一览表。

（5）废标情况说明。

（6）评标标准、评标方法或者评标因素一览表。

（7）经评审的价格或者评分比较一览表。

（8）经评审的投标人排序。

（9）推荐的中标候选人名单与签订合同前要处理的事宜。

（10）澄清、说明、补正事项纪要。

三、定标

（一）中标候选人的确定

经过评标后，就可确定中标候选人（或中标单位）。评标委员会推荐的中标候选人应当限定在 1 ~ 3 人，并标明排列顺序。

中标人的投标应当符合下列条件之一。

（1）能够最大限度满足招标文件中规定的各项综合评价标准。

（2）能够满足招标文件的实质性要求，并且经评审的投标价格最低；但是投标价格低于成本的除外。

对使用国有资金投资或者国家融资的项目，招标人应当确定排名第一的中标候选人为中标人。排名第一的中标候选人放弃中标、因不可抗力提出不能履行合同，或者招标文件规定应当提交履约保证金而在规定的期限内未能提交的，招标人可以确定排名第二的中标候选人为中标人。

排名第二的中标候选人因前款规定的同样原因不能签订合同的，招标人可以确定排名第三的中标候选人为中标人。

招标人可以授权评标委员会直接确定中标人。

招标人不得向中标人提出压低报价、增加工作量、缩短工期或其他违背中标人意愿的要求，不得以此作为发出中标通知书和签订合同的条件。

评标委员会提出书面评标报告后，招标人一般应当在15日内确定中标人，但最迟应当在投标有效期结束日30个工作日前确定。依法必须进行施工招标的工程，招标人应当自发出中标通知书之日起15日内，向有关行政监督部门提交施工招标投标情况的书面报告。书面报告中至少应包括下列内容。

（1）招标范围。

（2）招标方式和发布招标公告的媒介。

（3）招标文件中投标人须知、技术条款、评标标准和方法、合同主要条款等内容。

（4）评标委员会的组成和评标报告。

（5）中标结果。

（二）发出中标通知书并订立书面合同

（1）中标人确定后，招标人应当向中标人发出中标通知书，并同时将中标结果通知所有未中标的投标人。中标通知书对招标人和中标人具有法律效力。中标通知书发出后，招标人改变中标结果，或者中标人放弃中标项目的，应当依法承担法律责任。

（2）招标人和中标人应当自中标通知书发出之日起30日内，按照招标文件和中标人的投标文件订立书面合同。招标人和中标人不得再行订立背离合同实质性内容的其他协议。

（3）招标人与中标人签订合同后5个工作日内，应当向中标人和未中标的投标人退还投标保证金。

中标人应当按照合同约定履行义务，完成中标项目。中标人不得向他人转让中标项目，也不得将中标项目肢解后分别向他人转让。中标人按照合同约定或者经招标人同意，可以将中标项目的部分非主体、非关键性工程分包给他人完成。接受分包的人应当具备相应的资格条件，并不能再次分包。中标人应当就分包项目向招标人负责，接受分包的人就分包项目承担连带责任。招标人发现中标人转包或违法分包的，应当要求中标人改正；拒不改正的，可终止合同，并报请有关行政监督部门查处。

第四节　招投标阶段相关合同管理

一、招投标阶段合同的总体策划

（一）建设工程合同策划概述

（1）合同策划及需要思考的问题。在建设工程项目的初始阶段必须进行相关合同的策划，策划的目标是通过合同保证工程项目总目标的实现，必须反映建设工程项目战略和企业战略，反映企业的经营指导方针和根本利益。

合同策划需考虑的主要问题：项目应分解成几个独立合同及每个合同的工程范围，采用何种委托方式和承包方式；合同的种类、形式和条件；合同重要条款的确定；合同签订和实施时重大问题的决策；各个合同的内容、组织、技术、时间上的协调。

（2）合同策划的意义。合同的策划决定着项目的组织结构及管理体制，决定合同各方面责任、权利和工作的划分，所以会对整个项目管理产生根本性的影响。业主通过合同委托项目任务，并通过合同实现对项目的目标控制。

合同是实施工程项目的手段，通过策划确定各方面的重大关系。无论对业主还是对承包商，完善的合同策划可以保证合同圆满地履行，克服关系的不协调，减少矛盾和争议，顺利地实现工程项目总目标。

（3）合同策划的依据。合同双方有不同的立场和角度，但他们有相同或相似的策划研究内容。合同策划的依据主要有以下几点。

①业主方面：业主的资信、管理水平和能力，业主的目标和动机，期望对工程管理的介入深度，业主对承包商的信任程度，业主对工程的质量和工期要求，等等。

②承包商方面：承包商的能力、资信、企业规模、管理风格和水平、目标与动机、目前经营状况、过去同类工程经验、企业经营战略等。

③工程方面：工程的类型、规模、特点、技术复杂程度、工程技术设计准确程度、计划程度、招标时间和工期的限制、项目的盈利性、工程风险程度、工程资源（如资金等）供应及限制条件等。

④影响项目的环境方面：国家宏观经济环境，法律环境，建筑市场竞争激烈程度，物价的稳定性，地质、气候、自然、现场条件的确定性，等等。

（4）合同策划的程序。

①研究企业战略和项目战略，确定企业及项目对合同的要求。

②确定合同的总体原则和目标。

③分层次、分对象对合同的一些重大问题进行研究，列出各种可能的选择，按照上述策划的依据，综合分析各种选择的利弊得失。

④对合同的各个重大问题做出决策和安排，提出履行合同的措施。在合同策划中有时要采用各种预测、决策方法，风险分析方法，技术经济分析方法。

⑤在开始准备每一个合同招标和准备签订每一份合同时都应对合同策划再做一次评价。

（二）业主的合同总体策划

业主的合同总体策划包括以下内容。

（1）招标方式（公开招标、邀请招标）的确定及分标策划。

（2）合同种类（如总价合同、单价合同或成本加酬金合同）的选择。

（3）合同条件的选择。

（4）重要合同条款的确定，如适用的法律、付款方式、合同价格的调整、材料设备的供应、工程变更、合同风险的分担及违约责任。

（5）其他问题，如确定资格预审的标准和允许参加投标的单位的数量、定标的标准、标后谈判的处理、业主的相关合同的协调。

（三）承包商的合同总体策划

业主在建筑工程市场中处于主导地位。对于业主的合同决策，承包商常常必须执行或服从（如招标文件、合同条件）。但承包商有自己的合同策划问题，它服从于承包商的基本目标（取得利润）和企业经营战略。其总体策划的内容包括以下几点。

（1）投资项目的选择，承包商通过市场调查获得许多工程招标信息，依据承包市场情况、该工程竞争者的数量以及竞争对手状况、工程及业主状况、承包商自身的情况等，承包商必须就投标方向做出战略决策，通过情况分析，预测中标的可能性，选择中标可能性大的工程投标。

（2）合作方式的选择，承包商要根据具体情况，选择独立承包、分包或成立联合公司，权衡利弊以选择合适的合作方式。

（3）投标策略与技巧，如为中标而提出采用新工艺等有效措施缩短工期，降低成本以吸引业主，以及不平衡报价、增加建议方案、薄利或零利润报价，等等。

（4）投标报价和合同谈判策略，如分包合同的范围、委托方式、定价方式和主要合同条款的确定，承担合同投标报价策略和合同谈判策略的制定等。

合同策划是一个十分重要且复杂的问题，为保证合同的顺利执行，应注意工程合同体系的协调、不同时间所订立的合同的协调、企业内各部门订立合同时的相互协调、对同一工程所签订的各相关合同间的协调。

二、招投标文件的分析

（一）招标文件的分析

招标文件是招标人根据施工招标项目的特点和需要编制的，一般包括投标须知前附表、投标须知、合同主要条款、合同文件格式、工程量清单、技术规范、设计图纸、评标标准和方法、投标文件的格式等。承包商取得（购得）招标文件后主要工作内容如下。

（1）招标文件的总体检查。招标文件检查的重点是完备性。需要对照招标文件目录检查文件是否有缺页，是否齐全，对照图纸目录检查图纸是否齐全。

（2）招标条件分析。招标条件分析的主要对象是投标人须知。通过分析，承包商不仅要掌握招标过程、评标的规则和各项要求，以对投标报价工作做出具体安排，而且要了解投标风险，以确定投标策略。

（3）对招标工作时间安排的分析。承包商应按时间安排进行各项工作。

（4）工程技术文件分析。即进行图纸审查、工程量复核、图纸和规范中的问题分析。

（二）合同文本分析的内容

合同文本是合同的核心，通常指合同协议书和合同条件等文件。合同文本的每项条款都与双方的利益相关，影响到双方的成本、费用和利润。通常合同文本分析要有以下五个方面的内容。

（1）合法性分析。双方当事人必须在合同的法律基础的范围内签订和实施承包合同，否则会导致承包合同全部或部分无效。承包合同的合法性分析通常包括如下内容。

①发包人和承包人的资格审查是否合格，如是否为法人或合法的代理人，且工程发包在其代理业务范围内。

②工程项目是否已具备招标投标、签订和实施合同的一切条件。

③工程承包合同的条款和所指的行为是否符合《中华人民共和国合同法》和其他各种法律的要求。

④合同是否需要公证，或由有关部门批准才能生效。

（2）完备性分析。一个工程承包合同要完成一个确定范围的工程的施工，则该承包合同所包含的合同事件（或工程活动）、工程本身各种问题的说明、工程施工过程中所涉及的和可能出现的各种问题的处理以及双方的责任和权益等应有一定的范围。承包合同的完备性包括相关的合同文件的完备性和合同条款的完备性。

①承包合同文件的完备性是指属于该合同的各种文件的齐全性，主要包括工程技术、环境、水文地质等方面的说明文件和技术设计文件等。承包商在获取招标文件后应对照招标文件目录和图纸目录对这方面进行检查。如果发现不足，则应要求业主（工程师）补充提供。

②合同条款的完备性是指合同条款是否齐全，对各种问题是否都有规定，不遗漏。这是合同完备性分析的重点。通常它与使用什么样的合同文本有关；对一般的采用标准合同文本，如使用《建设工程施工合同（示范文本）》的工程项目，因为标准文本条款齐全，内容完整，一般可以不做合同的完备性分析。

但对特殊的工程，如采用了标准合同文本的补充协议或条款的工程，则应重点分析其内容是否完整、合理，前后是否矛盾，如果未使用标准文本，但存在该类合同的标准文件，则可以以标准文本为样本，将所签订的合同条款与标准文本的对应条款——对照，就可以发现该合同缺少哪些必需条款；对无标准文本的合同类型（如分包合同、劳务合同），合同起草者应尽可能多地收集实际工程中的同类合同文本，进行对比分析和互相补充，以确定该类合同的范围和结构形式，再将被分析的合同按结构拆分开，可以方便地分析出该合同是否完整，或缺少哪些必需条款。这样起草合同就可能比较完备。

（3）双方责任和权益关系分析。合同应公平合理地分配双方的责任和权益，使它们达到总体平衡。首先按合同条款列出双方各自的责任和权益，在此基础上进行它们的关系分析。在合同中，业主与承包商的责任和权益是互为前提条件的。

①业主的权益与责任的平衡。如果合同规定业主有一项权利，则要分析该项权利的行使对承包商的影响；该项权利是否需要制约，业主有无滥用这一权利的可能。如果业主（工程师）有权对已覆盖的隐蔽工程进行检查或复检，甚至包括破坏性检查，承包商必须执行；如果检查结果表明施工质量符合图纸、规范的要求，那么业主应承担相应的损失（包括工期和费用补偿）。这就是业主（工程师）的检查权和对业主（工程师）检查权的限制，即检查权导致的合同责任，以防止工程师滥用检查权。

②承包商的权益与责任的平衡。承包商的合同责任必须具备一定的前提条件。如果这些前提条件是由业主提供或完成的，则应作为业主的一项义务，在合同中做明确规定，进行反制约。如果缺少这些反制约，则合同双方

责权利关系不平衡。例如，已竣工工程未交付建设单位之前，承包商按协议条款约定负责已完工程的成品保护工作，对于保护期间发生的损坏，承包商自费予以修复。同时规定发包人应按期组织验收和办理移交手续；发包人不得使用未经竣工验收或验收未通过的工程。发包人如果强行使用，由此发生的质量问题及其他问题由发包人承担责任。这是前提条件，必须提出，作为对业主的反制约。

③业主和承包商的责任和权益应尽可能具体、详细，并注意其范围的限定。承包商应特别注意合同中对自己权益的保护条款，如工期延误罚款的最高限额的规定、索赔条件、仲裁条款、在业主严重违约情况下中止合同的权利及索赔权利等。

④双方权益的保护条款。一个完备的合同应对双方的权益都能形成保护，对双方的行为都有制约，这样才能保证项目的顺利进行。

（4）合同条款之间的联系分析。合同分析通常首先针对具体的合同条款。根据其表达方式，分析其执行将会带来什么问题和后果。在此基础上还应注意合同条款之间的内在联系。由于合同条款所定义的合同事件和合同问题具有一定的逻辑关系（如实施顺序关系、空间上和技术上的互相依赖关系等），所以合同条款之间有一定的内在联系，共同构成一个有机的整体，即一份完整的合同。例如，工程变更问题涉及工程范围，变更的权利和程序，有关价格的确定，索赔条件、程序、有效期，等等。

（5）后果性分析。在合同签订前，双方当事人必须充分考虑到合同一经签订、付诸实施会有什么样的后果，在此基础上分析合同条款之间的内在联系。同时应注意同一种表达方式在不同的合同环境中可能有不同的风险。例如，在合同实施中会有哪些情况、发生时应如何处理、可能承担的法律责任等。

（三）投标文件的分析

在投标文件分析的过程中，必须重视以下五个方面。

（1）"投标须知"不能弄错。"投标须知"是招标人提醒投标者在投标书中务必全面、正确回答的具体注意事项的书面说明，可以说是投标书的"五脏"（喻指投标书的心脏、肝脏、肾脏等）。因此，投标人在制作标书时，必须对"投标须知"反复进行学习、理解，直至弄懂弄通，否则，一旦理解

205

错误，就会导致投标书成为无效标。例如，某"投标须知"要求投标人在投标书中提供近三年开发某项大型数据库的成功交易业务记录，而某投标者将"近三年"，理解为"近年"，将"成功交易业务记录"理解为"内部机构成功开发记录"，以至于使形成的投标书违背了"投标须知"，成为废纸一张。

（2）"实质要求"不能遗漏。《中华人民共和国政府采购法》《中华人民共和国招标投标法》《政府采购货物和服务招标投标管理办法》等法律法规都规定投标文件应当对招标文件提出的实质性要求和条件做出响应。这意味着投标者只要对招标文件中的某一条实质性要求遗漏，未做出响应，都将导致废标。例如，某招标文件规定投标者需具备五个方面的条件，若投标者甲遗漏了对"招标货物有经营许可证要求的，投标人必须具有该货物的经营许可证"这一要求做出的响应，投标者乙在投标书中遗漏了对"投标人必须取得对所投设备生产企业的授权文件"这一要求做出的响应，则投标者甲和投标者乙都将因"遗漏"而被淘汰。投标方的有效营业执照、资质等级证书、财务状况、固定资产等一系列资料都应该公开于业主方。

（3）"重要的部分"也不能忽视。"标函""项目实施方案""技术措施""售后服务承诺"等都是投标书的重要部分，也是投标者是否具有竞争实力的具体表现。倘若投标者对这些"重要部分"不重视，不进行认真、详尽、完善的表述，就会使投标者在商务标、技术标、信誉标等方面失分，以至于最后落榜。例如，投标者不重视写好"标函"，"标函"就不能全面反映本公司的"身价"，不能充分表述本公司的业绩，甚至如果所获得的重要奖项（鲁班奖、省优、市优等）以及承建的大型重要项目等在"标函"中没有得到详细说明，就不能完全表达本公司对此招标项目的重视程度和诚意。再如，一些投标者对"技术措施"不重视，忽视对拟派出的项目负责人与主要技术人员简历、业绩和拟用于本项目的精良设备的详细介绍，以至于在这些方面得分不高而出局。

（4）"细小环节"也绝对不能大意。在制作投标书的时候，有一些项目很细小，也很容易做，但稍一粗心大意，就会影响全局，导致全盘皆输。这些细小项目列举如下。

①投标书未按照招标文件的有关要求密封标志的。

②未全部加法定代表人或委托授权人印鉴的，如未在所有重要汇总标价旁签字盖章，或未将委托授权书放在投标书中。

③投标者单位名称或法定代表人姓名与登记执照不相符的。

④未在投标书上填写法定注册地址的。

⑤投标保证金未在规定的时间内缴纳的。

⑥投标书的附件资料不全的，如设计图纸漏页、有关表格填写漏项等。

⑦投标书字迹不清晰，无法辨认的。

⑧投标书装订不整齐，或投标书上没有目录、没有页码，或文件资料装订前后颠倒，等等。

（5）还有一个特殊的情况就是"联合制作"。在实际招标采购中，有时两个或两个以上的供应商会组成一个投标联合体，以一个投标人的身份投标。这样，投标书就需要几家供应商一起合作。参加联合制作的任何一方都不能轻视，如果大家都持不重视态度，编写标书不认真，就会形成无效标的情形。

所以，联合体各方千万不可轻视投标书的联合制作，务必做到制作时首先要验证各方是否具备投标资格，并且当采购人根据采购项目的特殊要求规定投标人特定条件时，联合体各方中至少应当有一方符合采购人规定的特定条件；其次，联合体各方应当签订共同投标协议，明确约定联合体各方承担的工作和相应的责任，尤其不能缺少出了问题责任人应当承担多大经济责任的内容；最后，投标书制成后除牵头方认真汇总校对外，还要确保一到两方进行复核，且不能忘记将共同投标协议作为投标书附件一并提交至招标采购单位。

三、施工合同风险分析与对策

由于工程项目建设关系的多元性、复杂性、多变性、履约周期长等特征及金额大、市场竞争激烈等构成了项目承包合同的风险性，所以慎重分析研究各种风险因素，在签订合同中尽量避免承担风险的条款，在履行合同中采取有效措施防范风险发生是十分重要的。

（一）合同中的风险

在实际建设工程中，合同签订人员素质不高或市场竞争激烈，承包商急于拿下此工程而做出一些不适当的让步等原因会导致签订的合同存在风险，主要表现在以下几个方面。

（1）合同中已明确规定乙方承担的风险，大量的承包工程合同中都有对乙方承担风险的条款规定。

（2）合同条文不完整，隐含潜在的风险。

（3）合同中仅对一方规定了约束性条款的不利合同风险。

（二）签订有利的合同

合同风险属于不确定事件，可能发生，也可能不发生。但任何承包工程的乙方都愿意签订一个对自己有利的合同，以减少工程施工中的风险损失，获得更多的利润。对于承包工程的乙方来说，对自己有利的合同可以从以下几个方面进行定性的评价。

（1）合同的条款、内容要完整、全面；对自己比较有利或比较优惠的条款都已明确表达，不会使对方发生误解。

（2）合同价格较高，如在正常管理状态下，施工应有较好的盈利。

（3）合同双方责权利关系比较平衡，没有苛刻一方的单方面约束条款。

（4）合同内容条理清楚、责权分明、前后一致、概念准确，在执行中不易产生争执。合同风险较少，甲方承担的风险较多或对某些风险明确了乙方承担的责任等。

（三）处理合同风险的对策

合同中的问题和风险总是存在的，不可能有绝对的完美和均衡。有利合同的签订也不可能完全杜绝风险的发生。合同一经签订，即使对自己非常不利的条文也不可能单方面进行修改。因此，合同管理人员在合同实施中，首先应发现合同中的风险，然后根据工程实际分析风险发生的可能性，采取技术上、经济上和管理上的措施，尽可能避免风险的发生，降低风险损失。

（1）采取组织措施。乙方对风险较大的工程项目应派一名得力的项目负责人，配备能力较强的工程技术人员及合同管理人员，组建精明强干的项目管理班子。对风险较大的某一项工程，应成立专门的指挥管理组织，调配经验丰富的专家组织攻关。

（2）采取技术措施。乙方对工程设计变更及费用调整较大的合同应采取技术措施为主的对策。例如，对于设计变更较多且费用调整受限制的工程，乙方应召集有丰富经验的工程技术人员，全面分析可能变更的各种问题，提出甲方能够接受的，且便于乙方施工、费用少调或不调的合理化建议，从而减少乙方增加施工成本而得不到补偿的变更，或提出合理建议后甲方能主动提出修改设计，使问题脱离对乙方有风险的合同条款限制。

（3）采取经济措施。对工程风险较大的某一部分工作，为避免违约承担风险，施工单位可相应采取经济措施减少风险损失。在工程中常见的情况有在雨季施工前抢施地下室及基础工程；在冬季施工前抢施结构及湿作业工程；在竣工交用前大幅度增加人员和工作班次以保证工期。所有采取的这些抢施工程无非是增加了机械设备，增加了施工及管理人员，增加了工资、奖金或加班费用。但这些支出使乙方保证了施工进度，保持了信誉，避免了风险。从经济观点上说，承担采取经济措施费用比承担风险实际损失要合算得多。

（4）加强索赔管理。在工程施工中加强索赔管理，用索赔和反索赔来弥补或减少损失，是施工单位广泛采用的风险对策。施工单位要认真分析合同，详细划清双方责任，注意合同实施中每一事件的详细过程，寻找索赔机会，通过索赔和反索赔提高合同总价，争取总价的调整，达到风险损失补偿的目的。

（5）组建联合体，共担风险。在一些大型工程项目中，由于专业技术、工程经验和处理工程风险能力不同，乙方应注意发挥自己的长处，避免自己的弱项，与其他专业工程单位组建联合体，共同分担风险。专业公司由于具有各种情况下的施工经验，所以都具有较强的处理合同风险的能力。

（6）争取化解风险的机会。合同中必然存在的风险条款是合同双方一方对另一方的制约条件。在合同实施中，当双方都能认真执行合同、履行自己的责任、对合作满意时，双方都可能在不影响总目标的情况下不计较个别条款的严格程度。乙方有时可利用这种友好的气氛，对一些隐含风险的条款进行有利于自己的解释，并作为合同的补充文件形成资料，使一些本来对自己不利的条款得到化解，使风险分担比较合理。

采取上述措施的效果取决于每一工程的实际情况，针对某一风险可以同时采取多方面的措施，但关键问题是管理人员的实际工程管理经验和对合同的风险分析能力及应变能力。

（四）风险跟踪，实行动态管理

找出合同中的风险条款，确定了相应的对策，并不意味着风险问题的解决。在工程合同实施错综复杂的变化中，只有进行风险跟踪，才能更好地解决合同风险问题。风险跟踪可以起到以下作用。

（1）进行风险跟踪，可以及时掌握风险发生、发展的各种情况。当发现与事先预料有较大出入时，可及早采取新的对策，调整工程安排，以控制风险的发展。

（2）进行风险跟踪，可以及时对风险损失情况及采取的对策效果进行评价，对风险发展趋势和结果有一个清醒的认识，以便采取果断措施。

（3）在合同风险跟踪过程中，可能会发现新的索赔机会，为反索赔做准备工作。

（4）进行风险跟踪，可以积累大量的能够防止或减少风险的实际资料，为制定新的风险对策、签订对自己有利的合同提供宝贵的经验。

第七章　基于建设项目施工阶段的造价控制

第一节　项目施工阶段工程造价主要内容

一、施工阶段工程造价的决定因素

（一）工程变更与合同价调整

当工程的实际施工情况与招投标时的工程情况相比发生变化时，工程变更即发生。设计变更是工程变更的主要形式。设计变更是由于建筑工程项目施工图在技术交底会议上或现场施工中出现的由于设计人员构思不周，或某些条件限制，或建设单位、施工单位的某些合理化建议，经过三方（设计、建设、施工单位）协商同意，对原设计图纸的某些部位或内容进行的局部修改。设计变更由工程项目原设计单位编制并出具"设计变更通知书"。设计变更会导致原预算书中某些分部分项工程量的增多或减少，所有相关的原合同文件都要进行全面的审查和修改，因此合同价要进行调整。

（二）工程索赔

合同一方违约或第三方原因使另一方蒙受损失时会发生工程索赔。工程索赔发生后，工程造价必然会受到严重的影响。

（三）工期

工期与工程造价有着对立统一的关系，加快工期需要增加投入，延缓工期则会导致管理费提高，这些都会影响工程造价。

（四）工程质量

工程质量与工程造价也有着对立统一的关系，工程质量有较高的要求时，应做好财务上的准备，增加较多投入。工程质量降低则意味着故障成本的提高。

（五）人力及材料、机械设备等资源的市场供求规律的影响

供求规律是商品供给和需求的变化规律。供求规律要求社会总劳动应按社会需求分配于国民经济的各部门，如果这一规律不能实现，就会产生供求不平衡，从而影响价格，进而影响工程造价。

（六）材料代用

所谓材料代用，是指设计图中所采用的某种材料规格、型号或品牌不能适应工程质量要求，或难以订货采购，或没有库存，一时很难订货，工艺上又不允许等待，经施工单位提出，设计单位同意用相近材料代用，并签发代用材料通知单所引起的材料用量或价格的增减。显然，材料代换也会影响工程造价。

二、施工阶段工程造价管理的主要内容

（一）建设项目施工阶段工程造价的确定

建设项目施工阶段工程造价的确定就是在工程施工阶段按照承包人实际

完成的工程量，以合同价为基础，考虑因物价上涨因素所引起的造价的提高，以及设计中难以预计的而在施工阶段实际发生的工程和费用，合理确定结算价。

（二）建设项目施工阶段工程造价的控制

建设项目施工阶段工程造价的控制是建设全过程造价控制不可缺少的重要一环。这一阶段应努力做好以下工作：认真做好建设工程招投标工作，严格定额管理，严格按照规定和合同约定拨付工程进度款，严格控制工程变更，及时处理施工索赔工作，加强价格信息管理，了解市场价格变动，等等。

工程造价管理是建设项目管理的重要组成部分，建设项目施工阶段工程造价的确定与控制是工程造价管理的核心内容，通过决策阶段、设计阶段和招投标阶段对工程造价的管理工作，工程建设规划在达到预先功能要求的前提下，其投资预算数也达到了最优的程度。这个最优程度的预算数能否变成现实，就要看工程建设施工阶段造价的管理工作的好坏。做好该项管理工作，就能有效地利用投入建设工程的人力、物力、财力，以尽量少的劳动和物质消耗，取得较高的经济和社会效益。

213

三、项目施工阶段工程造价控制的措施与方法

施工阶段是实现建设工程价值的主要阶段，也是资金投入量最大的阶段。因此，在实践中，施工阶段一直是工程造价管理的重要阶段。施工阶段工程造价管理的主要任务是通过工程付款控制、工程变更费用控制、预防并处理好费用索赔、挖掘节约工程造价潜力来使实际发生的费用不超过计划投资。

施工阶段工程造价管理应从组织、经济、技术和合同等多个方面采取措施。

（一）组织措施

（1）在项目管理班子中落实从工程造价控制角度进行施工跟踪的人员，并进行任务分工和职能分工。

（2）编制本阶段工程造价控制的工作计划和详细的工作流程图。

（二）经济措施

（1）编制资金使用计划，确定、分解工程造价控制目标。

（2）对工程项目造价控制目标进行风险分析，并制定防范性对策。

（3）进行工程计量。

（4）复核工程付款账单，签发付款证书。

（5）在施工过程中进行工程造价跟踪控制，定期进行造价实际支出值与计划目标值的比较。发现偏差，分析产生偏差的原因，及时采取纠偏措施。

（6）协商确定工程变更的价款。

（7）审核竣工结算。

（8）对工程施工过程中的造价支出做好分析与预测，经常或定期向业主提交项目造价控制及其存在问题的报告。

（三）技术措施

（1）对设计变更进行技术经济比较，严格控制设计变更。

（2）继续寻找通过设计挖潜节约造价的可能性。

（3）审核承包人编制的施工组织设计，对主要施工方案进行技术经济分析。

（四）合同措施

（1）做好工程施工记录，保存各种文件图纸，特别是有实际施工变更情况的图纸，积累素材，为正确处理可能发生的索赔提供依据。

（2）参与处理索赔事宜。

（3）参与合同修改、补充工作，着重考虑它对造价控制的影响。

第二节　工程索赔方案和处理原则

一、索赔的含义

发包人、承包人未能按施工合同约定履行自己的各项义务或发生错误，给另一方造成经济损失的，由受损方按合同约定提出索赔，索赔金额按施工合同约定支付。

索赔是当事人在合同实施过程中，根据法律、合同规定及惯例，对不应由自己承担责任的情况造成的损失，向合同的另一方当事人提出给予赔偿或补偿要求的行为。在工程建设的各个阶段都有可能发生索赔，但在施工阶段索赔发生较多。

二、索赔的特征

从索赔的基本含义可以看出，索赔具有以下基本特征。

索赔是双向的。承包人可以向发包人索赔，发包人也可以向承包人索赔。由于实践中发包人向承包人索赔发生的频率相对较低，而且在索赔处理中，发包人始终处于主动和有利地位，对承包人的违约行为可以直接从应付工程款中扣抵、扣留保留金或通过履约保函向银行索赔来实现自己的索赔要求，所以在工程实践中大量发生的、处理比较困难的是承包人向发包人的索赔，而这也是工程师进行合同管理的重点内容之一。承包人的索赔范围非常广泛，一般只要是非承包人自身责任造成其工期延长或成本增加，都有可能向发包人提出索赔。有时发包人违反合同，如未及时交付施工图纸、施工现场不合格、决策错误等造成工程修改、停工、返工、窝工，未按合同规定支付工程款，承包人可向发包人提出赔偿要求；有时由于发包人应承担风险的原因，如恶劣气候条件影响、国家法规修改等造成承包人损失或损害时，承包人也会向发包人提出补偿要求。

只有实际发生了经济损失或权利损害，一方才能向对方索赔。经济损失是指因对方因素造成合同外的额外支出，如人工费、材料费、机械费、管理费等额外开支；权利损害是指虽然没有经济上的损失，但造成了一方权利上的损害，如由于恶劣气候条件对工程进度的不利影响，承包人有权要求工期延长。因此，发生了实际的经济损失或权利损害，应是一方提出索赔的一个基本前提。有时上述两者同时存在，如发包人未及时交付合格的施工现场，既造成了承包人的经济损失，又侵犯了承包人的工期权利，因此承包人既要求经济赔偿，又要求工期延长；有时两者可单独存在，如恶劣气候条件影响、不可抗力事件等，承包人根据合同规定或惯例只能要求工期延长，不应要求经济补偿。

215

索赔是一种未经对方确认的单方行为。它与我们通常所说的工程签证不同。在施工过程中签证是承发包双方就额外费用补偿或工期延长等达成一致的书面证明材料和补充协议，它可以直接作为工程款结算或最终增减工程造价的依据，索赔则是单方面行为，对对方尚未形成约束力，这种索赔要求必须经过双方确认（如双方协商、谈判、调解或仲裁、诉讼）后才能实现。

许多人一听到"索赔"两字，很容易联想到争议的仲裁、诉讼或双方激烈的对抗，因此往往认为应当尽可能避免索赔，担心索赔会影响双方的合作或感情。实质上，索赔是一种正当的权利或要求，是合情、合理、合法的行为，它是在正确履行合同的基础上争取合理的偿付，不是无中生有、无理争利。索赔同守约、合作并不矛盾、对立，索赔本身就是市场经济中合作的一部分，只要是符合有关规定的、合法的或者符合有关惯例的，就应该理直气壮地、主动地向对方索赔。大部分索赔都可以通过协商谈判和调解等方式获得解决，只有在双方坚持己见而无法达成一致时，才会提交仲裁或诉诸法院求得解决，即使诉诸法律程序，也应当被看成遵法守约的正当行为。

三、索赔的作用

索赔与工程承包合同同时存在。它的主要作用有以下几点。

保证合同的实施。合同一经签订，合同双方即产生权利和义务关系。这种权益受法律保护，这种义务受法律制约。索赔是合同法律效力的具体体现，并且由合同的性质决定。如果没有索赔和关于索赔的法律规定，合同便形同虚设，对双方都难以形成约束。这样合同的实施得不到保证，就不会有正常的社会经济秩序。索赔能对违约者起警诫作用，使其考虑到违约的后果，从而尽力避免违约事件发生。在一定程度上，索赔有助于工程双方合作更紧密，有助于合同目标的实现。

落实和调整合同双方经济责任关系。有权利，有利益，同时应承担相应的经济责任。未履行责任，构成违约行为，造成对方损失，侵害对方权利的，则应承担相应的合同处罚，予以赔偿。离开索赔，合同的责任就不能体现，合同双方的责权利关系就不平衡。

维护合同当事人正当权益。索赔是一种保护自己、维护自己正当利益、避免损失、增加利润的手段。在现代承包工程中，如果承包商不能进行有效的索赔，不精通索赔业务，往往会使损失得不到合理且及时的补偿，不能进行正常的生产经营，甚至会倒闭。

促使工程造价更合理。施工索赔的正常开展能够把原来打入工程报价的一些不可预见费用改为按实际发生的损失支付，有助于降低工程报价，使工程造价更合理。

四、施工索赔分类

（一）按索赔的合同依据分类

1. 合同中明示的索赔

合同中明示的索赔是指承包商所提出的索赔要求，在该工程项目的合同文件中有文字依据，承包商可以据此提出索赔要求，并取得经济补偿。这些在合同文件中有文字规定的合同条款被称为明示条款。

2. 合同中默示的索赔

合同中默示的索赔即承包商的该项索赔要求，虽然在工程项目的合同条件中没有专门的文字叙述，但可以根据该合同条件的某些条款的含义，推出承包商有索赔权。这种索赔要求同样有法律效力，有权得到相应的经济补偿。这种有经济补偿含义的条款在合同管理工作中被称为"默示条款"或"隐含条款"。

默示条款是一个广泛的合同概念，它包含合同明示条款中没有写入但符合双方签订合同时设想的愿望和当时环境条件的一切条款。这些默示条款或者从明示条款所表述的设想愿望中引申出来，或者从合同双方在法律上的合同关系引申出来，经合同双方协商一致，或被法律和法规所指明，从而成为合同文件的有效条款，要求合同双方遵照执行。

（二）按索赔有关当事人分类

1. 承包人同业主之间的索赔

这是承包施工中最普遍的索赔形式，其中最常见的是承包人向业主提出的工期索赔和费用索赔。有时，业主也向承包人提出经济赔偿的要求，即"反索赔"。

2.总承包人和分包人之间的索赔

总承包人和分包人按照他们之间所签订的分包合同，彼此都有向对方提出索赔的权利，以维护自己的利益，获得额外开支的经济补偿。分包人向总承包人提出的索赔要求，经过总承包人审核后，凡是属于业主方面责任范围内的事项，均由总承包人汇总编制后向业主提出；凡属总承包人责任的事项，则由总承包人同分包人协商解决。

3.承包人同供货人之间的索赔

承包人在中标以后，根据合同规定的机械设备和工期要求，向设备制造厂家或材料供应人询价订货，签订供货合同。

供货合同一般规定供货商提供的设备的型号、数量、质量标准和供货时间等具体要求。如果供货人违反供货合同的规定，使承包人受到经济损失，承包人有权向供货人提出索赔，反之亦然。

（三）按索赔目的分类

1.工期索赔

由于非承包人责任的原因而导致施工进程延误，要求批准延展合同工期的索赔，称为工期索赔。工期索赔形式上是对权利的要求，以避免在原定合同竣工日不能完工时，被业主追究拖期违约责任。一旦获得批准，合同工期延展后，承包人不仅免除了承担拖期违约赔偿费的严重风险，还可能因提前工期而得到奖励，最终仍反映在经济收益上。

2.费用索赔

费用索赔的目的是要求经济补偿。施工的客观条件改变会导致承包人增加开支，这时承包人可要求对超出计划成本的附加开支给予补偿，以挽回不应由他承担的经济损失。

（四）按索赔的处理方式分类

1.单项索赔

单项索赔是针对某一干扰事件提出的。索赔的处理是在合同实施的过程中，干扰事件发生时或发生后立即执行。它由合同管理人员处理，并在合同规定的索赔有效期内提交索赔意向书和索赔报告。它是索赔有效性的保证。

单项索赔通常处理及时，实际损失易于计算。例如，工程师指令将某分项工程混凝土改为钢筋混凝土，对此只需提出与钢筋有关的费用索赔即可。

单项索赔报告必须在合同规定的索赔有效期内提交工程师，由工程师审核后交业主，由业主做答复。

2. 总索赔

总索赔又叫一揽子索赔或综合索赔。一般在工程竣工前，承包人将施工过程中未解决的单项索赔集中起来，提出一篇总索赔报告。合同双方在工程交付前后进行最终谈判，以一揽子方案解决索赔问题。

通常在如下几种情况下采用一揽子索赔。

（1）在施工过程中，有些单项索赔原因和影响都很复杂，不能立即解决，或双方对合同的解释有争议，而合同双方都要忙于合同实施，可协商将单项索赔留到工程后期解决。

（2）业主拖延答复单项索赔，使施工过程中的单项索赔得不到及时解决。在国际工程中，有的业主就以拖的办法对待索赔，常常使索赔和索赔谈判旷日持久，导致许多索赔要求集中。

（3）在一些复杂的工程中，若干扰事件较多，几个干扰事件同时发生，或有一定的连贯性，互相影响大，难以一一分清，则可以综合在一起提出索赔。

219

总索赔特点如下：

第一，处理和解决都很复杂。施工过程中的许多干扰事件搅在一起，导致原因、责任和影响分析都很艰难。索赔报告的起草、审阅、分析、评价难度大。

由于解决费用、时间补偿的拖延，这种索赔的最终解决还会连带引起利息的支付、违约金的扣留、预期的利润补偿、工程款的最终结算等问题。这会加剧索赔解决的困难程度。

第二，为了索赔成功，承包人必须保存全部的工程资料和其他作为证据的资料，这使工程项目的文档管理任务极为繁重。

第三，索赔的集中解决使索赔额积累，造成谈判困难。由于索赔额大，双方都不愿或不敢做出让步，所以争执更加激烈。通常在最终的一揽子方案中，承包商必须做出较大让步，有些重大的一揽子索赔谈判一拖几年，花费大量的时间和金钱。

对于索赔额大的一揽子索赔，必须成立专门的索赔小组负责处理。在国际承包工程中，通常聘请法律专家、索赔专家，或委托咨询公司、索赔公司进行索赔管理。

第四，合理的索赔要求如果得不到解决，就会影响承包人的资金周转和施工速度，影响承包人履行合同的能力和积极性。这样会影响工程的顺利实施和双方的合作。

五、施工索赔的原因

引起索赔的原因是多种多样的，以下是一些主要原因。

（一）业主违约

业主违约常常表现为业主或其委托人未能按合同规定为承包人提供应由其提供的、使承包人得以施工的必要条件，或未能在规定的时间内付款。比如，业主未能按规定时间向承包人提供场地使用权，工程师未能在规定时间内发出有关图纸、指示、指令或批复，工程师拖延发布各种证书（如进度付款签证、移交证书等），业主提供材料等延误或所提供的不符合合同标准，工程师的不适当决定和苛刻检查，等等。

（二）合同缺陷

合同缺陷常常表现为合同文件规定不严谨甚至矛盾、合同中的遗漏或错误。这不仅包括商务条款中的缺陷，还包括技术规范和图纸中的缺陷。在这种情况下，工程师有权做出解释。但如果承包人执行工程师的解释后，成本增加或工期延长，则承包人可以为此提出索赔，工程师应给予证明，业主应给予补偿。一般情况下，业主作为合同起草人，要对合同中的缺陷负责，除非其中有非常明显的含糊或其他缺陷，根据法律可以推定承包商有义务在投标前发现并及时向业主指出。

（三）施工条件变化

在土木建筑工程施工中，施工现场条件的变化对工期和造价的影响很大。不利的自然条件及障碍常常导致设计变更、工期延长或成本大幅度增加。

土建工程对基础地质条件要求很高，而这些土壤地质条件，如地下水、地质断层、熔岩孔洞、地下文物遗址等，不管是根据业主在招标文件中所提供的材料，还是根据承包人在招标前的现场勘察，都不可能准确无误地发现，即使有经验的承包人也无法事前预料。因此，基础地质方面出现的异常变化必然会引起施工索赔。

（四）工程变更

土建工程施工中，工程量的变化是不可避免的，施工时实际完成的工程量会超过或小于工程量表中的预计工程量。在施工过程中，工程师发现设计、质量标准和施工顺序等存在问题时，往往会下指令增加新的工作、改换建筑材料、暂停施工或加速施工等。这些变更指令必然引起施工费用增加或需要延长工期。所有这些情况都迫使承包人提出索赔要求，以弥补自己所不应承担的经济损失。

（五）工期拖延

大型土建工程施工中，由于受天气、水文、地质等因素的影响，常常出现工期拖延。分析拖期原因、明确拖期责任时，合同双方往往会产生分歧，使承包商实际支出的计划外施工费用得不到补偿，势必引起索赔要求。

如果工期拖延的责任在承包商方面，则承包商无权提出索赔。他应该自费采取赶工的措施，抢回延误的工期；如果到合同规定的完工日期时仍然做不到按期建成，则应承担误期损害赔偿费。

（六）工程师指令

工程师指令通常表现为工程师指令承包商加速施工、进行某项工作、更换某些材料、采取某种措施或停工等。工程师是受业主委托进行工程建设监理的，其在工程中的作用是监督所有工作都按合同规定进行，督促承包商和业主完全合理地履行合同、保证合同顺利实施。为了保证合同工程达到既定目标，工程师可以发布各种必要的现场指令。相应地，对于因这种指令（包括指令错误）而造成的成本增加、工期延误，承包商当然可以索赔。

221

（七）国家政策及法律、法令变更

国家政策及法律、法令变更是指直接影响到工程造价的某些政策及法律、法令的变更，如限制进口、外汇管制或税收及其他收费标准的提高。无疑，工程所在国的政策及法律、法令是承包商投标时编制报价的重要依据之一。就国际工程而言，合同通常都规定，从投标截止日期之前的第 28 天开始，如果工程所在国法律和政策的变更导致承包商施工费用增加，则业主应该向承包商补偿其增加值；如果导致费用减少，则应由业主受益。做出这种规定的理由是很明显的，因为承包商根本无法在投标阶段预测这种变更。就国内工程而言，若国务院各有关部门、各级建设行政管理部门或其授权的工程造价管理部门公布了价格调整，如定额、取费标准、税收、上缴的各种费用等，则可以调整合同价款。如未予调整，承包商可以要求索赔。

（八）其他承包商干扰

其他承包商干扰通常是指其他承包商未能按时、按序进行并完成某项工作或各承包商之间配合协调不好等而给本承包商的工作带来的干扰。大中型土木工程中，往往会有几个承包商在现场施工。由于各承包商之间没有合同关系，工程师作为业主委托人有责任组织协调好各个承包商之间的工作。否则，将会给整个工程和各承包商的工作带来严重影响，引起承包商索赔。比如，若某承包商不能按期完成他那部分工作，其他承包商的相应工作也会因此延误。在这种情况下，被迫延迟的承包商就有权向业主提出索赔。在其他方面，如场地使用、现场交通等，各承包商之间也有可能发生相互干扰的问题。

（九）其他第三方原因

其他第三方原因通常表现为与工程有关的其他第三方的问题引起的对本工程的不利影响，比如银行付款延误、邮路延误、港口压港等。这种原因引起的索赔往往较难处理。比如，业主在规定时间内依规定方式向银行寄出了要求向承包商支付款项的付款申请，但由于邮路延误，银行迟迟没有收到该付款申请，因而造成承包商没有在合同规定的期限内收到工程款。在这种情况下，由于最终表现出来的结果是承包商没有在规定时间内收到款项，所以承包商往往会向业主索赔。对于第三方原因造成的索赔，业主给予补偿后，应该根据其与第三方签订的合同规定或有关法律规定再向第三方追偿。

六、索赔程序

（一）承包人的索赔

承包人的索赔程序通常可分为以下几个步骤。

1.索赔意向通知

在索赔事件发生后，承包人应抓住索赔机会，迅速做出反应。承包人应在索赔事件发生后的 28 天内向工程师递交索赔意向通知，声明将对此事件提出索赔。该意向通知是承包人就具体的索赔事件向工程师和业主表示的索赔愿望和要求。如果超过这个期限，工程师和业主有权拒绝承包人的索赔要求。

当索赔事件发生，承包人就应该进行索赔处理工作，直到正式向工程师和业主提交索赔报告。这一阶段包括许多具体且复杂的工作，主要有以下几点。

（1）事态调查，即寻找索赔机会。若通过对合同实施的跟踪、分析、诊断发现索赔机会，则应对它进行详细的调查和跟踪，以了解事件经过、前因后果，掌握事件的详细情况。

（2）损害事件原因分析，即分析这些损害事件是由谁引起的，它的责任应由谁来承担。一般只有出现非承包人责任的损害事件才有可能提出索赔。在实际工作中，损害事件的责任常常是多方面的，故必须进行责任分解，划分责任范围，按责任大小承担损失。这里特别容易引起合同双方争执。

（3）索赔根据，即索赔理由，主要指合同文件。必须按合同判明这些索赔事件是否违反合同，是否在合同规定的赔偿范围之内。只有符合合同规定的索赔要求才有合法性、才能成立。例如，某合同规定，在工程总价 15% 的范围内的工程变更属于承包人承担的风险。只要业主指令增加工程量在这个范围内，承包就人不能提出索赔。

（4）损失调查，即分析索赔事件的影响。它主要表现为工期的延长和费用的增加。如果索赔事件没有造成损失，则无索赔可言。损失调查的重点是

223

收集、分析、对比实际和计划的施工进度、工程成本和费用方面的资料，在此基础上计算索赔值。

（5）搜集证据。索赔事件发生后，承包人就应抓紧搜集证据，并在索赔事件持续期间一直保持有完整的当时的记录。同样，这是索赔要求有效的前提条件。如果在索赔报告中无法证明其索赔理由、索赔事件的影响、索赔值的计算等方面的详细资料，索赔要求是不能成立的。在实际工程中，许多索赔要求都因没有或缺少书面证据而得不到合理的解决。所以，承包人必须对这个问题足够重视。通常，承包人应按工程师的要求做好并保持当时的记录，接受工程师的审查。

（6）起草索赔报告。索赔报告是上述各项工作的结果和总括。它表达了承包人的索赔要求和支持这个要求的详细依据。它决定了承包人索赔的地位，是索赔要求能否获得有利和合理解决的关键。

2. 索赔报告递交

索赔意向通知提交后的 28 天内，或工程师可能同意的其他合理时间内，承包人应递送正式的索赔报告。索赔报告的内容应包括事件发生的原因、对其权益影响的证据资料、索赔的依据、此项索赔要求补偿的款项和工期展延天数的详细计算等有关材料。如果索赔事件的影响持续存在且无法在 28 天内算出索赔额和工期展延天数，承包人应按工程师合理要求的时间间隔（一般为 28 天），定期陆续报出每一个时间段内的索赔证据资料和索赔要求。在该项索赔事件的影响结束后的 28 天内，报出最终详细报告，提出索赔论证资料和累计索赔额。

承包人发出索赔意向通知后，可以在工程师指示的其他合理时间内再报送正式索赔报告，也就是说，工程师在索赔事件发生后有权不马上处理该项索赔。如果事件发生时，现场施工非常紧张，工程师不希望立即处理索赔使各方抓施工管理的精力分散，可通知承包人将索赔的处理留待施工不太紧张时再去解决。但承包人的索赔意向通知必须在事件发生后的 28 天内提出，包括因对变更估价双方不能取得一致意见，而先按工程师单方面决定的单价或价格执行时，承包人提出的保留索赔权利的意向通知。承包人如果未能按时间规定提出索赔意向和索赔报告，就失去了该项事件请求补偿的索赔权利。此时，他所受到损害的补偿将不超过工程师认为应主动给予的补偿额，或把该事件损害提交仲裁解决时，仲裁机构依据合同和同期记录可以证明的损害补偿额。这样一来，承包人的索赔权利就受到限制。

3. 工程师审核索赔报告

（1）工程师审核承包人的索赔申请。接到承包人的索赔意向通知后，工程师应建立自己的索赔档案，密切关注事件的影响，尤其检查承包商的同期记录时，应随时就记录内容提出不同意见之处或希望予以增加的记录项目。

在接到正式索赔报告以后，认真研究承包商报送的索赔资料。首先，在不确认责任归属的情况下，客观分析事件发生的原因，重温合同的有关条款，研究承包商的索赔证据，并检查他的同期记录；其次，对事件进行分析，同时依据合同条款划清责任界限，必要时还可以要求承包人进一步提供补充资料，尤其是对承包人与业主或工程师都负有一定责任的事件影响，更应划出各方应该承担合同责任的比例；最后，审查承包人提出的索赔补偿要求，剔除其中的不合理部分，拟定自己计算的合理索赔款额和工期延展天数。

根据《建设工程施工合同（示范文本）》相关规定，工程师收到承包人递交的索赔报告和有关资料后，应在 28 天内给予答复，或要求承包人进一步补充索赔理由和证据。如果在 28 天内既未予答复，又未对承包人做进一步要求的话，则视为对承包人提出的该项索赔要求已经认可。

（2）索赔成立条件。工程师判定承包人索赔成立的条件如下。

①与合同相对照，事件已造成承包人施工成本的额外支出或直接工期损失。

②造成费用增加或工期损失的原因按合同约定不属于承包人的行为责任或风险责任。

③承包人按合同规定的程序提交了索赔意向通知和索赔报告。

上述三个条件没有先后主次之分，应当同时具备。只有工程师认定索赔成立后，才按一定程序处理。

4. 工程师与承包人协商补偿

工程师核查后初步确定应予以补偿的额度，额度往往与承包人的索赔报告中要求的额度不一致，甚至差额较大。其主要原因大多为对承担事件损害责任的界限划分不一致、索赔证据不充分、索赔计算的依据和方法分歧较大等。因此，双方应就索赔的处理进行协商。若协商达不成共识，则承包商仅有权得到所提供的证据满足工程师认为索赔成立那部分的付款和工期顺延。不论工程师通过协商与承包人达到一致，还是他单方面做出的处理决定，若批准给予补偿的款额和延展工期的天数在授权范围之内，则可将此结果通知承包商，并抄送业主。补偿款将计入下月支付工程进度款的支付证书内，延展的工期加到原合同工期中。如果批准的额度超过工程师权限，则应报请业主批准。

对于持续影响时间超过 28 天以上的工期延误事件，当工期索赔条件成立时，每次对承包人每隔 28 天报送的阶段索赔临时报告审查后，均应做出批准临时延长工期的决定，并于事件影响结束后 28 天内承包人提出最终的索赔报告后，批准延展工期总天数。应当注意的是，最终批准的总延展天数不应少于以前各阶段已同意延展天数之和。规定承包人在事件影响期间必须每隔 28 天提出一次阶段索赔报告，以使工程师能及时根据同期记录批准该阶段应予延展工期的天数，避免事件影响时间太长而不能准确确定索赔值。

5. 工程师索赔处理决定

在经过认真分析研究以及与承包人、业主广泛讨论后，工程师应该向业主和承包人提出自己的索赔处理决定。工程师收到承包人送交的索赔报告和有关资料后，于 28 天内给予答复，或要求承包人进一步补充索赔理由和证据。若工程师在 28 天内未予答复或未对承包人做出进一步要求，则视为该项索赔已经认可。

工程师在索赔处理决定中应该简明地叙述索赔事项、理由、建议给予补偿的金额及（或）延长的工期。索赔评价报告则是作为该决定的附件而提供的。它根据工程师所掌握的实际情况详细叙述索赔的事实依据、合同及法律依据，论述承包人索赔的合理方面及不合理方面，详细计算应给予的补偿。索赔评价报告是工程师站在公正的立场上独立编制的。

通常，工程师的处理决定不是终局性的，对业主和承包人都不具有强制性的约束力。

在收到工程师的索赔处理决定后，无论业主还是承包人，如果认为该处理决定不公正，都可以在合同规定的时间内提请工程师重新考虑。工程师不得无理拒绝这种要求。一般来说，对于工程师的处理决定，业主不满意的情况很少，而承包人不满意的情况较多。承包人如果持有异议，他应该提供进一步的证明材料，向工程师进一步表明为什么其决定是不合理的。有时甚至需要重新提交索赔申请报告，对原报告做一些修正、补充或做一些让步。若工程师仍然坚持原来的决定，或承包人对工程师的新决定仍不满，则可以按合同中的仲裁条款提交仲裁机构仲裁。

6. 业主审查索赔处理

当工程师确定的索赔额超过其权限范围时，必须报请业主批准。

业主先根据事件发生的原因、责任范围、合同条款审核承包商的索赔申请和工程师的处理报告，再依据工程建设的目的、投资控制、竣工投产日期要求以及针对承包人在施工中的缺陷或违反合同规定等的有关情况，决定是否批准工程师的处理意见，而不能超越合同条款的约定范围。例如，承包人某项索赔理由成立，工程师根据相应条款规定，既同意给予一定的费用补偿，又批准顺延相应的工期。但业主权衡了施工的实际情况和外部条件的要求后，可能不同意延展工期，而宁可给承包人增加费用补偿额，要求他采取赶工措施，按期或提前完工。这样的决定只有业主才有权做出。索赔报告经业主批准后，工程师即可签发有关证书。

7. 承包人是否接受最终索赔处理

承包人接受最终的索赔处理决定，索赔事件的处理即告结束。如果承包人不同意，就会导致合同争议。双方通过协商达到互谅互让的解决方案是处理争议的最理想方式。如达不成谅解，承包人有权提交仲裁解决。

（二）发包人的索赔

根据《建设工程施工合同（示范文本）》相关规定，承包人未能按合同约定履行自己的各项义务或发生错误而给发包人造成损失时，发包人应按合同约定承包人索赔的时限要求向承包人提出索赔。

七、索赔费用的计算

索赔费用的项目与合同价款的构成类似，也包括直接费、管理费、利润等。索赔费用的计算方法基本上与报价计算相似。

实际费用法是索赔计算最常用的一种方法。一般是先计算与索赔事件有关的直接费用，然后计算应分摊的管理费、利润等。关键是选择合理的分摊方法。由于实际费用所依据的是实际发生的成本记录或单据，在施工过程中，系统而准确地积累记录资料非常重要。

227

（1）人工费索赔。人工费索赔包括完成合同范围之外的额外工作所花费的人工费用、由于发包人责任的工效降低所增加的人工费用、发包人责任导致的人员窝工费、法定的人工费增长等。

（2）材料费索赔。材料费索赔包括完成合同范围之外的额外工作所增加的材料费、由于发包人责任的材料实际用量超过计划用量而增加的材料费、发包人责任的工程延误所导致的材料价格上涨和材料超期储存费用、有经验的承包人不能预料的材料价格大幅度上涨等。

（3）施工机械使用费索赔。施工机械使用费索赔包括完成合同范围之外的额外工作所增加的机械使用费、由于发包人责任的工效降低所增加的机械使用费、发包人责任导致机械停工的窝工费等。机械窝工费的计算，如系租赁施工机械，一般按实际租金计算（应扣除运行使用费用）；如系承包人自有施工机械，一般按机械折旧费加入工费（司机工资）计算。

（4）管理费索赔。按国际惯例，管理费包括现场管理费和公司管理费。由于我国工程造价没有区别现场管理费和公司管理费，所以有关管理费的索赔需要综合考虑。现场管理费索赔包括完成合同范围之外的额外工作所增加的现场管理费、由于发包人责任的工程延误期间的现场管理费等。对部分工人窝工损失索赔时，如果有其他工程仍然在进行（非关键线路上的工序），一般不予计算现场管理费索赔。公司管理费索赔主要指工期延误期间所增加的公司管理费。

参照国际惯例，管理费的索赔有下面两种主要的分摊计算方法。

$$日管理费 = \frac{合同价款中所包括的管理费}{合同工期} \qquad (7-1)$$

$$管理费索赔额 = 日管理费 \times 合同延误天数 \qquad (7-2)$$

$$单位直接费的管理费率 = \frac{管理费总额}{总直接费} \times 100\% \qquad (7-3)$$

$$管理费索赔额 = 索赔直接费 \times 单位直接费的管理费率 \qquad (7-4)$$

（5）利润。对于工程范围变更引起的索赔，承包人是可以列入利润项的。而对于工期延误的索赔，由于延误工期并未影响或削减某些项目的实施，未导致利润减少，因此一般很难在延误的费用索赔中加进利润损失。若工程顺利完成，承包人可通过工程结算来实现分摊在工程单价中的全部期望利润，但若因发包人的原因工程终止，承包人可以对合同利润未实现部分提出索赔要求。

索赔利润的款额计算与原报告的利润率保持一致，即在工程成本的基础上，乘以原报价利润率，作为该项索赔款的利润。

八、工程师索赔管理原则

要使索赔得到公正合理的解决，工程师在工作中必须遵守以下原则。

（一）公正原则

工程师作为施工合同的中介人，必须公正行事，以没有偏见的方式解释和履行合同，独立地做出判断，行使自己的权力。施工合同双方由于利益和立场存在不一致，常常出现矛盾，甚至冲突，这时工程师起着缓冲、协调作用。工程师的立场或者公正性的基本点有如下几个方面。

工程师必须从工程整体效益、工程总目标的角度出发做出判断或采取行动，使合同风险分配、干扰事件责任分担、索赔的处理和解决不损害工程整体效益和不违背工程总目标。在这个基本点上，合同双方常常是一致的，如使工程顺利进行、尽早使工程竣工投入生产、保证工程质量、按合同施工等。

按照法律规定（合同约定）行事。合同是施工过程中的最高行为准则。工程师应该按合同办事，准确理解、正确执行合同，在索赔的解决和处理过程中应贯穿合同精神。

从事实出发，实事求是。按照合同的实际实施过程、干扰事件的实情、承包商的实际损失和所提供的证据做出判断。

（二）及时履行职责原则

在工程施工中，工程师必须及时地（有的合同会规定具体的时间，或"在合理的时间内"）行使权力，做出决定，下达通知、指令，表示认可或满意。这有如下重要作用。

可以减少承包人的索赔机会。因为如果工程师不能迅速及时地行事，造成承包人的损失，必须给予工期或费用的补偿。

防止干扰事件影响的扩大。若不及时行事会造成承包人停工等待处理指令，或承包人继续施工，造成更大范围的影响和损失。

229

在收到承包人的索赔意向通知后应迅速做出反应，认真研究，密切注意干扰事件的发展。一方面，可以及时采取措施降低损失；另一方面，可以掌握干扰事件发生和发展的过程，掌握第一手资料，为分析、评价、反驳承包人的索赔做准备。所以工程师也应鼓励并要求承包人及时向他通报情况，及时提出索赔要求。

不及时地解决索赔问题将会加深双方的不理解、不一致和矛盾。不能及时解决索赔问题会导致承包人资金周转困难，积极性受到影响，施工进度放慢，对工程师和业主缺乏信任感；业主则会抱怨承包人拖延工期，不积极履约。

不及时行事会造成索赔解决困难。单个索赔集中起来，索赔额积累起来，不仅会给分析、评价带来困难，还会带来新的问题，使解决复杂化。

（三）协商一致原则

工程师在处理和解决索赔问题时应及时地与业主和承包人沟通，保持经常性的联系。做调解决定时，工程师应充分地与合同双方协商，最好达成一致，取得共识。这是避免索赔争执的最有效的办法。工程师应充分认识到，如果他的调解不成功，使索赔争执升级，则对合同双方都是损失，将会严重影响工程项目的整体效益。在工程中，工程师切不可凭借他的地位和权力武断行事，滥用权力，特别对承包人不能随便以合同处罚相威胁或盛气凌人。

（四）诚实信用原则

工程师有很大的工程管理权力，对工程的整体效益有关键性的作用。业主依赖他，将工程管理的任务交给他；承包人希望他公正行事。但他的经济责任较小，缺少对他的制约机制。所以，工程师的工作在很大程度上依靠他自身的工作积极性、责任心，诚实和信用主要靠他的职业道德维持。

230

第三节　项目资金使用计划的编制及应用

一、施工阶段资金使用计划的作用与编制方法

（一）施工阶段资金使用计划的作用

建设工程周期长、规模大、造价高，施工阶段又是资金投入量最直接、最大、最集中且效果最明显的阶段。施工阶段资金使用计划的编制和控制在整个工程造价管理中处于重要而独特的地位，它对工程造价有着极其重要的影响，主要表现在以下几方面。

（1）编制资金使用计划，合理地确定工程造价施工阶段目标值，可为工程造价控制提供依据，为资金的筹集与协调打下基础。如果没有明确的造价控制目标，就无法把工程项目的实际支出额与目标值进行比较，也就不能找出偏差，分析原因，从而造价控制措施也会缺乏针对性。

（2）资金使用计划可以预测未来工程项目的资金使用和进度控制，消除不必要的资金浪费和进度失控，也能够避免在今后工程项目中由于缺乏依据而进行轻率判断所造成的损失，减少盲目自主性，使现有资金充分发挥作用。

（3）在建设项目的进行过程中，严格执行资金使用计划，可以有效地控制工程造价上升，最大限度地节约投资，提高投资效益。

（二）资金使用计划的编制方法

（1）按不同子项目编制资金使用计划。一个建设项目往往由多个单项工程组成，每个单项工程可能由多个单位工程组成，而单位工程又由若干个分部分项工程组成。

例如，一个学校建设项目的组成情况如图 7-1 所示。

231

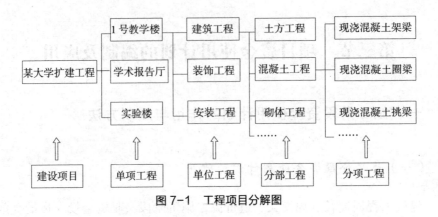

图 7-1　工程项目分解图

　　按项目划分对资金的使用进行合理分配时，必须对工程项目进行合理划分，划分的粗细程度根据具体实际需要而定。一般情况下，将投资目标分解到各单项工程和单位工程是比较容易办到的，结果也比较合理可靠。在将投资计划分解到单项工程、单位工程的同时，应分解到建筑工程费、安装工程费、设备购置费、工程建设费等，这样有助于检查各项具体投资支出对象的落实情况。

　　（2）按时间进度编制资金使用计划。建设项目的投资总是分阶段、分期支出的，资金应用是否合理与资金时间安排有密切关系。为了编制资金使用计划，并据此筹措资金，尽可能减少资金占用和利息支付，有必要将总目标按使用时间分解，确定分目标值。

　　按时间进度编制的资金使用计划通常采用横道图、时标网络图、S 形曲线、香蕉图等形式。其对应数据的产生来源于施工计划网络图中时间参数（工序最早开工时间、工序最早完工时间、工序最迟开工时间、工序最迟完工时间、关键工序、关键线路、计划总工期）的计算结果与对应阶段资金使用要求。

　　①横道图。横道图是用不同的横道图标识已完工程计划投资、实际投资及拟完工程计划投资，横道图的长度与其数据成正比。横道图的优点是形象直观，但信息量少，一般用于管理的较高层次。

　　②时标网络图。时标网络图是在确定施工计划网络图基础上，将施工进度与工期相结合而形成的网络图。

　　③S 形曲线。S 形曲线即时间 – 投资累计曲线。利用确定的网络计划便

可计算各项活动的最早及最迟开工时间，获得项目进度计划的横道图。在横道图的基础上便可编制按时间进度划分的投资支出预算，进而绘制时间－投资累计曲线（S形曲线）。

时间－投资累计曲线绘制步骤如下。

A. 确定工程进度计划，编制进度计划的横道图，具体如图7-2所示。

分项工程	进度计划／月											
	1	2	3	4	5	6	7	8	9	10	11	12
A	100	100	100	100	100	100	100					
B		100	100	100	100	100	100	100				
C			100	100	100	100	100	100	100	100		
D				200	200	200	200	200	200			
E					100	100	100	100	100	100	100	
F						200	200	200	200	200	200	200

图 7-2　某工程进度计划横道图（单位：万元）

B. 根据每单位时间内完成的实务工程量或投入的人力、物力和财力，计算单位时间（月或旬）的投资，如表7-1所示。

表7-1　单位时间的投资

单位：万元

月　份	1	2	3	4	5	6	7	8	9	10	11	12
投资	100	200	300	500	600	800	800	700	600	400	300	200

C. 将单位时间计划完成的投资额累计，得到计划累计完成的投资额，如表7-2所示。

表7-2　投资累计完成的投资

单位：万元

月　份	投　资	投资累计
1	100	100

月　份	投　资	投资累计
2	200	300
3	300	600
4	500	1 100
5	600	1 700
6	800	2 500
7	800	3 300
8	700	4 000
9	600	4 600
10	400	5 000
11	300	5 300
12	200	5 500

D.绘制 S 形曲线如图 7-3 所示。

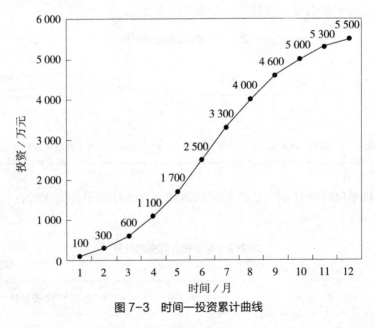

图 7-3　时间—投资累计曲线

④香蕉图。每一条 S 形曲线对应某一特定的工程进度计划。进度计划的

非关键线路中存在许多有时差的工序或工作，因而 S 形曲线必然包括在由全部活动都按最早开工时间开始和全部活动都按最迟时间开始的曲线所组成的香蕉图内，如图 7-4 所示。建设单位可根据编制的投资支出预算来合理安排资金，同时可以根据筹措的建设资金来调整 S 形曲线，即通过调整非关键线路上工序项目的开工时间，力争将实际的投资支出控制在预算的范围内。

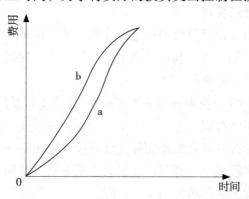

a—所有活动按最迟开始时间开始的曲线；b—所有活动按最早开始时间开始的曲线。

图 7-4　投资计划的香蕉图

香蕉图绘制方法同 S 形曲线，不同之处在于香蕉图分别绘制按最早开工时间和最迟开工时间的曲线，两条曲线形成类似香蕉的曲线图。

S 形曲线必然包括在香蕉图曲线内。

一般而言，所有活动都按最迟时间开始，对节约建设资金贷款利息是有利的，但同时降低了项目按期竣工的保证率，因此必须合理地确定投资支出预算，达到既节约投资支出又控制项目工期的目的。

二、施工阶段投资偏差分析

在项目实施过程中，由于众多随机因素和风险因素的影响，实际投资与计划投资、实际工程进度与计划工程进度常存在差异，即投资偏差和进度偏差。投资偏差和进度偏差是施工阶段工程造价计算与控制的对象之一。

（一）实际投资与计划投资

由于时间 – 投资累计曲线中既包含投资计划，又包含进度计划，因此有关实际投资与计划投资的变量包括拟完工程计划投资、已完工程实际投资和已完工程计划投资。

1. 拟完工程计划投资

拟完工程计划投资就是指根据进度计划安排，在某一确定时间内所应完成的工程内容的计划投资。其可以表示为在某一确定时间内，拟完工程量与单位工程量计划单价的乘积，即

$$拟完工程计划投资 = 拟完工程量 × 单位工程量计划单价 \quad （7-5）$$

2. 已完工程实际投资

已完工程实际投资就是根据实际进度完成状况在某一确定时间内已经完成的工程内容的实际投资。其可以表示为在某一确定时间内，已完工程实际工程量与单位工程量实际单价的乘积，即

$$已完工程实际投资 = 已完工程实际工程量 × 单位工程量实际单价（7-6）$$

在进行有关偏差分析时，为简化起见，通常进行如下假设：拟完工程计划投资中的拟完工程量与已完工程实际投资中的实际工程量在总额上是相等的，两者的差异只在于完成的时间进度不同。

3. 已完工程计划投资

从上述拟完工程计划投资与已完工程实际投资计算式可以看出，两者既存在投资偏差，又存在进度偏差。已完工程计划投资正是为了更好地辨析这两种偏差而引入的变量，是指根据实际进度完成状况，在某一确定时间内已经完成的工程所对应的计划投资额。其可以表示为在某一确定时间内，已完工程实际工程量与单位工程量计划单价的乘积，即

$$已完工程计划投资 = 已完工程实际工程量 × 单位工程量计划单价（7-7）$$

（二）投资偏差与进度偏差

1. 投资偏差

投资偏差是指投资计划值与投资实际值之间存在的差异。当计算投资偏差时，应剔除进度原因对投资额产生的影响，因此其计算式为

投资偏差 = 已完工程实际投资 – 已完工程计划投资

　　　　 = 已完工程实际工程量 ×

（单位工程量实际单价 – 单位工程量计划单价）　　　　（7–8）

投资偏差为正值时，表示投资增加；投资偏差为负值时，表示投资节约。

2. 进度偏差

进度偏差是指进度计划值与进度实际值之间存在的差异，当计算进度偏差时，应剔除单价原因产生的影响，因此其计算式为

进度偏差 = 已完工程实际时间 – 已完工程计划时间　　　　（7–9）

为了与投资偏差联系起来，进度偏差也可表示为

进度偏差 = 拟完工程计划投资 – 已完工程计划投资

　　　　 = （拟完工程量 – 已完工程实际工程量）× 单位工程量计划单价

（7–10）

式中：拟完工程计划投资为按原进度计划工作内容的计划投资。进度偏差为正值时，表示工期拖延；进度偏差为负值时，表示工期提前。通俗地讲，拟完工程计划投资是指计划进度下的计划投资，已完工程计划投资是指实际进度下的计划投资，已完工程实际投资是指实际进度下的实际投资。

（三）投资偏差的其他概念

1. 局部偏差与累计偏差

局部偏差有两层含义：一是相对于整体项目的投资而言，指各单项工程、单位工程和分部分项工程的偏差；二是相对于项目实施的时间而言，指每一控制周期所发生的投资偏差。累计偏差则是指在项目已经实施的时间内累计发生的偏差。局部偏差的工程内容及其原因一般都比较明确，分析结果也就比较可靠，而累计偏差涉及的工程内容较多、范围较大，且原因较复杂，因而累计偏差分析必须以局部偏差分析的结果为基础进行综合分析。如此，其结果才能显示规律性，对投资控制在较大范围内具有指导作用。

2. 绝对偏差与相对偏差

绝对偏差是指投资计划值与实际值比较所得的差额。相对偏差则是指投资偏差的相对数或比例数，通常用绝对偏差与投资计划值的比值表示。相对偏差可表示为

$$相对偏差 = \frac{绝对偏差}{投资计划值} = \frac{投资实际值 - 投资计划值}{投资计划值} \quad (7-11)$$

绝对偏差与相对偏差的数值均可正可负，且两者符号相同，正值表示投资增加，负值表示投资节约。我们在进行投资偏差分析时，绝对偏差和相对偏差都要进行计算。绝对偏差的结果比较直观，其作用主要是了解项目投资偏差的绝对数额，指导调整资金支出计划与资金筹措计划。由于项目规模、性质、内容不同，其投资总额会有很大差异，因此绝对偏差就显得有一定的局限性。而相对偏差能比较客观地反映投资偏差的严重程度或合理程度。从对投资控制工作的要求看，相对偏差比绝对偏差更有意义，应当予以更高的重视。

三、常用的偏差分析方法

常用的偏差分析方法有横道图分析法、时标网络图法、表格法和曲线法。

（一）横道图分析法

用横道图进行投资偏差分析，是用不同的横道标识拟完工程计划投资、已完工程实际投资和已完工程计划投资。在实际工程中，有时需要根据拟完工程计划投资和已完工程实际投资确定已完工程计划投资后，再确定投资偏差与进度偏差。根据拟完工程计划投资和已完工程实际投资，确定已完工程计划投资的方法如下：

（1）已完工程计划投资和已完工程实际投资的横道位置相同。

（2）已完工程计划投资与拟完工程计划投资的各子项工程的投资总值相同。

（二）时标网络图法

时标网络图是在确定施工计划网络图的基础上，将施工的实施进度与日历工期相结合而形成的网络图，有早时标网络图与迟时标网络图之分。图7-5为早时标网络图。

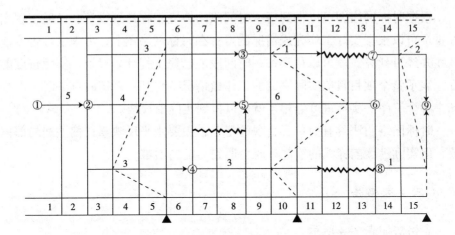

图7-5　早时标网络图

早时标网络图中的结点位置与以该结点为起点的工序的最早开工时间相对应；实线的长度表示工序的工作时间，箭头线上标注的数字可以表示箭线对应工序单位时间的计划投资值；虚线表示对应施工检查日（用▲标示）施工的实际进度；波浪线表示工序与其紧后工序的时间间隔。

图7-5中①→②工序，其线上标注数字5，表示该工序每月计划投资5万元；对应4月份有②③工序、②⑤工序、②④工序三项工作列入计划，其线上标注数字分别为3、4、3，由此可确定4月份拟完工程计划投资为3+4+3=10（万元）。

表7-3为每月投资额数据统计。其中，第（1）行数字为拟完工程计划投资的逐月累计值，如4月份为5+5+10+10=30（万元）；第（2）行数字为已完工程实际投资的逐月累计值，是表示工程进度实际变化所对应的实际投资值。

表7-3　每月投资额数据统计

月　份	1	2	3	4	5	6	7	8	9	10	11	12	13	14	15
（1）	5	10	20	30	40	50	60	70	80	90	100	106	112	115	118
（2）	5	15	25	35	45	53	61	69	77	85	94	103	112	116	120

239

根据时标网络图可以得到每一时间段的拟完工程计划投资；已完工程实际投资可以根据实际工作完成情况测得；在时标网络图上，考虑实际进度前锋线并经过计算，就可以得到每一时间段的已完工程计划投资。实际进度前锋线表示整个项目目前实际完成的工作量情况，将某一确定时点下时标网络图中各个工序的实际进度点相连就可以得到实际前锋线。

时标网络图法具有简单、直观的特点，主要用来反映累计偏差和局部偏差，但实际进度前锋线的绘制有时会遇到一定的困难。

（三）表格法

表格法如表 7-4 所示。

表 7-4 利用表格法进行偏差分析

项目编码	1	011	012	013
项目名称	2	土方工程	打桩工程	基础工程
单 位	3	m^3	m	m^3
计划单价（万元）	4	5	6	8
拟完工程量	5	10	11	10
拟完工程计划投资（万元）	$6=4 \times 5$	50	66	80
已完工程量	7	12	16.67	7.5
已完工程计划投资（万元）	$8=4 \times 7$	60	100.02	60
实际单价（万元）	9	5.83	4.8	10.67
其他款项（万元）	10			
已完工程实际投资（万元）	$11=7 \times 9+10$	70	80	80
投资绝对偏差	$12=11-8$	10	−20.02	20
投资相对偏差	$13=12 \div 8$	0.167	−0.2	0.33
进度绝对偏差	$14=6-8$	−10	−34.02	20
进度相对偏差	$15=14 \div 6$	−0.2	−0.52	0.25

（四）曲线法

曲线法是用投资时间曲线（S 形曲线）进行分析的一种方法。用此法进行偏差分析时，通常有三条投资曲线，即已完工程实际投资曲线、已完工程

240

计划投资曲线和拟完工程计划投资曲线。已完工程实际投资与已完工程计划投资两条曲线之间的竖向距离表示投资偏差，拟完工程计划投资与已完工程计划投资曲线之间的水平距离表示进度偏差。

用曲线法进行偏差分析，具有形象、直观的优点，但不能直接用于定量分析，如果能与表格法结合起来，则会取得较好的效果。

四、偏差形成原因分析

（一）引起偏差的原因

1.客观原因

客观原因包括人工费涨价、材料费涨价、自然条件变化、地基因素、交通条件的变化、国家政策法规变化等。

2.业主原因

业主原因主要有投资规划不当、组织计划不落实、建设手续不健全、变更工程、未及时付款、协调不佳等。

3.设计原因

设计原因表现为设计错误或缺陷、设计变更、设计标准变更、图纸提供不及时等。

4.施工原因

施工原因主要有施工组织设计不合理、质量事故、进度安排不当等。施工原因造成的损失由施工单位负责。

（二）偏差类型

为了便于分析，我们需要对偏差类型做出划分。任何偏差都会表现出某种特点，其结果对造价控制工作的影响各不相同，因此在数量分析的基础上，可将偏差划分为四种类型。

1.投资增加且工期拖延

这种类型是纠正偏差的主要对象，必须引起高度重视。

2.投资增加但工期提前

这种情况下要适当考虑工期提前带来的效益。如果增加的资金值超过增加的效益，还要采取纠偏措施；若这种收益与增加的投资大致相当甚至高于投资增加额，则未必需要采取纠偏措施。

3. 工期拖延但投资节约

这种情况下是否采取纠偏措施要根据实际需要。

4. 工期提前且投资节约

这种情况是最理想的，不需要采取任何纠偏措施。

（三）纠偏措施

分析了偏差原因，造价控制工作并没有结束。造价控制工作的最终目的在于采取切实可行的措施，进行主动控制和动态控制，尽可能地实现既定的投资目标。在施工管理方面，合同管理、施工成本管理、施工进度管理、施工质量管理是几个重要环节，在纠正施工阶段资金使用偏差的过程中，要按照经济性原则、全面性与全过程原则、责权利相结合原则、政策性原则、开源节流相结合原则，在项目经理的负责下，在费用控制预测的基础上，各类人员共同配合，通过科学、合理、可行的措施，实现由分项工程、分部工程、单位工程、整体项目纠正资金使用偏差，进而实现工程造价控制的目标。通常把纠偏措施分为组织措施、经济措施、技术措施和合同措施。

1. 组织措施

组织措施是指从投资控制的组织管理方面采取的措施。例如，落实投资控制的组织机构和人员，明确各级投资控制人员的任务、职能分工、权利和责任，改善投资控制工作流程，等等。组织措施是其他措施的前提和保障。

2. 经济措施

经济措施不能只理解为审核工程量及相应支付价款，应从全局出发来考虑，如检查投资目标分解的合理性、资金使用计划的保障性、施工进度计划的协调性。另外，通过偏差分析和未完工程预测可以发现潜在的问题，及时采取预防措施，从而取得造价控制的主动权。

3. 技术措施

从造价控制的要求看，技术措施并不都是因为发生了技术问题才加以考虑的，也可能因为出现了较大的投资偏差而加以运用。不同的技术措施往往会有不同的经济效果。运用技术措施纠偏时应对不同的技术方案进行技术经济分析后加以选择。

4. 合同措施

合同措施在纠偏方面主要指索赔管理。在施工过程中，索赔事件的发生是难免的，发生索赔事件后要认真审查索赔依据是否符合合同规定、索赔计算是否合理等。

第八章　基于建设项目竣工阶段的造价控制

第一节　竣工验收阶段工程造价管理主要内容

　　建设工程竣工验收是全面考核建设工作，检查是否符合设计和工程质量要求的重要环节，对促进建设工程及时投产，发挥投资效果，总结建设经验有重要作用。建设工程依照国家相关法律、法规及工程建设规范、标准的规定完成工程设计文件要求和合同约定的各项内容，建设单位已取得政府有关主管部门（或其委托机构）出具的工程施工质量、消防、规划、环保、城建等验收文件或准许使用文件后，组织工程竣工验收并编制完成建设工程竣工验收报告。

一、建设工程竣工验收的概念

　　建设工程竣工验收是由建设单位、施工单位和项目验收委员会，以项目批准的设计任务书和设计文件，以及国家或有关部门颁发的施工验收规范和质量检验标准为依据，按照一定的程序和手续，在项目建成并试生产合格后（工业生产性项目），对工程项目的总体进行检验、认证、综合评价和鉴定的活动。

　　按照我国建设程序的规定，建设项目只有经过竣工验收才能实现由承包人管理向发包人管理的过渡，它标志着建设投资成果投入生产或使用，对促进建设项目及时投产或交付使用、发挥投资效果、总结建设经验有着重要的作用。

二、建设工程竣工验收的作用

（1）检查设计、工程质量是否符合要求，确保项目按设计要求的各项技术经济指标正常使用。

（2）通过竣工验收办理固定资产使用手续，可以总结工程建设经验，为提高建设项目的经济效益和管理水平提供重要依据。

（3）建设工程竣工验收是建设成果转入生产使用的标志，也是审查投资使用是否合理的重要环节。

（4）建设项目建成投产交付使用后，能否取得良好的宏观效益，需要经过国家权威管理部门按照技术规范、技术标准组织验收确认。因此，竣工验收是建设项目转入投产使用的必要环节。

三、建设工程竣工验收的依据、范围和条件

245

（一）建设工程竣工验收的依据

（1）上级主管部门对该项目批准的各种文件。

（2）可行性研究报告。

（3）施工图设计文件及设计变更洽商记录。

（4）国家颁布的各种标准和现行的施工验收规范。

（5）工程承包合同文件。

（6）技术设备说明书。

（7）建筑安装工程统一规定及主管部门关于工程竣工的规定。

（8）从国外引进的新技术和成套设备的项目，以及中外合资建设项目，要按照签订的合同和进口国提供的设计文件等进行验收。

（9）利用世界银行等国际金融机构贷款的建设项目，应按世界银行规定，按时编制项目完成报告。

（二）建设项目竣工验收的范围

凡新建、扩建、改建的基本建设项目和技术改造项目，应按国家批准的设计文件所规定的设计内容和验收标准进行验收。工期较长、建设设备装置较多的大型工程，为了及时发挥其经济效益，对其能够独立生产的单项工程，也可以根据建成的先后顺序，分期分批地组织竣工验收；对能生产中间产品的一些单项工程，不能提前投料试车，可按生产要求与生产最终产品的工程同步建成竣工后，再进行全部验收。对于某些特殊情况，工程施工虽未全都按设计要求完成，也应进行验收，具体如下：

（1）因少数非主要设备或某些特殊材料短期内不能解决，虽然工程内容尚未全部完成，但可以投产或使用的工程项目。

（2）规定要求的内容已完成，但因外部条件的制约而使已建工程不能投入使用的项目。

（3）已形成部分生产能力，但近期内不能按原设计规模续建，应缩小规模对已完成的工程和设备组织竣工验收，移交固定资产。

（4）国外引进的设备项目应按照合同规定完成负荷调试、设备考核，合格后进行竣工验收。

（三）建设工程竣工验收的条件

（1）完成建设工程设计和合同约定的各项内容。建设工程设计和合同约定的内容，主要是指设计文件所确定的、在承包合同"承包人承揽工程项目一览表"中载明的工作范围，也包括监理工程师签发的变更通知单中所确定的工作内容。

①民用建筑工程完工后，承包人按照施工及验收规范和质量检验标准进行自检，不合格品已自行返修或整改，达到验收标准。水、电、暖、智能化、电梯经过检验，符合使用要求。

②生产性工程、辅助设施及生活设施按合同约定全部施工完毕，室内工程和室外工程全部完成，建筑物、构建物周围 2 m 以内的场地平整完成，障碍物清除，给水排水、动力、照明、通信畅通，达到竣工条件。

③工业项目的各种管理设备、电气、空调、仪表、通信等专业施工内容已

全部安装结束，已做完清洁、试压、油漆、保温等工作，经试运转考核各项指标已达到设计能力并全部符合工业设备安装施工及验收规范、质量标准的要求。

④其他专业工程按照合同的规定和施工图规定的工程内容全部施工完毕，已达到相关专业技术标准，质量验收合格，达到了交工的条件。

（2）有完整的技术档案和施工管理资料。工程技术档案和施工管理资料是工程竣工验收和质量保证的重要依据之一，主要包括以下档案和资料。

①工程项目竣工报告。

②分项、分部工程和单位工程技术人员名单。

③图纸会审和设计交底记录。

④设计变更通知单、技术变更核实单。

⑤工程质量事故发生后调查和处理资料。

⑥隐蔽验收记录及施工日志。

⑦竣工图。

⑧质量检验评定资料等。

⑨合同约定的其他资料。

（3）有工程使用的主要建筑材料、建筑构配件和设备的进场试验报告。对建设工程使用的主要建筑材料、建筑构配件和设备的进场，除具有质量合格证明资料外，还应当有试验、检验报告。试验、检验报告中应当注明其规格、型号、用于工程的哪些部位、批量批次、性能等技术指标，其质量要求必须符合国家规定的标准。

（4）有勘察、设计、施工、整理等单位分别签署的质量合格文件。

（5）有施工单位签署的工程保修书。施工单位同建设单位签署的工程质量保修书也是交付竣工验收的条件之一。

工程质量保修是指建设工程在办理交工验收手续后，在规定的保修期限内，因勘察、设计、施工、材料等原因造成的质量缺陷，由施工单位负责维修，由责任方承担维修费用并赔偿损失。施工单位与建设单位应在竣工验收前签署工程质量保修书，保修书是施工合同的附合同。工程保修书的内容包括保修项目内容及范围、保修期、保修责任和保修金支付方法等。

（6）发包人已按合同约定支付工程款。

（7）在建设行政主管部门及工程质量监督部门等有关部门的历次抽查中，责令整改的问题全部整改完毕。

（8）工程项目前期审批手续齐全，主体工程、辅助工程和公用设施已按批准的设计文件要求建成。

（9）国外引进项目或设备应按合同要求完成负荷调试考核，并达到规定的各项技术经济指标。

（10）建设项目基本符合竣工验收标准，但有部分零星工程和少数尾工未按设计规定的内容全部建成，虽不影响正常生产和使用，但应组织竣工验收。对剩余工程应按设计留足资金。

四、建设工程竣工验收的标准

（一）工业建设项目竣工验收标准

（1）生产性项目和辅助性公用设施已按设计要求完成，能满足生产使用要求。

（2）主要工艺设备、动力设备已形成生产能力，能够生产设计文件所规定的产品。

（3）必要的生产设施，并已按设计要求建成合格。

（4）生产准备工作能适应投产的需要。

（5）环境保护设施、劳动安全卫生设施、消防设施已按设计要求与主体工程同时建成使用。

（6）生产性投资项目的施工和竣工验收。

①土建工程验收标准。凡生产性工程、辅助公用设施及生活设施按照设计图纸、技术说明书、验收规范进行验收，工程质量符合各项要求，在工程内容上按规定全部施工完毕。

②安装工程验收标准。按照设计要求的施工项目内容、技术质量要求及验收规范的规定，各道工序全部保质保量施工完毕，即工艺、燃料、热力等各种管道已做好清洗、试压、吹扫、油漆、保温等工作，各项设备、电气、空调、通信的工程项目全部安装结束，经过单机、联机无负荷投料试车，全部符合安装技术的质量要求，具备形成设计能力的条件。

③人防工程验收标准。凡有人防工程或结合建设的人防工程的竣工验收必须符合人防工程的有关规定，并且要求按工程等级安装防护密闭门，室外通道在人防密闭门外的部位增设防护门进、排风口等孔口。目前没有设备的，做好

基础和预埋件，具有设备即能安装的条件以后，应做到内部粉饰完工，内部照明设备安装完毕并可通电，工程无漏水，回填土结束，通道畅通，等等。

④大型管道工程验收标准。大型管道工程按照设计内容、设计要求、施工规格、验收规范全部（或分段）按质量敷设施工完毕，必须符合规定，达到合格要求，管道内部垃圾要清除，输油管道、自来水管道还要经历清洗和消毒，输气管道还要经过通气换气。在施工前，对管道材质用防腐蚀层要根据规定标准进行验收，钢管要注意焊接质量，并加以评定和验收。对设计中选定的闸阀产品质量要慎重检验。地下管道施工后，对覆土要求分层夯实，确保道路质量。

（7）工程结算和竣工决算通过有关部门审查和审计。

（二）民用建设项目竣工验收标准

（1）建设项目各单位工程和单项工程均已符合项目竣工验收标准。

（2）建设项目配套工程和附属工程均已施工结束，达到设计规定的相应质量要求，并具备正常使用条件。

五、建设工程竣工验收的内容

（一）工程资料验收

工程资料验收包括工程技术资料验收、工程综合资料验收和工程财务资料验收。

1. 工程技术资料验收内容

（1）工程地质、水文、气象、地形、地貌、建筑物、构筑物及重要设备安装位置、勘察报告、记录。

（2）初步设计、技术设计或扩大初步设计、关键的技术试验、总体规划设计。

（3）土质试验报告、基础处理。

（4）建筑工程施工记录、单位工程质量检验记录、管线强度、密封性试验报告、设备及管线安装施工记录及质量检查、仪表安装施工记录。

（5）设备试车、验收运转、维修记录。

249

（6）产品的技术参数、性能、图纸、工艺说明、工艺规程、技术总结、产品检验、包装、工艺图。

（7）设备的图纸、说明书。

（8）涉外合同、谈判协议、意向书。

（9）各单项工程及全部管网竣工图等的资料。

2. 工程综合资料验收内容

（1）项目建议书及批件、可行性研究报告及批件、项目评估报告、环境影响评估报告书、设计任务书。

（2）土地征用申报及批准的文件、承包合同、招投标及合同文件、施工执照、项目竣工验收报告、验收鉴定书。

3. 工程财务资料验收内容

（1）历年建设资金供应（拨、贷）情况和应用情况。

（2）历年批准的年度财务决算。

（3）历年年度投资计划、财务收支计划。

（4）建设成本资料。

（5）支付使用的财务资料。

（6）设计概算、预算资料。

（7）竣工决算资料。

（二）建筑工程验收内容

（1）建筑物的位置、标高、轴线是否符合设计要求。

（2）对基础工程中的土石方工程、垫层工程、砌筑工程等资料的审查验收。

（3）对结构工程中的砖木结构、砖混结构、内浇外砌结构、钢筋混凝土结构的审查验收。

（4）对屋面工程的屋面瓦、保温层、防水层等的审查验收。

（5）对门窗工程的审查验收。

（6）对装饰工程的审查验收（抹灰、油漆等工程）。

（三）安装工程验收内容

安装工程验收可分为建筑设备安装工程验收、工艺设备安装工程验收和动力设备安装工程验收。

（1）建筑设备安装工程（指民用建筑物中的上下水管道、暖气、天然气或煤气、通风、电气照明等安装工程）验收时应检查这些设备的规格、型号、数量、质量是否符合设计要求，检查安装时的材料、材质、材种，检查试压、闭水试验、照明。

（2）工艺设备安装工程包括生产、起重、传动、实验等设备的安装，附属管线敷设以及油漆、保温等。验收时，应检查设备的规格、型号、数量、质量、安装的位置、标高、机座尺寸、质量、单机试车、无负荷联动试车、有负荷联动试车是否符合设计要求，检查管道的焊接质量、洗清、吹扫、试压、试漏、油漆、保温等及各种阀门。

（3）动力设备安装工程验收是指有自备电厂的项目的验收，或变配电室（所）、动力配电线路的验收。

六、建设工程竣工验收的组织和职责

251

（一）成立竣工验收委员会

根据工程规模大小和复杂程度组成验收委员会或验收组，其人员应由银行、物资、环保、劳动、统计、消防及其他有关部门的专业技术人员和专家组成。建设主管部门和建设单位（业主）、接管单位、施工单位、勘察设计及工程监理等有关单位也应参加验收工作。

（1）大、中型和限额以上建设项目及技术改造项目由国家发改委或国家发改委委托项目主管部门、地方政府部门组织验收。

（2）小型和限额以下建设项目及技术改造项目由项目主管部门或地方政府部门组织验收。

（二）验收委员会（验收组）的职责

（1）负责审查工程建设的各个环节，听取各有关单位的工作报告。

（2）审阅工程档案资料，实地考察建筑工程和设备安装工程情况。

（3）对工程设计、施工和设备质量、环境保护、安全卫生、消防等方面客观地做出全面的评价。

（4）处理交接验收过程中出现的有关问题，应核定移交工程清单，签订交工验收证书。

（5）签署验收意见，对遗留问题应提出具体解决意见并限期落实完成，不合格工程不予验收，并提出竣工验收工作的总结报告和国家验收鉴定书。

第二节　竣工验收的程序

建设项目全部建成，各单项工程的验收符合设计要求，并且具备竣工图表、竣工决算、工程总结等必要文件资料，由建设项目主管部门或发包人向负责验收的单位提出竣工验收申请报告，按程序验收。工程验收报告应经项目经理和承包人有关负责人审核签字。按照中华人民共和国住房和城乡建设部《房屋建筑工程和市政基础设施工程竣工验收暂行规定》的有关内容，竣工验收的一般程序如下。

一、承包人申请交工验收

承包人完成合同工程或按合同约定可分部移交工程的，可申请交工验收。交工验收一般为单项工程，但在某些特殊情况下也可以是单位工程的施工内容，如特殊基础处理工程、发电站单机机组完成后的移交等。承包人施工的工程达到竣工的条件后，应先进行预备安装工程，要与发包人和监理人共同进行无负荷的单机和联机试车。承包人在完成上述工作和准备好竣工资料后，即可向发包人提交"工程竣工报验单"。

二、监理人现场初步验收

监理人收到"工程竣工报验单"后，应由总监理工程师组成验收组，对竣工的工程项目竣工资料和专业工程的质量进行初验。在初验中发现的质量问题，验收组要及时书面通知承包人，令其修理甚至返工。经整改合格后监理工程师签署"工程竣工报验单",并向发包人提出质量评估报告,直至现场初步验收工程结束。

三、单项工程验收

单项工程验收又称交工验收,即验收合格后发包人方可投入使用。由发包人组织的交工验收由监理人、设计单位、承包人、工程质量监督部门等参加,主要依据国家颁发的有关技术规范和施工承包合同,对以下几个方面进行检查或检验。

(1)检查、核实竣工项目准备移交给发包人的所有技术资料的完整性、准确性。

(2)按照设计文件和合同,检查已完工程是否有漏项。

(3)检查工程质量、隐藏工程验收资料、关键部位的设施记录等,考察施工质量是否达到合同的要求。

(4)检查试车记录及试车中发现的问题是否得到改正。

(5)在交工验收中发现需要返工、修补的工程,明确规定完成期限。

(6)涉及的其他有关问题。

验收合格后,发包人和承包人共同签署"交工验收证书",然后由发包人将有关技术资料和试车记录、试车报告及交工报告一并上报主管部门,经批准后该部分工程即可投入使用。验收合格的单项工程在全部工程验收时,原则上不再办理验收手续。

四、全部工程竣工验收

全部施工过程完成后,由国家主管部门组织的竣工验收,又称动用验收。发包人参与全部竣工验收。全部工程竣工验收可分为验收准备、预验收和正式验收三个阶段。

(一)验收准备

发包人、承包人和其他有关单位均应进行验收准备,验收准备的主要工作内容如下。

(1)收集、整理各类技术资料,分类装订成册。

253

（2）核实建筑安装工程的完成情况，列出已交工工程和未完成工程一览表，包括单位工程名称、工程量、预算估计以及预计完成时间等内容。

（3）提交财务决算分析。

（4）检查工程质量，查明必须返工或修补的工程并提出具体的时间安排，预申报工程质量等级的评定，做好相关材料的准备工作。

（5）整理汇总项目档案资料，绘制工程竣工图。

（6）登载固定资产，编制固定资产构成分析表。

（7）落实生产准备各项工作，提出试车检查的情况报告、总结试车考评情况。

（8）编写竣工结算分析报告和竣工验收报告。

（二）预验收

（1）核实竣工验收准备工作内容，确认竣工项目所有档案资料的完整性和准确性。

（2）检查项目建设标准、评定质量，对竣工验收准备过程中有争议的问题、隐患及遗留问题提出处理意见。

（3）检查财务账表是否齐全并验证数据的真实性。

（4）检查试车情况和生产准备情况。

（5）编写竣工预验收报告和移交生产准备情况报告，在竣工预验收报告中应说明项目的概况，对验收过程进行阐述，对工程质量做出总体评价。

（三）正式验收

建设项目的正式竣工验收是由国家、地方政府、建设项目投资商或开发商以及有关单位领导和专家参加的最终整体验收。大、中型和限额以上的建设项目的正式验收由国家投资主管部门或其委托项目主管部门或地方政府组织验收，一般由竣工验收委员会主任主持，具体工作可由总监理工程师组织实施。国家重点工程的大型建设项目由国家有关部委邀请有关方面参加，组成工程验收委员会进行验收。小型和限额以下的建设项目由项目主管部门组织，发包人、监理人、承包人、设计单位和使用单位共同参加验收工作。

（1）发包人、勘察设计单位分别汇报工程合同履约情况和在工程建设各环节执行法律、法规与工程建设强制性标准的情况。

（2）听取承包人汇报建设项目的施工情况、自验情况和竣工情况。

（3）听取监理人汇报建设项目监理内容和监理情况以及对项目竣工的意见。

（4）组织竣工验收小组全体人员进行现场检查，了解项目现状、检验项目质量，及时发现存在和遗留问题。

（5）审核竣工项目移交生产使用的各种档案资料。

（6）评审项目质量，对主要工程部位的施工质量进行复验、鉴定，对工程设计的先进性、合理性和经济性进行复验和鉴定，按设计要求和建筑安装工程施工的验收规范及质量标准进行质量评定验收。在确认工程符合竣工标准和合同条款规定后，签发竣工验收合格证书。

（7）审核试车规程，检查投产试车情况，核定收尾工程项目，对遗留问题提出处理意见。

（8）签署竣工验收鉴定书，对整个项目做出总的验收鉴定。竣工验收鉴定书是表示建设项目已经竣工并交付使用的重要文件，是全部固定资产交付使用和建设项目正式动用的依据。

255

整个建设项目竣工验收后，发包人应及时办理固定资产交付使用手续，但应将单项工程交工验收证书作为最终验收的附件加以说明。发包人在竣工验收过程中，若发现工程不符合竣工条件，应责令承包人进行返修，并重新组织竣工验收，直到通过验收。

负责监督该工程的工程质量监督机构应当对工程竣工验收的组织形式、验收程序、执行验收标准等情况进行现场监督，发现有违反建设工程质量管理规定行为的，责令改正，并将对工程竣工验收的监督情况作为工程质量监督报告的重要内容。

另外，建设单位还应就工程项目取得规划部门、公安消防部门以及环保单位出具的认可文件或准许使用文件，在建设工程竣工验收合格之日起15日内按建设工程项目分级管理权限向建设行政主管部门办理备案手续。

第三节　建设工程项目竣工财务决算

一、建设项目竣工决算的概念及作用

（一）建设项目竣工决算的概念

竣工决算是以实物数量和货币指标为计量单位，综合反映竣工项目从筹建开始到项目竣工交付使用为止的全部建设费用、建设成果和财务情况的总结性文件，是竣工验收报告的重要组成部分，也是正确核定新增固定资产价值、考核分析投资效果、建立健全经济责任制的依据。

（二）建设项目竣工决算的作用

（1）建设项目竣工决算是综合、全面地反映竣工项目建设成果及财务情况的总结性文件，它采用货币指标、实物数量、建设工期和各种技术经济指标综合、全面地反映建设项目自开始建设到竣工为止的全部建设成果和财务状况。

（2）建设项目竣工决算是办理交付使用资产的依据，也是竣工验收报告的重要组成部分。建设单位与使用单位在办理交付资产的验收交接手续时，通过竣工决算反映了交付使用资产的全部价值，包括固定资产、流动资产、无形资产和其他资产的价值。同时，它详细提供了交付使用资产的名称、规格、数量、型号和价值等明细资料，是使用单位确定各项新增资产价值并等级入账的依据。

（3）建设项目竣工决算是分析和审查设计概算的执行情况、考核投资效果的依据。竣工决算反映了竣工项目计划、实际的建设规模、建设工期，以及设计和实际的生产能力，反映了概算投资和实际的建设成本，还反映了所达到的主要技术经济指标。通过对这些指标计划数、概算数与实际数进行对比分析，不仅可以全面掌握建设项目计划和概算执行情况，还可以考核建设项目投资效果，为今后制订基建计划、降低建设成本、提高投资效果提供必要的资料。

二、竣工决算的内容

建设项目竣工决算应包括从筹集到竣工投产全过程的全部实际费用，即建筑工程费、安装工程费、设备工器具购置费及预备费、投资方向调节税等。按照财政部、国家发改委、住房和城乡建设部的有关文件规定，竣工决算是由竣工财务决算说明书、竣工财务决算报表、工程竣工图和工程竣工造价对比分析四部分组成。前两部分又称建设项目竣工财务决算，是竣工决算的核心内容。

（一）竣工决算报告情况说明书

竣工决算报告情况说明书主要反映竣工工程建设成果和经验，是对竣工决算报表进行分析和补充说明的文件，是全面考核分析工程投资与造价的书面总结。其内容主要包括以下几个方面：

（1）建设项目概况。一般从进度、质量、安全和造价施工方面进行分析说明。进度方面主要说明开工和竣工时间，对照合理工期和要求工期分析是提前还是延期；质量方面主要根据竣工验收委员会或相当一级质量监督部门的验收评定等级、合格率和优良品率；安全方面主要根据劳动工资和施工部门的记录，对有无设备和人身事故进行说明；造价方面主要对照概算造价，说明节约还是超支，用金额和百分率进行分析说明。

（2）资金来源及运用等财务分析。此部分内容主要包括工程价款结算、会计账务的处理、财产物资情况及债权债务的清偿情况。

（3）基本建设收入、投资包干结余、竣工结余资金的上交分配情况。通过对基本建设投资包干情况的分析，说明投资包干数、实际支用数和节约额、投资包干节余的有机构成和包干节余的分配情况。

（4）各项经济技术指标的分析。概算执行情况分析，即根据实际投资完成额与概算进行对比分析；新增生产能力的效益分析，如支付使用财产占总投资额的比例、占支付使用财产的比例，不增加固定资产的造价占投资总额的比例，分析有机构成和成果。

257

（5）工程建设的经验、项目管理和财务管理工作以及竣工财务决算中有待解决的问题。

（6）需要说明的其他事项。

（二）竣工财务决算报表

建设项目竣工财务决算报表根据大、中型建设项目和小型建设项目分别制定。大、中型建设项目竣工决算报表包括建设项目竣工财务决算审批表，大、中型建设项目概况表，大、中型建设项目竣工财务决算表，大、中型建设项目交付使用资产总表。小型建设项目竣工财务决算报表包括建设项目竣工财务决算审批表、竣工财务决算总表、建设项目交付使用资产明细表。

1. 建设项目竣工财务决算审批表

建设项目竣工财务决算审批表作为竣工决算上报有关部门审批时使用，其格式是按照中央级小型项目审批要求设计的，地方级项目可按审批要求做适当修改，大、中、小型项目均要按照下列要求填报此表，如表8-1所示。

表8-1　建设项目竣工财务决算审批表

建设项目法人（建设单位）		建设性质	
建设项目名称		主管部门	
开户银行意见： （盖章） 年　　月　　日			
专员办审批意见： （盖章） 年　　月　　日			
主管部门或地方财政部门审批意见： （盖章） 年　　月　　日			

（1）表8-1中"建设性质"按照新建改建、扩建、迁建和恢复建设项目等分类填列。

（2）表8-1中"主管部门"是指建设单位的主管部门。

（3）所有建设项目均需经过开户银行签署意见后，按照有关要求进行报批：中央级小型项目由主管部门签署意见后，再由主管部门签署意见报财政部审批；地方级项目由同级财政部门签署审批意见。

（4）已具备竣工验收条件的项目，3个月内应及时填报审批表，如3个月内不办理竣工验收和固定资产移交手续的，视同项目已正式投产，其费用不得从基本建设投资中支付，所实现的收入作为经营收入，不再作为基本建设收入管理。

2. 大、中型建设项目概况表

大、中型项目概况表的内容主要包括该项目总投资、建设起止时间新增生产能力主要材料消耗、建设成本、完成主要工程量和主要技术经济指标，旨在为全面考核和分析投资效果提供依据。可按下列要求填写：

（1）"建设项目名称""建设地址""主要设计单位""主要承包人"要按全称填列。

（2）表中各项目的设计、概算、计划等指标根据批准的设计文件和概算、计划等确定的数字填列。

（3）表中所列"新增生产能力""完成主要工程量"、主要材料消耗的实际数据根据建设单位统计资料和承包人提供的有关成本核算资料填列。

（4）表中"基建支出"是指建设项目从开工起至竣工为止发生的全部基本建设支出，包括形成资产价值的交付使用资产，如固定资产、流动资产、无形资产、其他资产支出，还包括不形成资产价值按照规定应核销的非经营项目的待核销基建支出和转出投资。上述支出应根据财政部门历年批准的"基建投资表"中的有关数据填列。

（5）表中"初步设计和概算批准日期、文号"按最后经批准的日期和文件号填列。

（6）表中"收尾工程"是指全部工程项目验收后尚遗留的少量收尾工程，应明确填写收尾工程的内容、完成时间及这部分工程的实际成本，可根据实际情况进行估算并加以说明，完工后不再编制竣工决算。

3. 大、中型建设项目竣工财务决算表

大、中型建设项目竣工财务决算表用来反映建设项目的全部资金来源和资金占用情况，是考核和分析投资效果的依据。该表反映竣工的大、中型建设项目从开工到竣工为止全部资金来源和资金运用的情况，是考核和分析投资效果、落实结余资金，并作为报告上级核销基本建设支出和基本建设拨款的依据。在编制该表前，应先编制项目竣工年度财务决算，根据编制的竣工年度财务决算和历年财务决算编制项目的竣工财务决算。此表采用平衡表形式，即资金来源合计等于资金支出合计。其具体编制方法如下：

（1）资金来源包括基建拨款、项目资本金、项目资本公积金、基建借款、上级拨人投资借款、企业债券资金、待冲基建支出、应付款和未交款，以及上级拨入资金和企业留成收入等。

①项目资本金是指经营性项目投资者按国家有关项目资本金的规定，筹集并投入项目的非负债资金，在项目竣工后，相应转为生产经营企业的国家资本金、法人资本金、个人资本金和外商资本金。

②项目资本公积金是指经营性项目对投资者实际缴付的出资额超过其资金的差额（包括发行股票的溢价净收入）、资产评估确认价值或者合同协议约定价值与原账面净值的差额，接收捐赠的财产、资本汇率折算差额，在项目建设期间作为资本公积金项目建成交付使用并办理竣工决算后，转为生产经营企业的资本公积金。

③基建收入是基建过程中形成的各项工程建设副产品变价净收入、负荷试车的试运行收入以及其他收入。在表中，基建收入以实际销售收入扣除销售过程中所发生的费用和税后的实际纯收入填写。

（2）表中"交付使用资产""预算拨款""自筹资金拨款""其他拨款""项目资本""基建投资借款""其他借款"等项目是指自开工建设至竣工的累计数。上述有关指标应根据历年批复的年度基本建设财务决算和竣工年度的基本建设财务决算中资金平衡表相应项目的数字进行汇总填写。

（3）表中其余项目费用是办理竣工验收时的结余数，根据竣工年度财务决算中资金平衡表的有关项目期末数填写。

（4）资金支出反映建设项目从开工准备到竣工全过程资金支出的情况，内容包括基建支出、应收生产单位投资借款、库存器材、货币资金、有价证券和预付及应收款，以及拨付所属投资借款和库存固定资产。资金支出总额应等于资金来源总额。

（5）基建结余资金可以按下列公式计算：

基建结余资金＝基建拨款＋项目资本＋项目资本公积金＋基建投资借款＋企业债券基金＋待冲基建支出－基本建设支出－应收生产单位投资借款

$$(8-1)$$

4. 大、中型建设项目交付使用资产总表

大、中型建设项目交付使用资产总表如表 8-2 所示。

表 8-2　大、中型建设项目交付使用资产总表

单位：元

序　号	单位工程项目名称	总　计	固定资产				流动资产	无形资产	其他资产
			合计	建安工程	设备	其他			

交付单位：　　　　负责人：　　　　　　接收单位：　　　　负责人：

盖　章　　　　年 月 日　　　　　　盖　章　　　　年 月 日

261

表 8-2 反映的是建设项目建成后新增固定资产、流动资产、无形资产和其他资产价值的情况和价值，主要作为财产交接、检查投资计划完成情况和分析投资效果的依据。小型项目不编制"交付使用资产总表"，直接编制"交付使用资产明细表"。大、中型项目在编制"交付使用资产总表"的同时，需要编制"交付使用资产明细表"。大、中型建设项目交付使用资产总表具体编制方法如下：

（1）表 8-2 中各栏目数据根据"交付使用明细表"的固定资产、流动资产、无形资产和其他资产的各相应项目的汇总数分别填写，表中总计栏的总计数应与竣工财务决算表中的交付使用资产的金额一致。

（2）表 8-2 中第 4、8、9、10 栏的合计数应分别与竣工财务决算表交付使用的固定资产、流动资产、无形资产和其他资产的数据相符。

5. 建设项目交付使用资产明细表

建设项目交付使用资产明细表主要反映交付使用的固定资产、流动资产、无形资产和其他资产及其价值的明细情况，是办理资产交接和接收单位

登记资产账目的依据，是使用单位建立资产明细账和登记新增资产价值的依据。大、中型和小型建设项目均应编制此表。编制时要做到齐全完整，数字准确，各栏目价值应与会计账目中相应科目的数据保持一致。建设项目交付使用资产明细表具体编制方法如下：

（1）表中"建筑工程"项目应按单项工程名称填列其结构、面积和价值。其中，结构按钢结构、钢筋混凝土结构、混合结构等结构形式填写；面积则按各项目实际完成面积填列；价值按交付使用资产的实际价值填写。

（2）表中"固定资产"部分要在逐项盘点后，根据盘点实际情况填写，工具、器具和家具等低值易耗品可分类填写。

（3）表中"流动资产""无形资产""其他资产"项目应根据建设单位实际交付的名称和价值分别填列。

6. 小型建设项目竣工财务决算总表

由于小型建设项目内容比较简单，因此可将工程概况与财务情况合并编制一张"竣工财务决算总表"，此表主要反映小型建设项目的全部工程和财务情况。具体编制时可参照大、中型建设项目概况表指标和大、中型建设项目竣工财务决算表相应指标内容填写。

262

（三）建设工程竣工图

建设工程竣工图是真实地记录各种地上、地下建筑物、构筑物等情况的技术文件，是工程进行交工验收、维护改建和扩建的依据，是国家的重要技术档案。根据《中华人民共和国建筑法》相关规定，各项新建扩建、改建的基本建设工程，特别是基础、地下建筑、管线、结构、井巷、桥梁隧道、港口、水坝以及设备安装等隐蔽部位都要编制竣工图。为确保竣工图质量，必须在施工过程中（不能在竣工后）及时做好隐蔽工程检查记录，整理好设计变更文件。具体要求如下：

（1）凡按图竣工没有变动的，由承包人（包括总包和分包承包人，下同）在原施工图上加盖"竣工图"标志后，即作为竣工图。

（2）凡在施工过程中，虽有一般性设计变更，但能将原施工图加以修改补充作为竣工图的，可不重新绘制。由承包人负责在原施工图（必须是新蓝图）上注明修改的部分，并附以设计变更通知单和施工说明，加盖"竣工图"标志后，作为竣工图。

（3）凡结构形式、施工工艺、平面布置、项目等发生改变以及有其他重大改变，不宜再在原施工图上修改、补充时，应重新绘制改变后的竣工图。由原设计原因造成的，由设计单位负责重新绘制；由施工原因造成的，由承包人负责重新绘制；由其他原因造成的，由建设单位自行绘制或委托设计单位绘制。承包人负责在新图上加盖"竣工图"标志，并附以有关记录和说明，作为竣工图。

（4）为了满足竣工验收和竣工决算需要，还应绘制反映竣工工程全部内容的工程设计平面示意图。

（四）工程造价比较分析

对控制工程造价所采取的措施效果及其动态的变化需要进行认真对比，总结经验教训。批准的概算是考核建设工程造价的依据。在分析时，可先对比整个项目的总概算，然后将建筑安装工程费、设备工器具费和其他工程费用逐一与竣工决算表中所提供的实际数据和相关资料及批准的概算、预算指标、实际的工程造价进行对比分析，以确定竣工项目总造价是节约还是超支，并在对比的基础上总结先进经验，找出节约和超支的内容和原因，提出改进措施。在实际工作中，应主要分析以下内容：

（1）主要实物工程量。对于实物工程量出入比较大的情况，必须查明原因。

（2）主要材料消耗量。考核主要材料消耗量，要按照竣工决算表中所列明的三大材料实际超概算的消耗量，查明是在工程的哪个环节超出量最大，再进一步查明超耗的原因。

（3）考核建设单位管理费、措施费和间接费的取费标准。建设单位管理费、措施费和间接费的取费标准要按照国家和各地的有关规定，根据竣工决算报表中所列的建设单位管理费与概预算所列的建设单位管理费数额进行比较，依据规定查明是否多列或少列的费用项目，确定其节约或超支的数额，并查明原因。

263

三、竣工决算的编制

（一）竣工决算的编制依据

（1）经批准的可行性研究报告、投资估算书，初步设计或扩大初步设计，修正总概算及其批复文件。

（2）经批准的施工图设计及其施工图预算书。

（3）设计交底或图纸会审会议纪要。

（4）设计变更记录、施工记录或施工签证单及其他施工发生的费用记录。

（5）标底造价、承包合同、工程结算等有关资料。

（6）历年基建计划、历年财务决算及批复文件。

（7）设备、材料调价文件和调价记录。

（8）有关财务核算制度、办法和其他有关资料。

（二）竣工决算的编制要求

为了严格执行建设项目竣工验收制度，正确核定新增固定资产价值，考核分析投资效果，建立健全经济责任制，所有新建、扩建和改建等建设项目竣工后，都应及时、完整、正确地编制好竣工决算。建设单位要做好以下工作。

1. 按照规定组织竣工验收，保证竣工决算的及时性

所有的建设项目（或单项工程）按照批准的设计文件所规定的内容建成后，具备了投产和使用条件的，都要及时组织验收。对于竣工验收中发现的问题，应及时查明原因，采取措施加以解决，以保证建设项目按时交付使用和及时编制竣工决算。

2. 积累、整理竣工项目资料，保证竣工决算的完整性

积累、整理竣工项目资料是编制竣工决算的基础工作，它关系竣工决算的完整性和质量的好坏。因此，在建设过程中，建设单位必须随时收集项目建设的各种资料，并在竣工验收前，对各种资料进行系统整理，分类立卷，为编制竣工决算提供完整的数据资料，为投产后加强固定资产管理提供依据。在工程竣工时，建设单位应将各种基础资料与竣工决算一起移交生产单位或使用单位。

3. 清理、核对各项账目，保证竣工决算的正确性

工程竣工后，建设单位要认真核实各项交付使用资产的建设成本；做好各项账务、物资以及债权的清理结余工作，应偿还的及时偿还，该收回的及时收回，对各种结余的材料、设备、施工机械工具等，要逐项清点核实，妥善保管，按照国家有关规定进行处理，不得任意侵占；对于竣工后的结余资金，要按规定上交财政部门或上级主管部门。做完上述工作，在核实各项数字的基础上，正确编制从年初起到竣工月份止的竣工年度财务决算，以便根据历年的财务决算和竣工年度财务决算进行整理汇总，编制建设项目决算。

按照规定，竣工决算应在竣工项目办理验收交付手续后一个月内编好，并上报主管部门，有关财务成本部分还应送经办行审查签证。主管部门和财政部门对报送的竣工决算审批后，建设单位即可办理决算调整和结束有关工作。

（三）竣工决算的编制步骤

（1）收集、整理和分析有关依据资料。在编制竣工决算文件之前，应系统地整理所有的技术资料、工料结算的经济文件、施工图纸和各种变更与签证资料，并分析它们的准确性。完整、齐全的资料是准确而迅速编制竣工决算的必要条件。

（2）清理各项财务、债务和结余物资。在收集、整理和分析有关资料时，要特别注意建设工程从筹建到竣工投产或使用的全部费用的各项账务、债权和债务的清理，做到工程完毕账目清晰，既要核对账目，又要查点库有实物的数量，做到账与物相等、账与账相符。对于结余的各种材料、工器具和设备，要逐项清点核实，妥善管理，并按规定及时处理，收回资金。对于各种往来款项，要及时进行全面清理，为编制竣工决算提供准确的数据和结果。

（3）核实工程变动情况。重新核实各单位工程、单项工程造价，将竣工资料与原设计图纸进行查对、核实，确认实际变更情况，根据经审定的承包人竣工结算等原始资料，按照有关规定对原预算进行增减调整，重新核定建设项目实际造价。

（4）编制建设工程竣工决算说明。按照建设工程竣工决算说明的内容要求，根据编制依据材料填写在报表中的结果，编写文字说明。

（5）填写竣工决算报表。按照建设工程决算表格中的内容，根据编制依

据中的有关资料进行统计或计算各个项目和数量，并将其结果填到相应表格的栏目内，完成所有报表的填写。

（6）做好工程造价对比分析。

（7）清理、装订好竣工图。

（8）上报主管部门审查。将上述编写的文字说明和填写的表格经核对无误后，装订成册，即为建设工程竣工决算文件。将其上报主管部门审查，并把其中财务成本部分送交开户银行签证。竣工决算在上报主管部门的同时，抄送有关设计单位。大、中型建设项目的竣工决算还应抄送财政部，建设银行总行，省、市、自治区的财政局和建设银行分行各一份。建设工程竣工决算的文件由建设单位负责组织人员编写，在竣工建设项目办理验收使用一个月之内完成。

四、新增资产价值的确定

（一）新增资产价值的分类

建设项目竣工投入运营后，所花费的总投资形成相应的资产。按照新的财务制度和企业会计准则，新增资产按资产性质可分为固定资产、流动资产、无形资产和其他资产四大类。

有关资产的分类标准可参见"工程造价管理基础理论"等相关内容。

（二）新增资产价值的确定方法

1.新增固定资产价值的确定

新增固定资产价值是建设项目竣工投产后所增加的固定资产的价值，它是以价值形态表示的固定资产投资最终成果的综合性指标。新增固定资产价值的计算以独立发挥生产能力的单项工程为对象。单项工程建成经有关部门验收鉴定合格，正式移交生产或使用，即应计算新增固定资产价值。一次交付生产或使用的工程，一次计算新增固定资产价值；分期分批交付生产或使用的工程，应分期分批计算新增固定资产价值。在计算时应注意以下几种情况：

（1）对于为了提高产量质量、改善劳动条件、节约材料消耗、保护环境而建设的附属辅助工程，只要全部建成，正式验收交付使用后就要计入新增固定资产价值。

（2）对于单项工程中不构成生产系统，但能独立发挥效益的非生产性项目，如住宅、食堂、医务所、托儿所、生活服务网点等，在建成并交付使用后，也要计算新增固定资产价值。

（3）凡购置达到固定资产标准不需要安装的设备、工器具，应在交付使用后计入新增固定资产价值。

（4）属于新增固定资产价值的其他投资应随同受益工程交付使用的同时一并计入。

（5）交付使用财产的成本应按下列内容计算。

①房屋、建筑物、管道、线路等固定资产的成本包括建筑工程成果和应分摊的待摊投资。

②动力设备和生产设备等固定资产的成本包括需要安装设备的采购成本、安装工程成本、设备基础支出等建筑工程成本或砌筑锅炉及各种特殊炉的建筑工程成本应分摊的待摊投资。

③运输设备及其他不需要安装的设备、工具、器具、家具等固定资产一般仅计算采购成本，不计分摊的待摊投资。

（6）共同费用的分摊方法。新增固定资产的其他费用，如果属于整个建设项目或两个以上单项工程，那么在计算新增固定资产价值时，应在各单项工程中按比例分摊。一般情况下，建设单位管理费按建筑工程、安装工程、需安装设备价值总额作为比例分摊，而土地征用费、勘察设计费等费用则按建筑工程造价分摊。

2.新增流动资产价值的确定

流动资产是指可以在一年内或者超过一年的一个营业周期内变现或者运用的资产，包括货币性资金、短期投资、存货、应收及预付款项、其他流动资产等。

（1）货币性资金。货币性资金是指现金、各种银行存款及其他货币资金。现金是指企业的库存现金，包括企业内部各部门用于周转使用的备用金；各种存款是指企业的各种不同类型的银行存款；其他货币资金是指除现金和银行存款以外的其他货币资金，根据实际入账价值核定。

（2）短期投资包括股票、债券、基金。股票和债券根据是否可以上市流通分别采用市场法和收益法确定其价值。

（3）存货。存货是指企业的库存材料、在产品、产成品等。各种存货应当按照取得时的实际成本计价。存货的形成主要有外购和自制两个途径。外购的存货主要按照买价加运输费、装卸费、保险费、途中合理损耗、入库前加工、整理及挑选费用、缴纳的税金等计价；自制的存货主要按照制造过程中的各项实际支出计价。

（4）应收及预付款项。应收账款是指企业因销售商品、提供劳务等应向购货单位或受益单位收取的款项；预付款项是指企业按照购货合同预付给供货单位的购货定金或部分货款。应收及预付款项包括应收票据、应收款项、其他应收款、预付货款和待摊费用。一般情况下，应收及预付款项按企业销售商品产量或提供劳务时的实际成交金额入账核算。

3.新增无形资产价值的确定

我国作为评估对象的无形资产通常包括专利权、非专利技术、生产许可证、特许经营权、租赁权、土地使用权、矿产资源勘探权和采矿权、商标权、版权、计算机软件及商誉等。

（1）无形资产的计价原则。

①投资者按无形资产作为资本金或者合作条件投入时，按评估确认或合同协议约定的金额计价。

②购入的无形资产按照实际支付的价款计价。

③企业自创并依法申请取得的，按开发过程中的实际支出计价。

④企业接受捐赠的无形资产按照发票账单所载金额或者同类无形资产市场价作价。

⑤无形资产计价入账后，应在其有效使用期内分期摊销，即企业为无形资产支出的费用应在无形资产的有效期内得到及时补偿。

（2）无形资产的计价方法。

①专利权的计价。专利权分为自创和外购两类。自创专利权的价值为开发过程中的实际支出，主要包括专利的研制成本和交易成本。研制成本包括直接成本和间接成本：直接成本是指研制过程中直接投入发生的费用（主要包括材料费用、工资费用、专用设备费、资料费、咨询鉴定费、协作费、培训费和差旅费等）；间接成本是指与研制开发有关的费用（主要包括管理

费、非专用设备折旧费、应分摊的公共费用及能源费用）。交易成本是指在交易过程中的费用支出（主要包括技术服务费、交易过程中的差旅费及管理费、手续费、税金等）。由于专利权是具有独占性并能带来超额利润的生产要素，所以专利权转让价格不按成本估价，而是按照其所能带来的超额收益计价。

②非专利技术的计价。非专利技术具有使用价值，这是非专利技术本身应具有的。如果非专利技术是自创的，一般不作为无形资产入账，自创过程中发生的费用，按当期费用处理。对于外购非专利技术，应由法定评估机构确认后再进行估价，其方法往往通过能产生的收益采用收益法进行估价。

③商标权的计价。如果商标权是自创的，一般不作为无形资产入账，而将商标设计制作、注册、广告宣传等发生的费用直接作为销售费用计入当期损益。只有当企业购入或转让商标时，才需要对商标权计价。商标权的计价一般根据被许可方新增的收益确定。

④土地使用权的计价。根据取得土地使用权的方式不同，土地使用权可有以下几种计价方式：当建设单位向土地管理部门申请土地使用权并为之支付一笔出让金时，土地使用权作为无形资产核算；如建设单位获得土地使用权是通过行政选拔的，这时土地使用权就不能作为无形资产核算；在将土地使用权有偿转让、出租抵押、作价入股和投资，按规定补交土地出让价款时，才作为无形资产核算。

269

第四节　建设工程项目后评价

建筑工程项目后评价是工程项目竣工投产、生产运营一段时间后，再对项目的立项决策、设计施工、竣工投产、生产运营等全过程进行系统评价的一种技术活动，是固定资产管理的一项重要内容，也是固定资产投资管理的最后一个环节。通过建设项目后评价可以达到肯定成绩、总结经验、研究问题、吸取教训、提出建议、改进工作、不断提高项目决策水平和投资效果的目的，所以项目完成并移交（或转让）以后，应该及时进行项目的考核评价。项目主体（法人或项目公司）应根据项目范围管理和组织实施方式的不同，分别采取不同的项目考核评价办法。特别应该注意提升自己考核的评价层面和思维方式、站在项目投资人的高度综合考虑项目的社会、经济及企业效益，把自己的项目投资人、项目实施人、项目融资人的角色结合起来，客观、全面地进行项目的考核评价。

一、建筑工程项目后评价概述

（一）建筑工程项目后评价的目的

项目考核评价工作是项目管理活动中很重要的一个环节，它是对项目管理行为、项目管理效果以及项目管理目标实现程度的检验和评定，也是公平、公正地反映项目管理的基础。通过考核评价工作，项目管理人员能够正确认识自己的工作水平和业绩，并且能够进一步总结经验、找出差距、吸取教训，从而提高自身的素质和管理水平。

（二）建筑工程项目后评价的任务

根据项目后评价所要回答的问题和项目自身的特点，项目后评价主要的研究任务如下：

（1）评价项目目标的实现程度。

（2）评价项目的决策过程，主要评价决策所依据的资料和决策程序的规范性。

（3）评价项目具体实施过程。

（4）分析项目成功或失败的原因。

（5）评价项目的勘探效益。

（6）分析项目的影响和可持续发展。

（7）综合评价勘探项目的成功度。

（三）项目后评价的原则

1.现实性

工程项目后评价是对工程项目投产后一段时间所发生的情况的一种总结评价。它分析研究的是项目的实际情况，所依据的数据资料是现实发生的真实数据或根据实际情况重新预测的数据，总结的是现实存在的经验教训，提出的是实际可行的对策措施。工程项目后评价的现实性决定了其评价结论的客观可靠性。

2. 公正性和独立性

后评价必须保证公正性和独立性，这是一条重要的原则。公正性标志着后评价及评价者的信誉，避免在发生问题、分析原因和做结论时避重就轻，受项目利益的束缚和局限，做出不客观的评价。独立性标志着后评价的合法性。后评价是从项目投资者和受援者或项目业主以外的第三者的角度出发，独立地进行，特别要避免项目决策者和管理者自己评价自己的情况发生。公正性和独立性应贯穿后评价的全过程，即从后评价项目的选定、计划的编制、任务的委托、评价者的组成到评价过程和报告。

3. 可信性

后评价的可信性取决于评价者的独立性和经验，取决于资料信息的可靠性和评价方法的实用性，其标志是应同时反映项目的成功经验和失败教训。这就要求评价者具有广泛的阅历和丰富的经验。同时，后评价提出了"参与"的原则，要求项目执行者和管理者参与后评价，以利于收集资料和查明情况。为增强评价者的责任感和可信度，评价报告要注明评论者的名称或姓名。评价报告要说明所用资料的来源或出处，报告的分析和结论应有充分可靠的依据，评价报告还应说明评价所采用的方法。

4. 全面性

工程项目后评价的内容具有全面性：不仅要分析项目的投资过程，还要分析其生产经营过程；不仅要分析项目的投资经济效益，还要分析其社会效益、环境效益等。另外，它还要分析项目经营管理水平和项目发展的后劲和潜力。

5. 透明性

透明性是后评价的另一项重要原则。从可信性看，后评价的透明度越大越好，因为后评价往往需要引起公众的关注，对投资决策活动及其效益和效果实施更有效的社会监督。从后评价成果的扩散和反馈的效果看，成果及其扩散的透明度也是越大越好，以便更多的人借鉴过去的经验教训。

6. 反馈性

工程项目后评价的目的在于为以后的宏观决策、建设提供依据和借鉴。从这一层面看，后评价的最主要特点是具有反馈特性。项目后评价的结果需要反馈到决策部门，作为新项目的立项和评价基础，以及调整工程规划和政策的依据，这是后评价的最终目的。因此，后评价的结论的扩散以及反馈机制、手段和方法成为后评价成败的关键环节之一。国外一些国家建立了"项目管理信息系统"，通过项目周期各个阶段的信息交流和反馈，系统地为后评价提供资料和向决策机构提供后评价的反馈信息。

（四）项目后评价的作用

建设项目后评价的作用体现在以下几个方面。

（1）有利于提高项目决策水平。一个建设项目的成功与否，主要取决于立项决策是否正确。在我国的建设项目中，大部分项目的立项决策是正确的，但也不乏立项决策明显失误的项目。例如，有的工厂建设时，贪大求洋：不认真进行市场预测，建设规模过大；建成投产后，原料靠国外，产品成本高，产品销路不畅，长期亏损，甚至被迫停产或部分停产。后评价将教训提供给项目决策者，这对控制和调整同类建设项目具有重要作用。

（2）有利于提高设计施工水平。通过项目后评价可以总结建设项目设计施工过程中的经验教训，从而有利于不断提高工程设计施工水平。

（3）有利于提高生产能力和经济效益。建设项目投产后，经济效益好坏、何时能达到生产能力（或产生效益）等问题是后评价十分关心的问题。如果有的项目到了达产期不能达产，或虽已达产但效益很差，后评价时就要认真分析原因，提出措施，促其尽快达产，努力提高经济效益，使建成后的项目充分发挥作用。

（4）有利于提高引进技术和装备的成功率。通过后评价，总结引进技术和装备过程中成功的经验和失误的教训，提高引进技术和装备的成功率。

（5）有利于控制工程造价。大、中型建设项目的投资额，少则几亿元，多则几十亿元甚至几百亿元，造价稍加控制就可能节约一笔可观的投资。目前，在建设项目前期决策阶段的咨询评估，在建设过程中的招标投标、投资包干等，都是控制工程造价行之有效的方法。通过后评价，总结这方面的经验教训，对控制工程造价将会起到积极的作用。

二、建筑工程项目后评价的内容

建筑工程项目后评价分为建筑工程项目过程后评价、效益后评价和影响后评价。

（一）建筑工程项目过程后评价

对建筑项目的立项决策、设计施工、竣工投产、生产运营等全过程进行系统分析，找出项目后评价与原预期效益之间的差异及其产生的原因，使后评价结论有根有据，同时针对问题提出解决的办法。

（二）建筑工程项目效益后评价

对于生产性建设项目，要运用投产运营后的实际资料，计算财务内部收益率、财务净现值、财务净现值率、投资利润率、投资利税率、贷款偿还期、国民经济内部收益率、经济净现值、经济净现值率等一系列后评价指标，然后与可行性研究阶段所预测的相应指标进行对比，从经济上分析项目投产运营后是否达到了预期效果。没有达到预期效果的，应分析原因，采取措施，提高经济效益。

273

（三）建筑工程项目影响后评价

通过项目竣工投产（营运、使用）后对社会的经济、政治、技术和环境等方面所产生的影响来评价项目决策的正确性。如果项目建成后达到了原来预期的效果，对国民经济发展、产业结构调整、生产力布局、人民生活水平提高、环境保护等方面都能带来有益的影响，说明项目决策是正确的；如果背离了既定的决策目标，就应具体分析，找出原因，引以为戒。

1. 项目环境影响后评价

在项目影响后评价中，环境影响后评价是项目公司应特别关注的环节，是指对照建筑项目前评估时批准的环境影响报告书，重新审查建筑项目环境影响的实际结果。实施环境影响评价的依据是相关法律的规定、国家和地方环境质量标准、污染物排放标准以及相关产业部门的环保规定。在审核已实施的环境评价报告和评价环境影响的同时，要对未来进行预测，对有可能产生突发性事故的项目进行环境影响的风险分析。

如果建筑项目生产或使用对人类和生态有极大危害的剧毒品，或建筑项目位于环境高度敏感的地区，或建筑项目已发生严重的污染事件，还需要提出一份单独的建筑项目环境影响评价报告。环境影响后评价一般包括五部分内容：项目的污染控制、区域的环境质量、自然资源的利用、区域的生态平衡和环境管理能力。

2. 项目社会影响后评价

社会影响后评价的主要内容是项目对当地经济和社会发展以及技术进步的影响，一般包含六个方面，即项目对当地就业的影响、对当地收入分配的影响、对居民生活条件和生活质量的影响、受益者范围及其反映、各方面的参与情况、地区的发展等。社会评价影响的方法是定性和定量相结合，以定性为主，在诸要素评价分析的基础上进行综合评价。

三、项目后评价的基本方法

建筑工程项目后评价的基本方法有对比分析法、因素分析法、逻辑框架法和成功度评价法等。

（一）对比分析法

对比分析法是项目后评价的基本方法，它包括前后对比法与有无对比法。对比法是建设项目后评价的常用方法。建设项目后评价更注重有无对比法。

1. 前后对比法

项目后评价的前后对比法是指将项目前期的可行性研究和评估的预测结论与项目的实际运行结果相比较，以发现变化和分析原因，用于揭示项目计划、决策和实施存在的问题。采用前后对比法时，要注意前后数据的可比性。

2. 有无对比法

有无对比法是指将投资项目的建设及投产后的实际效果和影响，同没有这个项目可能发生的情况进行对比分析，以度量项目的真实效益、影响和作用。该方法是通过将项目实施所付出的资源代价与项目实施后产生的效果进行对比，以评价项目好坏的项目后评价的一个重要方法。采用有无对比法时，要注意两个重点：一是要分清建设项目的作用和影响与建设项目以外的其他因素的作用和影响；二是要注意参照对比。

（二）因素分析法.

项目投资效果的各指标往往由多种因素决定，只有把综合性指标分解成原始因素，才能确定指标完成好坏的具体原因和症结所在。这种把综合指标分解成各个因素的方法，称为因素分析法。

因素分析的一般步骤：首先，确定某项指标是由哪些因素组成的；其次，确定各个因素与指标的关系；最后，确定各个因素所占份额。如果建设成本超支，就要核算清由于工程量突破预计工程量而造成的超支占多少份额、结算价格上升造成的超支占多少份额等。项目后评价人员应将各影响因素加以分析，找出主要影响因素，并具体分析各影响因素对主要技术经济指标的影响程度。

（三）逻辑框架法

逻辑框架法（LFA）是由美国国际开发署（USAID）在 1970 年开发并使用的一种设计、计划和评价工具，目前已有 2/3 的国际组织把 LFA 作为援助项目的计划管理和后评价的主要方法。

LFA 是将一个复杂项目的多个具有因果关系的动态因素组合起来，用一张简单的框图分析其内涵和关系，以确定项目范围和任务，分清项目目标和达到目标所需手段的逻辑关系，评价项目活动及其成果的方法。在项目后评价中，应用逻辑框架法分析项目原定的预期目标、各种目标的层次、目标实现的程度和项目成败的原因，能够有效评价项目的效果、作用和影响。

LFA 的模式是一个 4×4 的矩阵。横行代表项目目标的层次，即垂直逻辑；竖行则代表如何验证这些目标是否达到，即水平逻辑。垂直逻辑用于分析项目计划做什么，确定项目本身和项目所在地的社会、物质、政治环境中的不确定因素。水平逻辑的目的是要衡量项目的资源和结果，确立客观的验证指标及其指标的验证方法，从而进行分析。水平逻辑要求对垂直逻辑四个层次上的结果做出详细说明。

（四）成功度评价法

成功度评价法是以逻辑框架法分析的项目目标的实现程度和经济效益分析的评价结论为基础，以项目的目标和效益为核心所进行的全面系统的评价。它依靠评价专家或专家组的经验，综合后评价各项指标的评价结果，对项目的成功程度做出定性的结论，也就是通常所说的打分的方法。

进行项目成功度分析时，一般把项目评价的成功度分为五个等级：

（1）非常成功。项目的各项目标都已全面实现或超过，相对成本而言，项目取得巨大的效益和影响。

（2）成功。项目的大部分目标已经实现，相对成本而言，项目达到了预期的效益和影响。

（3）部分成功。项目实现了原定的部分目标，相对成本而言，项目只取得了一定的效益和影响。

（4）大部分不成功。项目实现的目标非常有限，相对成本而言，项目几乎没有产生什么正效益和影响。

（5）不成功。未实现目标，相对成本而言，没有取得任何重大效益，项目不得不终止。

四、项目后评价的工作程序

各个项目的工程额、建设内容、建设规模等不同，其后评价的程序也有所差异，但大致要经过以下几个方面的步骤。

（一）确定后评价计划

制订必要的计划是项目后评价的首要工作。项目后评价的提出单位可以是国家有关部门、银行，也可以是工程项目者。项目后评价机构应当根据项目的具体特点，确定项目后评价的具体对象、范围、目标，据此制订必要的后评价计划。项目后评价计划的主要内容包括组织后评价小组、配备有关人员、安排时间进度、确定后评价的内容与范围、选择后评价所采用的方法等。

276

（二）收集与整理有关资料

根据制订的计划，后评价人员应制定详细的调查提纲，确定调查的对象与调查所用的方法，收集有关资料。这一阶段所要收集的资料主要包括以下几种：

（1）项目建设的有关资料。这方面的资料主要包括项目建议书、可行性研究报告、项目评价报告、工程概算（预算）和决算报告、项目竣工验收报告以及有关合同文件等。

（2）项目运行的有关资料。这方面的资料主要包括项目投产后的销售收入状况、生产（或经营）成本状况、利润状况、缴纳税金状况和建设工程贷款本息偿还状况等。这类资料可从资产负债表、损益表等有关会计报表中反映出来。

（3）国家有关经济政策与规定等资料。这方面的资料主要包括与项目有关的国家宏观经济政策、产业政策、金融政策、工程政策、税收政策、环境保护、社会责任以及其他有关政策与规定等。

（4）项目所在行业的有关资料。这方面的资料主要包括国内外同行业项目的劳动生产率水平、技术水平、经济规模与经营状况等。

（5）有关部门制定的后评价的方法。鉴于各部门规定的项目后评价方法所包括的内容略有差异，项目后评价人员应当根据委托方的意见，选择后评价方法。

（6）其他有关资料。根据项目的具体特点与后评价的要求，还要收集其他有关的资料，如项目的技术资料、设备运行资料等。在收集资料的基础上，项目后评价人员应当对有关资料进行整理、归纳，如有异议或发现资料不足，可做进一步的调查研究。

（三）应用评价方法分析论证

在充分占有资料的基础上，项目后评价人员应根据国家有关部门制定的后评价方法，对项目建设与生产过程进行全面的定量与定性分析论证。

（四）编制项目后评价报告

项目后评价报告是项目后评价的最终成果，是反馈经验教训的重要文

277

件。项目后评价报告的编制必须坚持客观、公正和科学的原则，反映真实情况；报告的文字要准确、简练，尽可能不用过分生疏的专业化词汇；报告内容的结论、建议要和问题分析相对应，并把评价结果与将来规划和政策的制定、修改相联系。

第九章　工程造价管理信息化

第一节　工程造价管理信息化概述

一、工程造价信息管理

（一）工程造价信息管理概述

工程造价信息管理包括信息的收集、加工整理、储存、传递与运用等一系列工作。其目的是通过有组织的信息流通，使决策者能及时、准确地获得相应的信息。在信息管理的过程中，信息的收集要做到及时、可靠和有明确的目的性；信息的传递要迅速、全面并适用优质经济。在工程承发包市场和工程建设中，无论是政府工程造价主管部门还是工程承发包者，都通过接受工程造价信息来了解工程建设市场动态，预测工程造价发展，决定政府的工程造价政策和工程承发包价。我国在加入 WTO 以后，进入一个快速发展时期，工程建设和管理要与国际接轨，工程造价要反映客观事实，工程造价管理的信息化势在必行。通过工程造价的信息化管理，国家有关部门可以方便、快捷、准确地掌握我国基本建设全局情况，以便及时制定政策，从宏观上调控和管理好固定资产投资。

建立工程造价信息化管理系统，可为编制投资估算、初步设计概算、审查施工图预算和招投标工作提供可靠依据。在为建设单位制定标底或施工单位投标报价的工作中，建设单位或招标方可以通过该系统了解前来竞标的建筑施工企业的简历、资质等级等情况，依据造价信息编制标底，减少"人为操作"的可能性，避免盲目性，从而做到客观地评标、定标；对于投标人，特别在实行工程量清单计价后，投标人的自主报价，在更大程度上依赖企业已完工程的历史经验和市场价格。因此，建设施工单位建立自己的工程信息库是非常必要的。

（二）工程造价信息管理的基本原则及特点

工程造价信息管理应遵循以下基本原则：

（1）标准化原则。要求在项目的实施过程中对有关信息的分类进行统一，对信息流程进行规范，力求做到格式化和标准化，从组织上保证信息生产过程的效率。

（2）有效性原则。工程造价信息应针对不同层次管理者的要求进行适当加工，针对不同管理层提供不同要求和不同浓缩程度的信息。这一原则是为了保证决策者决策依据的有效性及决策的正确性。

（3）定量化原则。工程造价信息不应是项目实施过程中所产生的数据分类的简单记录，而应经过信息处理人员的比较与分析，采用定量工具对有关数据进行分析和比较。

（4）时效性原则。考虑到工程造价计价与控制过程的时效性，工程造价信息也应具有相应的时效性，以保证信息产品能够及时服务决策。

（5）高效处理原则。通过采用高性能的信息处理工具，如工程造价信息管理系统，尽量缩短信息处理过程中的延迟。在工程造价管理中使用工程造价信息必须根据当前的工程造价业务及可预见的发展，做出快速反应，以提高应变能力。

工程造价信息管理应具有以下特点：

（1）工程造价信息管理的真实性。使用工程造价信息时，必须辨别其信息的真伪，提高可信度，使工程造价信息能如实反映市场活动的变化。只有抓到真实的工程造价信息，工程造价决策才有可靠的依据，工程造价管理活动才能获得工程造价信息流配置的平衡。

（2）工程造价信息管理的准确性。工程造价信息管理的准确性就是要求辨别工程造价信息是否能准确地反映客观实际情况。对于使用的工程造价信息，千万不可满足于"差不多"而不求甚解，应当对其内容及有关细节有十分准确的把握。

（3）工程造价信息管理的重点性。重点性就是要求区分所使用的工程造价信息的主次，抓住重要的和当前的工程造价问题，尽早地、有步骤地处理。这对于在工程造价管理活动中工程建设不同利益主体来说，是一个关系到工作效率和阶段活动、过程活动连续性的重要问题。

（4）工程造价信息管理的联系性。反映工程造价管理活动中的规律与现象的工程造价信息是有机联系的，没有孤立的工程造价信息，也没有孤立的工程造价信息管理活动。因此，工程建设不同利益主体的工程造价信息使用者在分析工程造价信息的时候，可以通过分析一种工程造价信息同其他工程造价信息之间的联系，来认识工程造价管理活动的实质及其随着市场的变化而发展变化的条件。

（5）工程造价信息管理的发展性。所谓发展性，就是不能用孤立、静态的管理来看待工程造价问题，而要应用辩证的思维去分析工程造价信息，看到工程造价信息及其反映的工程实践问题是发展变化的，并在实践活动中揭示其发展变化的规律性。

（6）工程造价信息管理的时间性。工程造价信息管理过程中信息的使用贵在及时，滞后过时的工程造价信息只能作为工程造价管理活动中的某一阶段、某一过程的历史记录，有时可能失去其现实使用价值。

（7）工程造价信息管理的应变性。能否依据建设市场的情况和工程造价信息的变化而做出必要的管理应变，这是工程造价信息管理使用中至关重要的问题，也是工程造价管理活动中的一项重要艺术，目的是要争得合理合法的经济效益。

（8）工程造价信息管理的针对性。有针对性地管理使用工程造价信息，要求工程造价管理人员从工程造价问题的实际出发，针对各种工程造价管理活动的工程造价信息需求和不同工程造价管理层次、不同工程造价专业的要求来使用工程造价信息，避免使用范围过大，浪费人力、物力、财力以及过多地消耗时间。

（三）在工程造价管理中应用工程造价信息时的注意事项

（1）使用工程造价信息时必须进行可靠性判断。在工程造价管理活动过程中，要注意对所使用的工程造价信息做出可靠性分析判断和裁定，减小收集工程造价信息时因来源的一些主、客观因素所造成的误差。在使用工程造价信息时，只有先对产生工程造价信息误差的原因做出有益的分析，辨别工程造价信息内容的真伪，判断工程造价信息种种差错率的大小及其对工程造价信息质量的影响程度，才能有效地剔除那些误差率大、可靠性差、不合用的、时空失效的工程造价信息。

（2）使用工程造价信息时必须进行先进性判断。工程造价信息的先进性主要从新颖性和创造性两方面判断。使用工程造价信息时要注意判断工程造价信息内容是否有新颖、本质的东西适应工程造价管理活动，是否便于使用。判断工程造价信息的创造性是一个复杂的工程造价信息分析过程，应当注意挖掘契合工程造价管理活动环境的工程造价信息。判断创造性的工程造价信息要面对新情况、适应新环境，使工程造价信息流能够在工程造价管理活动中动态地平衡发展。工程造价管理活动是一个不断发展的过程，时间、区域和条件等的变化加大了工程造价信息配置的难度，因此在实施的过程中，应当注意掌握和判断工程造价信息的先进性，如此才能很好地解决可能出现的各种情况与问题。

（3）使用工程造价信息时必须进行实用性判断。实用性是指工程造价信息可以应用的程度。在工程造价管理中，工程造价信息的实用性是随机的，常带有时间和地域的色彩，因而它受区域环境经济能力、科技水平和人员素质等诸多因素的制约。一般情况下，工程造价信息的实用性主要根据工程造价管理主体对象的实际情况而定。例如，在工程投标的过程中，工程所在地的区域性工程造价信息比较重要，实用性比较强，必须判断这些区域性工程造价信息与造价的实用关系，判断在工程招投标的活动过程中的实际效果。另外，在工程造价全过程的管理中，不同阶段的工程造价管理所使用的工程造价信息有时是不同的，必须进行实用性判断，使这些工程造价信息符合阶段工程造价管理或工程造价管理的需要。

（4）使用工程造价信息时必须进行浓度性判断。工程造价的管理是把技术与经济有机结合起来，通过掌握的工程造价信息进行技术比较、经济分析和效果评价，正确处理两者的对立统一关系，合理确定各个阶段或各个过程的工程造价。在建设程序的各个阶段，应用工程造价信息将所发生的工程造价控制在有效的范围和核定的工程造价限额以内。因此，在使用工程造价信息进行配置时，应当注意从信息应用看工程造价管理的问题，工程造价信息的时间越长，挑选工程造价信息便越费时间，时间成本就越高。此时，应注意进行浓度性判断，即考虑技术与经济之间必须转化为与工程造价过程管理活动紧密相连的工程造价决策信息，以便正确处理工程造价有关问题。

二、工程造价管理信息化建设

虽然近几年我国工程造价信息化建设在信息技术发展的推动下有了很大进步，但是受管理体制、资金投入技术水平等因素影响，工程造价管理信息化整体水平还远远落后于发达国家，与国内其他行业相比也存在很大的差距。因此，如何加快工程造价信息化建设进程，是当前工程造价管理工作的一项重要任务。

（一）工程造价管理信息化建设的必要性和紧迫性

283

21 世纪是信息化的时代，计算机技术和网络通信技术飞速发展，在建设领域里已得到广泛应用。工程造价管理信息化是建设领域信息化的重要组成部分，将在工程造价管理活动中发挥重要作用，并主导工程造价管理未来的发展方向，可以说，信息化已成为工程造价管理的必然趋势。"十一五"工程造价管理改革发展规划指出，将加快建设工程造价信息系统的规划、建设，建立符合现行管理体制和市场机制的工程造价信息管理工作机制，完善全国工程造价信息系统，使全国工程造价信息做到互联互通，为政府提高造价管理决策水平和完善公共信息服务创造条件。因此，工程造价管理信息化建设也是工程造价管理改革发展规划的总体部署和要求。

随着国家标准《建设工程工程量清单计价规范》的颁布执行，工程量清单计价模式全面推行，这是工程造价管理改革发展取得的重大进步。工程量清单计价实行企业自主报价，市场竞争形成价格。工程量清单招标核心就是价格的竞争，工程造价信息的作用更加凸显。由于市场主体询价体系尚不完善，工程造价管理部门发布的工程造价信息仍然是确定和控制造价的重要依据，传统的管理方式已无法满足建设市场需要，迫切需要利用信息技术为工程造价管理服务，加强工程造价动态管理，为推行工程量清单计价创造良好条件，以适应工程造价管理改革与发展的客观需要。提供工程造价信息服务是工程造价管理部门的重要职责，而工程造价管理信息化是提供工程造价信息服务的重要基础。随着改革的深入和发展，迫切需要转变职能，实现由重管理、轻服务到管理与服务并重的转变，工程造价管理信息化建设成为管理部门转变职能的内在要求。

（二）工程造价管理信息化建设存在的主要问题

随着工程造价管理改革的不断深入，工程造价管理信息化建设有了一定的基础，但也存在一些不容忽视的问题。

1. 工程造价管理信息化建设缺乏系统性

工程造价管理信息化建设是一个系统工程，牵涉管理部门、建设市场主体、软件开发企业、造价信息用户等多个方面，需要统一规划、分步实施。然而，目前全国工程造价管理信息化建设规划体系尚不完善，各地工程造价信息化建设缺乏统一规划、建设地点不同、发展不平衡、实施进度不一致。市场培育也相差较大，没有形成统一的体系。

2. 工程造价管理信息化工作机制尚不健全

由于全国工程造价信息管理办法尚未出台，缺乏统一的工程造价管理工作机制，工程造价信息管理缺乏宏观指导和有效协调，各地管理方式各有差异，综合管理层次不高，管理手段较为单一，职责分工不明确，保障措施不得力，信息资源相互封闭。

3. 工程造价管理信息标准体系有待完善

目前，全国各地在工程造价信息分类、材料编码、造价文件数据交换标准等方面进行了积极的探索，对工程造价信息管理发挥了积极的作用。但由于全国建设工程人工、材料、机械设备价格信息数据标准尚未实施，全国工程造价数据文件交换标准缺失，各地区工程定额库数据、工程量清单计价中的数据无法实现交换与共享，工程造价信息资源开发与使用者之间的数据交换、共享也无法实现，工程造价管理信息化建设的进度和规模受到很大影响。

284

4. 工程造价信息开发和利用水平不高

目前，工程造价信息管理技术手段仍显得比较落后，主要通过书面、电子邮件等方式进行信息采集，以手工方式进行数据处理，没有实现对信息资源的远程传递、信息系统自动加工处理，采集点少，信息量小，缺乏分析预测，工作效率低下。信息发布大多依靠纸质媒介，发布数量有限，信息更新滞后，工程数据接口缺乏，造价信息无法为软件用户直接使用。此外，在造价审查、合同备案等造价管理活动中收集的大量造价信息缺乏有效整合，没有利用计算机系统进行深层次开发，也没有对外发布供建设市场使用。

5. 工程造价管理信息化建设资金投入不足

长期以来，建设领域比较注重城市规划、建筑设计施工生产等方面信息化建设的投入，忽视对工程造价管理信息化建设的投入，导致其信息化建设基础相对薄弱。

6. 工程造价管理信息化专业人才缺乏

随着工程造价管理信息化建设的深入，信息系统专业化程度的提高，信息系统的运行、维护和使用需要配备信息化专业人员，而工程造价管理人员中熟悉计算机的不熟悉工程造价，精通工程造价的又不精通计算机技术，且缺乏相应的专业培训，从而导致工程造价管理信息技术在实际工作中使用不足，严重阻碍了工程造价管理信息化建设的步伐。

（三）工程造价管理信息化建设应遵循的基本原则

1. 统一原则

由于工程造价管理信息化建设政策性、专业性强，所以必须加强组织领导，打破部门与地方界线，做到统一规划、统一标准、合作开发、信息互通、资源共享。

2. 标准化原则

工程造价管理信息化建设应采用国家统一的标准分类、编码建库，统一接入口。

3. 网络化原则

应通过建立各层次的造价专业网络使工程造价信息资源的开发者、使用者、管理者之间通过网络连接起来，并通过网络交换数据。

4. 集成化原则

工程造价管理信息化要实现从初始的计算机辅助处理到工程造价信息系统的综合集成，最终实现工程造价信息的互联网集成。

5. 智能化原则

工程造价管理信息系统还应具备数据自动化处理、趋势分析、预测预警功能，为政府部门、管理机构、建设企业科学决策提供支持。

（四）工程造价管理信息化的实现方式

工程造价管理的信息化要以 Internet 技术为支撑，以网络平台为基础，其核心内容是建立工程造价管理网络平台，从功能上划分为工程造价信息采集系统、分析处理系统、发布系统、查询系统、预警系统与维护系统六大模块。

1. 工程造价信息采集系统

（1）设计概算审查子系统：收集设计概算阶段的造价信息，建立设计概算经济指标数据库。

（2）招标控制价监管子系统：实现造价计价监管网上办公自动化，采集招标阶段的造价信息，建立招标控制价数据库。

（3）合同备案子系统：实现合同备案、履约监管网上办公自动化，收集合同备案阶段的造价信息，建立施工合同价数据库。

（4）竣工结算备案子系统：实现竣工结算备案业务网上办公，收集竣工结算阶段造价信息，建立竣工结算价数据库。

（5）信用档案子系统：一是采集工程咨询单位、执业人员基本信息，建立信用档案，加强资质管理；二是收集工程造价信息。

（6）劳务用工及材料价格信息上传子系统：建立人工、材料价格信息数据库。

2. 工程造价信息分析处理系统

（1）劳务用工价格信息数据的分析处理。通过对输入系统的劳务用工价格信息数据进行分析、处理，测算综合的建设工程各工种和实物工程量人工成本信息及指数表。

（2）工程造价经济指标与造价指数的分析处理。通过对存储数据库中的工程造价数据进行分析、处理，计算典型房屋建筑工程、市政工程的造价经济指标与指数。

（3）同一建设工程的"四价"对比分析。以"报建号"为主，对采集到的同一工程的设计概算价、招标控制价、合同价、竣工结算价信息进行对比分析，计算出"四价"之间的差异比例，比较同类工程造价的变化情况。

3. 工程造价信息发布系统

发布的内容包括房建工程、市政工程的造价经济指标，建设工程详细造价信息、人工价格指数、材料价格指数及建安费用总和指数等造价指数，以及劳务用工价格、材料价格信息及走势图的分布。

4. 工程造价信息查询系统

该系统包括人工价格查询子系统、材料价格查询子系统、指数指标查询子系统、类似工程造价信息查询子系统、详细工程造价信息查询子系统、同一工程"四价"对比查询子系统等，主要供工程造价管理人员查询使用。

5. 工程造价信息预警系统

主要功能是将本期的价格、指标指数与上期的价格、指标指数相比较，计算出波动的幅度，然后对超出限定幅度的人工、材料价格、造价指标指数按照红色、橙色、黄色分级实施预警，帮助管理人员及时把握价格及指数指标的波动情况，分析影响异常波动的不确定因素，加强价格监管工作。

6. 工程造价信息维护系统

该系统主要包括用户管理、内容管理、日志管理以及数据库备份与导入等四个方面的功能。目的是保证信息系统正常、可靠的运行，尽可能延长系统的生命周期，最大限度地发挥信息系统的作用。

（五）加强工程造价管理信息化建设的措施与建议

针对目前信息化建设中存在的问题，工程造价管理部门应侧重健全工作机制，营造良好环境，搞好基础工作，强化人才培养，循序渐进地推进工程造价管理信息化工作。

1. 健全工程造价信息化管理的工作机制

要加快工程造价管理信息化建设步伐，先要从建立健全工作机制入手，明确各级工程造价管理机构造价信息管理职责，理顺工作关系，建立协调机制，加强组织领导，安排专人负责，实现资源共同开发、利益共享，建立考评制度，落实工程造价管理信息化建设专项资金。

287

2. 制定工程造价管理信息化的总体规划

工程造价管理信息化是建设领域信息化和工程造价管理改革的重要组成部分。要与《住房城乡建设事业"十三五"规划纲要》《工程造价事业发展"十三五"规划》同步制定工程造价管理信息化相关规划及配套设施工作方案，明确工程造价管理信息化的阶段性目标及具体任务，分阶段、分层次地加快信息化基础设施建设。制定规划时应明确工程造价管理信息化建设的总体框架、关键技术、主要指标体系，便于分解落实。

3. 完善工程造价管理信息化建设标准体系

工程造价信息标准体系是工程造价管理信息化的基础，应结合工程造价管理工作实际，拟定相关技术政策和技术要求，制定工程造价数据标准，建立工程造价数据标准体系。第一，要实施国家标准《建设工程工料机价格信息数据标准》，引导各地按照全国统一的数据标准，调整本地区的定额库，为实现各地区定额库的数据交换创造条件。第二，要完善《城市住宅建筑工程造价信息数据标准》，为工程造价信息跨行业、跨地区以及不同软件格式的数据交换与共享奠定基础。

4. 加快工程造价管理网络平台的建设

网络平台是信息传输、共享的基础。首先，各级工程造价管理机构都要监理工程造价管理内部网络平台，实现办公自动化，提高工作效率。其次，不断完善工程造价信息资源数据库，丰富工程造价信息库内容，注重工程造价信息的深度加工整理，加强工程造价信息的开发和利用，更好地满足工程造价信息用户的需求。再次，要不断完善工程造价信息网的功能，带动工程造价行业信息化整体发展。最后，充分利用互联网构件覆盖全国的工程造价专业网络，实现全国工程造价信息互通互联，加快资源整合与共享。

5. 加强信息化专业人才的培养

实现工程造价管理信息化，迫切需要培养一大批既懂信息技术，又懂工程造价业务的复合型人才队伍。要建立科学的人才培养机制，采取多种有效形式，培养大量的各类层次的适应工程造价管理信息化发展的人才，满足工程造价管理信息化建设的需要。

6. 加大工程造价信息的开发和利用

工程造价信息的开发和利用是实现工程造价信息价值的重要途径，是工程造价信息化建设的出发点和落脚点。因此，要创新工程造价信息的开发。

288

利用技术为工程造价信息用户提供询价服务；开发工程数据接口技术，使工程造价信息与造价计价软件无缝对接，使软件用户可以直接使用造价信息；开发远程数据交换技术，使工程管理信息系统与工程辅助招标投标系统实现远程访问，发挥工程造价信息对工程评标的参考作用。

第二节　工程造价管理信息化系统

一、系统总体目标与主要功能

工程造价管理信息系统是指在信息技术支持下，利用信息技术手段对建筑工程造价信息进行收集、传输、存储、加工、维护和使用的系统。它既包括用来代替人工烦琐工作的各种日常业务处理系统，又包括为管理人员提供有效信息、协助领导者进行决策的决策支持系统。

工程造价管理信息系统的总体目标是通过利用信息技术全面、科学地收集与工程造价工作有关的数据、信息、资料等，计算、分析建设工程项目的工程造价以及可能的发展变化趋势，辅助管理人员进行建设项目工程造价的科学决策和有效控制，以实现工程造价管理简单高效、信息实时全面、决策客观科学。

工程造价管理信息系统应该具有如下功能。

（一）工程量与工程造价的辅助计算功能

工程量及工程造价是一项复杂并且计算烦琐的工作，借助工程造价管理信息系统，能够辅助进行工程量和工程造价的计算，并且结合历史数据提高计算的效率和准确性。对于建设单位而言，可以提高工程造价估算和概算的准确性，方便进行工程的决算与总结；对于施工单位而言，能够快速、准确地得到投标价，降低投标风险，并且有利于施工过程中对工程造价的控制。

按照工程项目的不同计价阶段，可以将计价活动分为投资估算、设计概算、施工图预算、招标标底或招标控制价、工程合同价格确定等，这些工程造价值随着工程规划和设计的推进逐渐细化和精确，每一个目标计划值均为

289

下一阶段造价控制的依据，如施工图预算作为招标合同价的控制依据，对工程招投标的造价管理施加影响。

（二）便捷、高效的工程造价信息管理功能

工程造价管理过程中会产生大量数据，这些数据需要及时收集、记录、存储，并能够方便地进行读取。因此，工程造价管理信息系统应该满足便捷、高效的信息收集录入需求和信息读取需求，减少人工劳动，提高工作效率，提升信息的时效性。

（三）企业工程造价数据库和企业定额功能

利用工程造价管理信息系统，企业可以有效存储并管理已完成工程的历史数据，建立企业工程造价管理数据库。在此基础上，企业可利用数据分析工具进行分析，总结工程造价管理实施经验，结合企业施工管理水平和条件，建立工程造价定额系统和指标系统，进一步建立企业定额，提高市场竞争能力。

290

（四）工程造价信息共享与协同工作平台功能

首先，工程造价管理涉及不同专业、不同管理层次、不同任务分工的人员，所以工程造价管理信息系统需要满足造价信息共享，减少重复工作，提高工作效率。其次，工程造价管理信息系统需要针对工程造价工作人员的需求，提供不同的工程造价管理功能，并保证各个功能的兼容性，方便协同工作的开展。最后，各地区工程造价信息建立统一标准，提高信息共享程度，杜绝信息孤岛，保证信息的时效性。

（五）工程造价全过程管理功能

工程全过程造价管理包括投资决策阶段的造价管理、设计阶段的造价管理、招投标阶段的造价管理、施工阶段的造价管理和竣工验收阶段的造价管理。在工程造价管理的不同实施阶段，工程造价管理信息系统具有不同的目的和功能。因此，需要结合各阶段的需求特点进行系统分析，建立针对不同阶段的工程造价管理信息子系统。

投资决策阶段、初步设计阶段和施工图设计阶段的工程造价管理的主要工作是根据规划设计文件编制工程投资估算文件、工程概算和预算文件等。这个过程中主要应用工程造价计算系统对工程的投资估算、概预算进行计算确定，以作为工程造价招投标的依据和造价控制的依据。

招投标阶段的造价管理工作主要以工程设计文件为依据，结合工程的具体情况，制定招标文件，对设计工程量进行计量、计算工料和进行估价，编制招标文件标底。对于承包商而言，该阶段的工程造价管理主要是根据招标文件要求编制工程投标文件，确定投标价格。该阶段主要是承包商利用工程投标报价系统，以工程成本为基础，结合投标策略和市场环境对投标报价进行调整。

工程实施阶段的造价管理工作主要是以施工图预算、工程承包合同价等为控制依据，通过工程计量控制工程变更等方法，按照实际完成工程量确定实际发生的工程费用。以合同价为基础，综合考虑其他因素合理确定工程结算。该阶段工程造价管理信息系统的主要功能包括监督工程成本功能、合理安排投入功能、工作联系沟通功能、动态成本控制功能等。竣工验收阶段的造价管理工作主要是汇集工程建设过程中实际发生的全部费用、编制竣工决算，并总结工程造价管理经验，积累技术、经济数据。该阶段的工程造价管理信息系统的主要功能包括数据汇总与结算、信息收集与储存、造价管理的分析与评价。这两个阶段主要应用工程造价控制系统对工程造价进行监控、动态控制和统计管理。

291

二、工程造价控制与统计

工程造价统计管理包括工程实施过程中对工程造价的控制和工程竣工验收后工程造价合同的结算与信息的统计，该阶段主要利用工程造价控制系统进行管理。

（一）工程造价控制系统的功能

工程造价控制涉及工程招标投标、工程合同价、成本计划、进度款支付和工程结算等过程和内容。工程造价控制系统可以分为合同价格管理、成本计划和统计管理、工程结算管理三大功能（图9-1）。工程造价控制系统应有以下功能：

（1）监督工程成本进度，及时发现问题。

（2）分析成本进度曲线，合理安排投入。

（3）加强工程横向联系和协调。

（4）实现成本动态控制。

（5）减轻成本控制工作量。

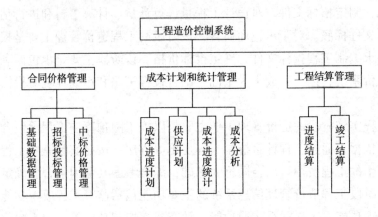

图9-1　工程造价控制系统

292

（二）合同价格管理

工程合同价格主要是经过招标、投标、中标、签订承包合同等步骤逐步明确而形成的。合同价格管理系统不仅需要对招标、投标和合同签订等过程中出现的大量数据进行记录，还应对基础数据进行记录。数据记录后，可以方便将来查询、检查、监督和控制。

（三）工程成本计划和统计管理

工程成本计划和统计管理主要针对工程实施前的成本计划安排和工程实施后的实际成本的统计管理。主要内容包括成本进度计划、供应计划、成本进度统计、成本分析等。

1.成本进度计划和供应计划

成本进度计划和供应计划与进度计划密切相关。根据进度计划的安排以及施工预算，可以计算出每月的工程成本需求和人工、材料、机械设备的需求。随着进度计划的调整，成本进度计划和供应计划应重新编制。进度计划编制前应先确定施工方案，然后借助网络计划技术实现。

进度计划的编制涉及工序合理划分和工序之间的前后逻辑关系，属于工程进度控制的范畴。

2.成本进度统计

成本进度统计包括成本统计和进度统计，两者应同步。进度统计主要以实物量为对象，也可以工作量为对象。成本统计则主要针对已完工程价值和已付工程款进行统计。

成本进度统计使进度和成本统计数据相结合，结合工程形象进度，可以极大地方便工程造价控制。

3.成本分析

成本分析的主要内容如下：当月实际成本与计划成本的对比、开工至目前的累计成本与实际进度的对比、对今后成本的预测。

通过计算机技术，只要正确计算实际成本，就可以有效对比分析实际成本与计划成本的变化，找出成本控制的重点。

4.工程结算管理

293

工程结算是工程造价控制的最后一个环节，全面计算和分析各分部分项工程的实际费用，最后汇总计算工程的实际造价。工程结算管理主要有两种方式：

（1）进度结算。进度结算是按工程完成进度分期结算，大多以按月结算为主。按月结算时，以每月实际完成的工程量，根据合同付款方式，计算每月工程的实际造价，然后以每月实际造价进行结算。

（2）竣工结算。工程竣工后，应进行竣工结算，核算工程实际总造价。以我国工程预算方式计算工程结算价格时，难点之一在于材料价差实际金额的计算和汇总。国外工程造价控制的应用软件较多，一般至少包括计划、预算、工期安排和监督控制等功能。这些功能基本上能做到造价信息及时、准确地更新和管理，客观反映工程造价，减少了造价控制人员的工作。

三、工程造价管理系统开发

（一）工程量管理子系统开发

工程量管理属于动态数据的管理。工程量管理子系统主要包括工程量计算、工程量输入、工程量排序和工程量转换四部分内容。

工程量计算比较烦琐，我国工程量计算一般以现行计价规范和相关工程的国家计量规范为依据。

如果在做预算时，已知工程量清单，一般应对其进行核对。目前开发的商品软件在工程量处理选择工程量计算规则环节功能较弱，即如何通过对图纸进行程序处理快速得出工程量，这不仅涉及编程，还依赖图形处理及扫描技术。按照"图纸模式识别输入、工程量输出"的思路，工程量计算程序框图如图 9-2 所示。

294

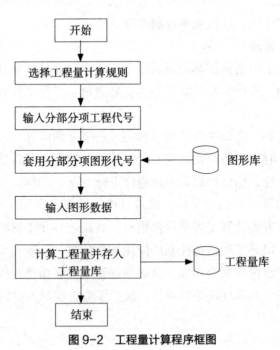

图 9-2　工程量计算程序框图

（二）工程计价子系统

工程造价计价与管理建立在工程造价数据库输入图形数据的基础上，通过对数据库中的造价信息检索和调用，客户端快速反应，得到所需要的工程造价数据，进而结合工程量的计算情况得到工程造价。此处，主要分析工程预算管理信息系统的系统设计。

预算编制原理如图9-3所示。

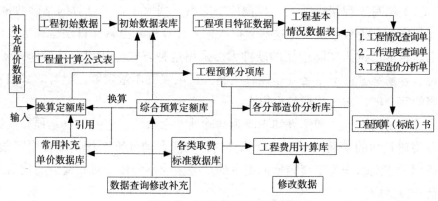

图9-3　工程量计算程序框图

1. 数据输入

先将待编预算工程的基本情况数据输入工程项目管理库内存档，然后把本工程所需补充或换算的定额输入换算定额库内，把填写好的初始数据表逐条输入初始数据表库内。在每条数据输入之后，软件根据工程量计算公式表自动计算出工程量并存入相应的初始数据表库的工程量字段内。

2. 原始数据处理

全部数据输入完毕后，软件对该初始数据表库进行同定额号项目合并、排序，并从墙身工程量中自动减去相应的门窗面积。

3. 费用计算

根据定额编号索引综合定额库或换算定额库，计算合价及工料消耗量，组成工程预算分项库，接着逐条打印分项预算，并把同分部的分项数据累加，组成各分部的造价分析库。全部分项打印完毕后，根据总直接费和费用计算库计算打印费用表。

4.造价分析

根据分部造价分析库，打印分部造价及主要材料耗用量分析表。整份预算书生成完毕后，把各类计算结果数据存入相应的项目管理库的记录内，供造价分析用。

（三）造价管理系统开发方案

一般可以采用以下三种方案开发造价管理系统。

（1）填写工程量表方式。根据施工图纸，摘取工程量计算的基础数据，填写相应的初始数据表。把这些数据表输入计算机，由软件自动运算生成预算书。目前已进入实际应用的软件大多采用这种方式。其特点是操作方便、直观、容易掌握；不足之处是预算编制人员填表工作量较重，填写的数据有相当的冗余度，输入数据量也很大。

（2）采用统筹法和预算知识库为基础的专家系统。它的优点是预算人员只要将建筑物的平面图形输入计算机内，就能自动计算工程量和套用定额。它适用于建筑轴线为正交矩形的简单的住宅楼或办公楼，对较复杂的建筑工程就难以适应。

（3）计算机辅助设计与预算相结合的系统。在采用计算机设计建筑工程时，对各分项工程图形进行属性定义，当设计完毕，同类分项工程量自动相加，套用定额编制预算书。这种方法编制预算能彻底解决工程量数据的输入工作烦琐的问题，提高预算质量并且根据预算书及时地分析设计的合理性。

（四）造价管理系统设计

工程造价管理系统功能较多，以计价子系统为例，一般包括建筑工程、安装工程等计价子系统。各子系统既是相互联系的整体，又是相对独立的子系统。系统模块结构逻辑设计图如图9-4所示。

296

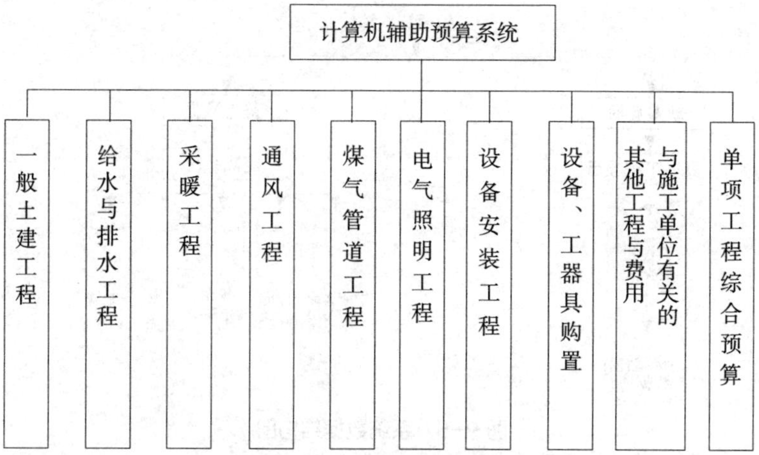

图 9-4　系统模块结构图

建设工程计价是一项项目繁多、计算量大而重复次数多、数据处理复杂的工作。计价涉及的各类定额手册不下几十种，而每类定额手册中所含的定额项目数以千计，再加上具体工程的有关数据，数据之多更是不计其数。为了提高计算机的运行速度，优化内存空间，辅助系统将概预算中的数据分为两大类。

（1）动态数据。动态数据是指由具体工程直接决定的、编制概预算所需要的有关数据。例如，工程的几何尺寸，工程量的大小，人工、材料和机械台班的消耗量，工程造价，等等。

（2）静态数据。静态数据是指由国家和地方主管部门颁布的编制概预算的有关依据，如概算指标、概算定额、预算定额、间接费定额、其他费用取费标准等。静态数据按定额手册顺序和定额项目表层次分为单价、工料机两部分，再把配合比单项列出，把调用频繁的工程名称、工料机名称、计量单位等汉字名称全部独立设置数据库，从而形成系统数据结构逻辑设计图，具体如图 9-5 所示。

297

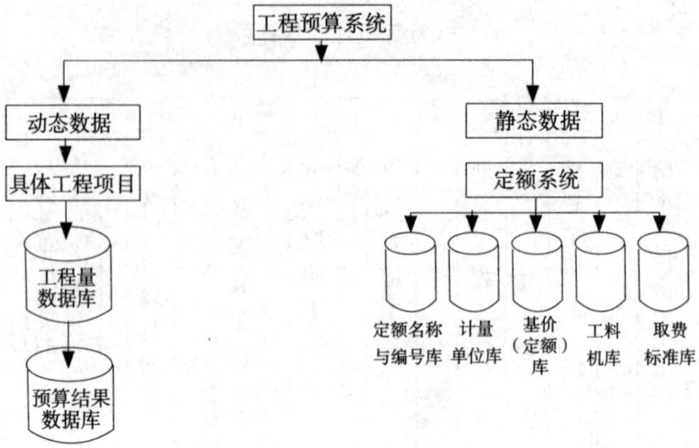

图 9-5　系统数据结构图

四、基于 BIM 的工程造价管理

（一）BIM 在工程造价管理中的应用特点

BIM 在工程造价管理领域的应用有如下特点。

1. 提高造价信息的时效性

BIM 的一个重要的技术基础是实时更新、动态变化的数据库，这些数据库信息可以根据市场材料价格变化情况和项目建设进度情况实时更新造价数据。项目造价管理人员能够准确、及时地筛选和调用工程造价信息，并据此做出决策，提高了决策质量和管理效率。

2. 提高协同工作水平

BIM 的应用可以满足在项目的不同阶段，由不同的参与人通过在 BIM 系统中插入、提取、更新和共享信息数据，充分反映各参与方的管理职责，加强参与方之间的信息共享程度，提高工作协调性，并且 BIM 支持各自造价管理决策，从而实现协同工作。

3. 优化资源配置水平

BIM 模型可以在时间维度上建立工程建设进度实施情况模型，利用 BIM 模型提供的工程建设模型数据，建设单位、施工单位可以更加合理地安排资金计划、劳动力投入计划等资源计划，以实现工程资源优化配置，降低工程管理成本。

（二）BIM 在工程造价管理中应用的领域

BIM 在工程造价管理中的应用有如下几方面。

1. 基于 BIM 技术的工程造价全过程目标管理

从国内目前的工程算量和计价的软件发展看，BIM 技术已经从 3D 模型的算量功能经由 4D（3D+ 时间或进度）建造模拟职能再进一步发展到了 5D（3D+ 进度 + 成本）施工的职能，集 3D 立体模型、施工组织方案成本及造价三部分于一体，不仅能够真正实现成本费用的实时模拟和核算，还能够为后续施工阶段的组织、协调、监督等工作提供有效可行的信息。

2. 基于 BIM 技术的信息共享解决方案

BIM 数据库的建立是基于各个工程不同阶段的历史项目数据及市场信息的积累，利用信息技术可以快速、准确地调用信息，实现信息共享和经验积累。企业建立自己的 BIM 数据库、造价指标库，不仅为同类工程提供了对比指标，还使今后工程项目在编制投标文件时可以便捷、准确地进行报价，避免了因流动带来的重复劳动和人工费用增加。

3. 基于 BIM 的施工方案与工程变更管理

BIM 在三维建筑模型的基础上增加了时间维度，可以根据时间进展研究项目建设推进情况。因此，BIM 技术的应用可以在计算机上对工程施工工序进行安排和模拟，对不合理施工工序进行调整，避免实际施工过程中出现漏项和窝工等情况，造成工程造价管理不善。另外，基于 BIM 技术的管线碰撞检测等功能能够最小限度地减少施工过程中的设计变更，减少了工程返工，节约了工程成本。

299

第三节　施工全过程的工程造价信息化管控

一、投资决策阶段工程造价信息管理

建设项目投资决策是指在投资者调查分析、研究的基础上，选择和决定投资行动方案的过程，是对拟建项目的必要性和可行性进行技术经济论证，对不同建设方案进行技术经济比较并做出判断和决定的过程。

（一）投资决策阶段的内容

投资决策阶段是工程造价控制的关键性阶段，建设项目投资决策的正确与否，不仅直接关系工程造价的高低和投资效果的好坏，还关系项目建设的成败。一直以来，人们都将投资控制的主要精力置于施工阶段，而忽视了决策阶段的投资控制。据相关资料，建设项目不同阶段对工程造价的影响程度不同，项目投资决策阶段对工程造价的影响程度最高，可达 70% ～ 90%。前期阶段工作的失误将为后期施工阶段的技术变更及投资超额埋下隐患。加强项目决策，认真做好投资估算，将前期工作做精做细，可减少决策的盲目性。

决策阶段建设项目工程造价管理的重点是保证建设单位编报计划任务书的科学性和可靠性。因此，建设单位必须认真履行职责，充分发挥管理职能，加强调查研究，加大可行性研究工作的深度，做到认真、实际、全面、科学、准确。

对于政府投资项目而言，其大部分集中在为社会公众服务的非营利性项目和一些投资回收期长、收回投资难的基础设施项目，大多涉及社会公众文化生活的各个方面，往往关系社会环境的改善、人民生活质量的提高、社会经济的发展以及国防安全的巩固等，是国家及地方经济发展必不可少的基础设施。政府财政基本建设资金集中投资在这些领域。这些项目能否顺利实施，关系国家经济社会的全面协调和发展。我国还处于一个各个方面都在建设发展的过程中，合理确定和有效控制政府投资项目的成本，将有限的建设资金管理好并运用到急需的工程建设项目中，对提高政府投资的社会效益及经济效益有着重大意义。

（二）工程造价信息与项目投资决策的关系

工程造价信息是一切有关工程造价的特征、状态及其变动的消息的组合，而建设项目投资决策阶段最主要的任务是根据前期形成的可行性研究报告及其他相关资料编制投资估算文件，并对其优化，进行造价控制，最后在投资估算的基础上做出投资与否的决策。

（1）工程造价信息与工程造价的关系。工程造价信息与工程造价的关系可以从工程造价信息所包括的三个方面得到体现。

①价格信息。价格信息是编制造价文件的基础，实时实地的价格信息是进行价格调整、取费等的依据，只有选用准确的价格信息，才能编制出准确的造价文件。

②工程造价指数。工程造价指数是反映一定时期由于价格变化对工程造价影响程度的一种指标，是调整工程造价价差的依据。工程造价指数反映了报告期和基期相比的价格变动趋势，利用它来研究实际工程中的下列问题很有意义：

A.可利用工程造价指数分析价格变动趋势及其原因。

B.可以利用工程造价指数预计宏观经济变化对工程造价的影响。

C.工程造价指数是工程承发包双方进行工程估价和结算的重要依据。

③已完工程信息。已完或在建工程的各种造价信息可以为拟建工程或在建工程造价提供依据，这种信息也称为工程造价资料。

工程造价资料是指已竣工和在建的有关工程可行性研究估算、设计概算、施工图预算、招投标价格、工程竣工结算、竣工决算、单位工程施工成本，以及新材料、新设备、新工艺、新结构等建筑安装工程分部分项的单价分析等资料。在实际使用过程中，工程造价资料具有以下作用：

A.作为编制固定资产投资计划的参考，用以进行建设成本分析。由于基建支出不是一次性投入，一般是分年逐次投入，所以可采用折现公式将各年发生的建设成本折合为现值，再在此基础上计算出建设成本节约额和建设成本降低率或按建设成本构成把实际数与概算数加以对比。将各种比较的结果综合在一起，可以较为全面地描述项目投入实施的情况。

B.进行单位生产能力投资分析。利用公式（9-1）可求得单位生产能力投资，单位生产能力投资越小，投资效益越好。将计算结果与类似工程进行比较，可以评价该建设工程的效益。

$$单位生产能力投资 = \frac{全部投资完成额（现值）}{全部新增生产年能力（使用能力）} \quad (9-1)$$

C.作为编制投资估算的重要依据。设计单位的设计人员在编制估算时，一般采用类比的方法，因此需要选用若干类似的典型工程加以分解、换算和合并，并考虑到当前设备与材料价格情况，最后得出工程的投资估算额。有了工程造价资料数据库，设计人员就可以从中挑选出所需的典型工程，运用

301

计算机进行适当的分解和换算，加上设计人员的经验和判断，最后得出较为可靠的工程投资额。

D.作为编制初步设计概算和审查施工图预算的重要依据。有时需要用类比的方法编制初步设计概算，此类比的方法比估算更为细致深入，可具体到单位工程甚至分部工程上。多种工程组合的比较，不仅有助于设计人员探索造价分配的合理方式，还为设计人员指出了修改设计方案的可行途径。

E.施工图预算编制完成后，需要有经验的管理人员进行审查，以确定其正确性。可从造价资料中选取类似资料，将其造价与施工图预算进行比较，从中发现施工图预算是否有偏差和遗漏。由于设计变更材料调价等因素所带来的造价变化在施工图预算阶段无法事先估计，此时参考以往类似工程的数据，有助于预见这些因素发生的可能性。

F.作为确定招标控制价和投标报价的参考资料。在为建设单位制定招标控制价和施工单位投标报价的工作中，无论是用工程量清单计价，还是用定额计价法，工程造价资料都可以发挥重要作用。它可以像甲乙双方指明类似工程的实际造价及变化规律，使甲乙双方都可以对未来将要发生的造价进行预测和准备，从而避免招标控制价和报价的盲目性。尤其是在工程量清单计价方式下，投标人自主报价，没有统一的参考标准，除了根据政府有关机构颁布的人工、材料、机械价格指数外，更大程度上依赖企业已完工程资料。

G.作为技术经济分析的基础资料。由于不断搜集和积累工程在建期间的造价资料，因此到结算和决算时能简单容易地得到结果。造价信息的及时反映使建设单位和施工单位都可以尽早地发现问题，并及时予以解决。这正是使对造价的控制由静态转入动态的关键所在。

H.作为编制各类定额的基础资料。通过分析不同种类分部分项工程造价，了解各分部分项工程中各类实物量消耗，掌握各分部分项工程预算和结算的对比结果，造价管理部门就可以发现原有定额是否符合实际情况，从而提出修改方案。对于新工艺和新材料，也可以从积累资料中获得编制新增定额的有用信息。概算定额和估算指标的编制与修订也可以从造价资料中得到参考依据。

I..用以测定调价系数，编制造价指数。为了计算各种工程造价指数，必须选取若干典型工程的数据进行分析和综合，在此过程中，已经积累起来的造价资料可以充分发挥作用。

J. 用以研究同类工程造价的变化规律。造价管理部门可以在拥有较多的同类工程造价资料的基础上，研究各类工程造价的变化规律。

（2）工程造价与投资决策的关系。项目投资决策是投资行动的准则，正确的项目投资行动来源于正确的项目投资决策，正确的决策是正确估算和有效控制工程造价的前提。

①项目决策的正确性是工程造价合理性的前提。项目决策正确意味着对项目建设做出科学的决断，优选出最佳投资行动方案，达到资源合理配置，在此基础上，合理估算工程造价，并在实施最优投资方案的过程中有效控制工程造价。项目决策失误则会带来不必要的资金投入，还可能造成不可弥补的损失。因此，为达到工程造价的合理性，事先必须保证项目决策的正确性，避免做出错误的决策。

②项目决策的内容是决定工程造价的基础。决策阶段是项目建设全过程的起始阶段，决策阶段的工程造价对项目全过程的造价起着宏观控制的作用。决策阶段各项技术经济决策对该项目的工程造价有很大影响，特别是建设标准的确定、建设地点的选择、工艺的评选、设备的选用等，直接关系工程造价的高低。

③项目决策的深度影响投资估算的精确度。投资决策是一个由浅入深、不断深化的过程，不同阶段决策的深度不同，投资估算的精度也不同。在投资机会和项目建议书阶段，投资估算的误差率在 +30% 左右；详细可行性研究阶段，误差率在 +10% 以内。在项目建设的各个阶段，通过工程造价的确定与控制，形成相应的投资估算、设计概算、施工图预算、合同价、结算价和竣工决算价，各造价形式之间存在着前者控制后者、后者补充前者的相互作用关系。因此，只有加强项目决策的深度，采用科学的估算方法和可靠的数据资料，合理地计算投资估算，才能保证其他阶段的造价被控制在合理范围，避免"三超"现象的发生，继而实现投资控制目标。

④工程造价的数额影响项目决策的结果。项目决策影响着项目造价的高低和拟投入资金的多少，反之亦然。项目决策阶段形成的投资估算是进行投资方案选择的重要依据之一，也是决定项目是否可行及主管部门进行项目审批的参考依据。因此，项目投资估算的数额在某种程度上也影响着项目决策。

（3）工程造价信息与投资决策的关系。项目前期或立项初期，不管是公益性投资项目还是盈利性投资项目，不管是政府投资项目还是私人投资项目，都需要估算建设项目投资。建设项目投资估算是决定项目可行性的重要基础数据，是项目投资决策的基础，也是立项后作为建设项目投资控制的目标。然而，在项目决策阶段，由于工程项目建设资料的不完备，利用工程造价指标估算是常用的方法。

在估算时需要参考当地同类工程历史的投资估算指标、概算指标、各项经济技术指标等快速进行成本测算和项目决策。

在方案确定阶段，项目目标成本的编制在承接概念设计阶段所确定的指标基础上，通常要设计不同的方案，利用价值工程的原理，进行多方案比较，选择效益最好的方案。每个方案的设计都需要根据产品的定位、市场需求等因素选择不同的建造标准，组合不同的建筑方案、安装方案、结构方案等因素，形成方案阶段的目标成本编制依据。

传统的估算要想提高精确度是一件非常耗时费力的事。有了系统的工程造价信息支撑，造价人员的工作会更加轻松。

①建造标准的选择。建造标准的不同会影响建造成本，有了系统的工程造价信息，在选择项目建造标准时，可以清晰地看到每项建造标准变化时给成本带来的影响程度。例如，层高的选择，2.9 m 的层高比 2.8 m 的层高更加吸引消费者，更能保证房屋的销售，但成本会随之上升。一般来讲，层高每增加 10 cm，含钢量会增加 1 kg/m²，整体建安成本增加 20 元 /m²。这些有关系的成本数据会帮助造价人员根据产品定位、营销策略等条件综合选择适合的层高。

②参照项目的选择。造价人员个人经验有限，系统的工程造价信息可以帮助我们在海量的工程中，根据项目的特征、建造标准，轻松地找出最类似的工程，并可以看到原始工程的详细建造标准及各项经济技术指标，方便造价人员测算新项目成本时有可靠的参照项目。

③对历史价格调价。成本测算一般采用量价分离的方式进行，含量指标基本稳定，经济指标需要根据市场情况进行调整，而传统测算方式的价格调整一般依靠个人的经验判断，针对价格进行系数调整。

从业务数据的逻辑看，针对历史数据的指标价格调整，一般由市场的人工、材料、机械费用的变化引起，因此只要依据市场行情调整工料机价格，有逻辑关系的经济指标数据就会相应调整。

　　对工程造价信息的管理可以将历史数据的底层工科机数据及费用文件进行存储，使在每个指标后都有最细节数据的支撑，当进行测算引用历史数据时，不仅能引用指标值，还能看到该指标值背后的工料机数据的构成，从而实现通过调整工料机价格进行指标值的调整。这样测算的调价精度大大提高。

二、设计阶段工程造价信息管理

（一）设计阶段工程造价信息管理概述

　　工程建设通常都是分阶段进行的，主要包括可行性研究、初步设计、施工图设计、施工准备、施工实施和试生产六个主要阶段。施工阶段的工程造价管理一般由建造师和监理工程师在施工准备和施工实施阶段进行，其重要性已被大多数人所认识和重视。

　　工程项目一般都有投资巨大、社会效益广泛、工期长等特点。例如，高速公路的建设，每千米造价一般为数百万元至一两千万元，甚至更高，一条高等级公路建设投资巨大。由此可知，为保证建设项目的顺利实施，造价信息管理成为项目管理的关键因素之一。其中，设计阶段是控制项目基本建设投资规模、约束工程造价、提高投资效益的关键。实践表明，设计阶段对工程总投资的影响度为35%～75%，而在施工阶段影响工程造价的可能性仅为5%～35%。显然，设计阶段是工程造价管理的重点，而且设计质量对其后的使用功能、寿命和维修费用都有深远的影响。这就要求把工程造价的重点放在设计阶段，先对设计阶段的造价信息进行管理。

　　设计阶段工程造价信息管理是指为了遵循工程造价活动的客观规律和特点，运用科学技术原理和经济及法律等管理手段，对设计阶段中人力、物力和财力等信息进行收集、加工整理储存、传递与运用等一系列工作，使相关造价信息能在工程造价管理中解决工程建设活动中的工程造价确定与控制、技术与经济、经营与管理等实际问题，做到合理使用人力、物力和财力，达到提高投资效益和经济效益。工程造价有两种含义，工程造价信息管理也有两种：一是工程投资费用信息管理；二是工程价格信息管理。前者针对投资者而言，后者针对承包商而言。

因为设计阶段的造价信息管理是控制总体工程造价的第一关，只有在设计工作没有完成之前和在设计图纸未交付实施之前做好了工程造价信息管理，才能为建设项目总体工程造价管理打好基础。这是因为设计阶段的造价信息管理是工程施工阶段造价管理的基础。

（二）设计阶段工程造价信息管理的原因及特点

1. 设计阶段工程造价信息管理的重要性

建设项目设计是建设项目进行全面规划和具体描绘实施意图的过程，是工程建设的灵魂，是科学技术转化为生产力的纽带，是处理技术与经济的关键性环节，是控制工程造价的重点阶段。在设计阶段，针对的是具体项目的设计，是从方案选定到初步设计，又从初步设计到施工图设计，使建设项目的模型逐渐显露出来，并使之可以实施，因此这一阶段的造价管理必须具体、直观，有看得见、摸得着的感觉。而设计阶段造价信息管理就是在设计方案实施之前和设计方案设计过程中采用一定的方法和措施把未来设计过程中需要使用到的造价信息进行整理、搜集和管理，从而在设计过程中将工程造价控制在合理的范围和核定的造价限额以内。设计阶段造价信息管理充分体现了事前和事中控制的思想。设计的每一笔钱都需要投资来实现，因此在没有开始之前，把好设计关尤为重要。为了避免施工阶段不必要的修改，减少设计洽商造成的工程造价的增加，应把设计做细、做深入。一旦设计阶段造价最主要的信息管理不能实现，必将给后续阶段的造价管理带来很大的负面影响。

建设项目设计是具体实现技术与经济对立统一的过程。建设项目设计中的设计质量、设计深度不仅关系建设项目一次性投资的多少，还影响建成交付后经济效益的良好发挥，如使用费、维修费、报废回收费即全寿命周期成本的高低，甚至关系国家有限资源的合理利用和国家财产以及人民群众生命财产安全等重大问题。

（1）设计方案直接影响投资。据研究分析，设计费一般只相当于建设工程全寿命费用的 1% 以下，但正是这少于 1% 的费用对投资的影响最高，达到 75%，尤其在单项工程设计中，建筑和结构方案的选择及建筑材料的选用对投资有较大影响。例如，结构设计中基础类型的选用、结构形式的选择、对规范的理解应用等都需要技术经济分析问题。

（2）设计方案影响经常性费用。建设工程设计不仅影响项目建设的一次性投资，还影响使用阶段的经常费用。例如，建筑的保养费、维修费等。一次性投资与经常性费用有一定的反比关系，但通过建筑结构设计人员努力可找到这两者的最佳结合，使项目建设的全寿命周期费用最低。

（3）设计质量间接影响投资统计。在工程质量事故的众多原因中，设计质量问题居第一位。不少建筑产品因设计时功能设计不合理，影响正常使用；有的专业设计之间相互矛盾，造成施工返工、停工现象；有的造成质量缺陷和安全隐患，给国家和人民带来巨大损失，造成投资浪费。不仅如此，工程造价对工程设计也有很大的制约作用。在市场经济条件下，归根结底还是经济决定技术。

在一定经济约束条件下，就一个建设项目而言，应尽可能减少次要辅助项目的投资，以保证和提高主要项目设计标准或适用程度。因此，要加强工程设计与工程造价的关系的研究分析和比选，正确处理好两者的相互制约关系，从而使设计产品技术先进、安全可靠、经济合理，使工程造价得到合理确定和有效控制。要做到技术先进、安全可靠、经济合理，设计人员不仅要掌握专业技术知识，还要熟悉相关造价知识。这都需要大量的技术信息和造价信息作为辅助前提，而这也是造价信息管理的重点。

任何工程都有相应的投资计划，投资计划的多少主要依据可行性研究或初步设计编制。在保证工艺要求和相关标准的前提下，投入资金越少，建设工期越短，投资效益就越显著。为达此目的，工程造价信息管理被提到了重要位置。

通过上面工程设计与工程造价信息关系的分析，设计阶段工程造价信息管理的重要性主要体现在以下方面：

①在设计阶段进行工程造价信息管理可以使造价构成更合理，提高资金利用率。通过造价信息的应用可以在设计概算阶段了解工程造价的结构构成，分析资金分配的合理性，并利用价值工程分析项目各个组成部分功能与成本的匹配程度，调整项目功能与成本，使其更合理。

②在设计阶段进行工程造价信息管理可以提高投资控制效率。编制设计概算并进行分析，可以了解工程各组成部分的投资比例。将投资比例较大的部分作为投资控制的重点，这样可以提高投资控制效率。

③在设计阶段进行工程的造价信息管理便于技术与经济相结合。工程设

计工作往往是由建筑师、设计师等专业人员来完成的，他们在设计中往往更重视工程的使用功能，力求采用先进的技术手段实现项目所需的功能，而对经济因素，尤其全寿命周期成本关注不够。通过设计阶段的工程造价信息管理的前期控制，设计人员可以选择一种最经济的设计手段来实现技术目标，从而确保设计方案能较好地实现其投资效益。

2. 设计阶段工程造价信息管理存在的问题

（1）设计阶段造价信息过于片面。设计阶段造价信息过于片面是由我国现有工程造价信息管理中对工程造价的确定造成的，无论是从概算到预算还是按照直接工程费、间接费、计划利润和税金等部分进行划分，其中工程造价的直接费中所包括的工、料、机、费等都是参照国家或地方的标准定额与造价信息确定的。管理对象和方法都是针对具体资源的消耗占用和具体部门的消耗费用分摊的，是一种间接的和比较粗放的造价信息管理。这种方法不能满足建设项目对后期管理工作的开展，只是针对单一过程造价信息管理的需要。

（2）设计阶段过度注重对技术的要求。在设计阶段的招投标中往往片面地重视设计方案的招标，设计人员一味追求设计上技术的先进性，使初步设计投入过多，从而在很大程度上忽略了技术设计、施工图设计阶段的招标工作及设计的经济性。一旦方案中标，就造成在后续的设计中缺少竞争机制，设计单位没有压力，造价管理的积极性也不会很高。这往往也造成设计阶段对设计前期造价信息的搜集的片面性和一定程度上的忽略。

（3）设计阶段风险意识不够。设计如果出现质量问题，轻则不断发生设计变更而导致工期延误，重则导致已建工程无用，蒙受巨大经济损失，甚至投入使用后发生事故。虽然设计师要为其错误承担法律和民事责任，但是业主遭受的损失是无法衡量的。另外，设计阶段的风险还包括设计不当问题和设计进度问题，其对工程的投资影响及由于延误工程带来的损失是非常巨大的。

由此可知，设计阶段对造价管理的重要性，而其管理的根本在于对造价信息的及时搜集、适时反馈、统一管理，如此才能使设计成果保质保量，并且经济性好。

（4）设计阶段造价信息管理过程中各环节脱节。由于目前客观上存在的专业壁垒，概预算人员对工程设计的有关专业知识知之甚少或根本不懂，只是一味地遵从设计图纸进行概预算的编制。而设计人员对工程造价的管理问题不甚关心，只是按照设计任务书的相关要求进行设计出图。这样一来，设计人员不能与概预算人员结合起来，导致工程造价管理停步不前，最终导致工程造价信息管理的失效。

由于现行的设计收费标准是按造价的比例计提，导致有的设计单位为追求利润，盲目扩大工程规模，任意提高设计标准，过度追求安全系数，不认真进行经济技术方案的优选优化，甚至随意加大梁柱截面，提高混凝土强度等级，增加配筋量，导致设计概算的超标现象频繁发生。其他的相关外单位也没有较强的联系，造成工程造价不能在一开始就得到很好的控制。

对于一个工程项目而言，投资一经决策，设计就成为决定工程造价的关键阶段。因为设计工作完成后，各分部分项工程量就确定了，这个工程的建造成本基本也就确定，并且设计深度对工程投入使用后的运营成本影响极大。为加快我国节能建筑、绿色建筑的进程，建设符合国家有关节能、节水、节材、节地、环保、资源节约与综合利用的工程，加强工程设计阶段的造价信息管理就更为重要。

309

三、施工阶段工程造价信息管理

（一）施工阶段工程造价信息管理概述

施工阶段是一个工程造价信息管理的关键阶段，牵一发而动全身，但是这一阶段的造价管理难题也是最多的，如实际施工材料与设计方案的规定不一致，因天气原因耽误的施工工期，因预算不到位而造成的工程款项不到位问题，都直接影响着施工单位的建筑进程和质量。所以，必须对整个项目工程造价信息进行科学的估测，以便在进行管理的过程中做到科学决策、合理控制，特别是在施工阶段要严密把关，遇到原材料价格的浮动、资金运转不畅、管理出现漏洞等问题要及时进行处理。否则，在施工阶段中一旦出现造价信息控制管理不力，就会导致整个建筑行业工程造价居高不下。

建设项目施工阶段是按照设计文件、图纸等要求，具体组织施工建造的阶段，即把设计蓝图付诸实现的过程。

在我国，建设项目施工阶段的造价信息管理一直是工程造价信息管理的重要阶段。承包商通过施工生产活动完成建设工程产品的实物形态，建设项目投资的绝大部分支出花费都在这个阶段上。建设项目施工是一个动态系统的过程，设计环节多难度大、式样多；设计图纸、施工条件、市场价格等因素的变化直接影响工程的实际价格；建设项目实施阶段是业主和承包商工作的中心环节，也是业主和承包商工程造价信息管理的关键阶段。因此，这一阶段的工程造价信息管理最为复杂，是工程造价确定与控制理论和方法的重点和难点所在。

建设项目施工阶段工程造价信息管理的目标就是把工程造价控制在承包合同或施工图预算内，并力求在规定的工期内生产出质量好、造价低的建设（或建筑）产品。工程造价是项目决策的依据，是制定投资计划和控制投资的依据，是筹集建设资金的依据，是评价投资效果的重要指标，是利益合理分配和调节产业结构的手段，可见工程造价是很重要的。而施工阶段是项目决策实施、建成投产发挥效益的关键环节，是工程建设最终的实施阶段，是形成工程产品的最后一步。这个阶段也是项目运行过程中资金投入量最大的阶段。工程施工是使工程设计意图最终实现并形成工程实体的阶段，也是最终形成工程产品质量和工程使用价值的重要阶段。施工阶段工期长、资金投入大、资源消耗多、不可预见因素多，因此其造价管理的好坏直接影响项目的效益。施工阶段的工程造价确定与控制是实施建设工程全过程造价控制的重要组成部分，在实际的工程管理中采取有效措施加强施工阶段的造价信息管理，对管理好有效资金，提高投资效益有着重要意义。因此，施工阶段是工程造价信息管理的主要阶段之一。

（二）施工阶段影响工程造价信息的因素

施工阶段影响工程造价信息的因素主要有地质条件、物价、工程量、施工组织设计、工程索赔以及天气情况。物价的变化不是以人的意志为转移的，是人力所不能控制的，气候的变化一般情况下是有规律的，唯有工程量的变化大多来源于工程变更。工程变更的多少直接决定了施工阶段的工程造价的变化数量，因此施工阶段造价控制的重点应该是工程变更。因为设计阶段是工程造价的形成阶段，而施工阶段是工程造价的实现阶段，如果施工中不发生工程变更，造价就不会超出施工图预算的范围。

目前，我国的工程造价信息管理以国家和地方政府主管部门为主，通过各种渠道进行工程造价信息的搜集、处理和发布。特别是在工程造价体制改革后，国家对工程造价的管理逐渐由直接管理变为间接管理。国家制定了统一的工程量计算规则，在推出工程量清单计价方式的同时，编制了全国统一的工程项目编码。随着计算机网络技术及因特网的普及，国家也开始建立工程造价信息网，定期发布价格信息及其产业政策，为各地主管部门、咨询机构、造价编制和审定单位提供基础数据。然而，由于种种原因，现状还不能令人满意，同发达国家相比差距比较明显。这个差距存在于整个建筑业，具体到工程造价信息的管理和应用，目前主要存在的问题和不足包括以下六个方面。

1. 投资估算指标缺乏

我国多年以来一直实施概预算定额制度，因此概预算定额的历史资料比较丰富，但投资估算指标相对缺乏。虽然各专业设计院，如冶金、轻工、公路工程等设计院积累了一些估价指标，但民用建筑的估价指标几乎没有。因此，投资估算指标的缺乏是我国建设项目估价过程中一个亟待解决的问题。

2. 信息化管理缺乏统一标准

实施工程造价信息网络化管理的前提条件是推行信息指标体系标准化、信息分类编码标准化、信息系统开发标准化、信息交换接口标准化、信息技术支撑标准化。目前，国内对造价信息的采集、加工和传播缺乏统一规划、统一编码，系统分类、信息系统开发与资源拥有之间处于相对封闭、各自为政的状态，难以达到信息资源的共享。另外，还有不少管理者满足于目前的表面信息，忽略深加工。

3. 信息质量不高，无法满足市场需求

由于信息采集技术落后、信息分类标准不统一、数据格式和存取方式不一致、信息来源渠道少，信息资源的远程传递、加工处理非常困难，信息资源的内在质量很难提高，信息维护更新速度无法跟上市场的变化。

4. 企业缺乏信息收集、管理与应用的能力和意识

定额一直是由国家或地区部门编制，带有一定的官方色彩，因此企业缺乏收集、积累工程造价信息的意识。加之资料整理、建档及综合利用的能力有限，一些工程完工后没有具体的工程造价资料保存下来，难以实现其应有的价值。

5. 信息网建设有待完善

现在工程造价信息网多为定额站或公司介绍、定额发布、价格信息、相

311

关文件转发、招投标信息发布等，信息的全面性和时效性相对较差。很多网站仅将造价信息在网上进行登载，缺乏对这些信息的整理、分析和纵横向比较，从而使信息的效用降低。

6.信息资料的积累和整理没有实现与工程量清单计价模式的接轨

目前，各类工程造价信息资料的收集和整理仍然是按定额模式进行的，并且工程量清单计价模式仍未普及到所有建设项目中，因此我国目前工程造价信息资料难以与清单计价模式相衔接。

（三）施工阶段工程造价信息管理的内容

施工单位在施工阶段进行工程造价信息管理的目标就是利用科学管理的方法，合理确定和有效控制造价，以提高施工企业的经营效果，因此在施工阶段的工程造价信息管理需要注意以下几点。

1.合同管理

施工合同是工程建设的主要合同，它明确了企业在工程承包中的权利和义务，将工程招投标、工程款的拨付方式、索赔方式、材料的购置、竣工结算方式等以法律的形式确定下来，是企业组织施工、进行项目检验的法律依据。由于建设工程具有投资大、工期长、涉及原材料种类多、过程工序复杂、质量要求严格和受地理环境影响大的特点，在施工过程中经常要与设计单位、政府主管部门等取得联系，所有这些都决定了施工合同涉及的内容多而复杂，所以要有效控制工程造价，提高企业的利润，必须从施工合同管理入手，加强对施工合同的管理。

（1）加强合同管理应树立合同意识，无论是单位的决策者、执行层还是合同管理人员，都应重视合同管理，认真学习国家的法律、法规，掌握业务知识，在制定施工合同时认真把关。

（2）加强企业内部的合同管理，结合企业的实际情况，制定合同的管理办法，明确相关人员的责、权、利，既要保护企业自身利益，又要满足业主要求和投标承诺的施工合同条款。

（3）实行合同会签制度。合同签订后，认真进行交底，施工人员特别是现场施工管理人员应认真学习合同，明确合同规定的施工范围及甲乙双方的责任、权利和义务等。

2. 优化施工方案并组织实施

施工前，要结合施工图纸及施工现场实际情况、自身的机械设备、施工经验、管理水平和技术规范验收标准，编制一套切实、经济、可行的施工方案。施工方案因指导施工准备乃至施工全过程的技术经济文件的不同而不同。一份好的施工方案能指导项目部合理利用人力、物力、财力，以最低投入满足合同要求。因此，施工方案是过程实施的行动纲领。由于中标价格较低或设计概算先天不足等原因，施工企业必须合理组织施工，节约成本，力求在管理中出效益。

3. 现场管理

（1）工程变更。由于工程建设的周期长、涉及的经济关系和法律关系复杂、受自然条件和客观因素的影响大，项目的实际情况与项目招标投标时的情况相比会发生一些变化，因此应重点加强设计变更的管理。在施工过程中，如果发生设计变更，施工进度将受到很大的影响。因此，应尽量减少设计变更。如果必须对设计进行变更，应尽量提前。变更发生得越早，损失越小，反之就越大。尤其对影响过程造价的重大设计变更，更要用先算账后变更的方法解决，使工程造价得到有效控制。否则，现场施工技术人员只顾施工，对于施工中的工程项目或工程量增减未能与业主及时办理变更委托手续或手续模糊等，都会给结算带来很多麻烦。

（2）材料费用的控制。加强材料、设备的采购供应，控制材料价格。材料费用是构成工程造价的主要因素。据测算，一般建筑工程中材料费用占60% ～ 70%，且呈上升趋势。由此可知，选用材料是否经济合理，对降低造价起着十分关键的作用。在施工前，对工程所需材料不仅要进行货源的调查研究，广泛收集供货信息，尽量寻找货和价的最佳结合点，还要根据施工方案及有关技术实际需要的材料、设备总量，编制好需求计划。施工中要做好旬、月计划，充分考虑资金的合理运转和现场场地实际情况以及工程进度需要，合理安排施工所需机械的进退场，特别要注意材料的保管，以免出现如水泥在保管中因违规堆砌出现受潮及底层结块、钢筋未垫好而出现锈蚀导致不能试验等现象，避免不必要的浪费。必要时，应制定合理的材料采购、保管制度，监理材料价格信息中心和材料价格监管机制，提高采购人员的自身素质和业务水平，保证货比三家，质优价廉地购买材料，减少工程成本，提高企业利润。

313

（3）做好现场的签证工作。在工程项目实施过程中，由于施工过程的复杂和设计深度、质量等方面原因，经常出现工程量、地质、进度的变化，工程承发包双方在执行合同中需要修改变动的部分必须经双方同意，并采用书面形式予以记录。合同预算中未包括的工程项目和费用必须及时办理现场签证，以免事后补签而造成结算困难。

4. 在施工阶段要加强索赔意识

按索赔目的可分为工期索赔和费用索赔。其中，费用索赔是重点。工期索赔只是要求业主合理延长工期，推迟竣工日期，这只能使施工单位工期得到补偿，但是由此造成的费用损失只能通过费用索赔来实现。施工索赔是一项复杂的、系统性很强的工作，在索赔工作中施工单位要充分理解施工图纸、技术规范、签订的合同、补充协议及与业主监理的各项往来文件，必须依合同、重证据、讲技巧、树信誉，踏踏实实地做好索赔管理基础工作，严格按程序办事。施工索赔是项目管理的重要内容，是施工单位获得利润的重要手段，只有把索赔工作处理好，才能切实维护企业的合法权益，取得效益最大化。

5. 竣工结算

建设工程竣工结算是施工单位所承包的工程按照建设工程施工合同所规定的施工内容全部完工交付使用后，向发包单位办理竣工后工程价款结算的文件。竣工结算编制的主要依据如下：

（1）施工承包合同补充协议，开、竣工报告书。

（2）设计施工图及竣工图。

（3）设计变更通知单。

（4）现场签证记录。

（5）甲乙双方供料手续或有关规定。

（6）采用有关的工程定额、专用定额与工期相应的市场材料价格及有关预结算文件等。施工单位在完成合同规定的全部内容，经验收符合合同要求后，根据以上原则组织专业人员编制完整的结算，并及时报送建设单位。

工程完工后，必须对该工程的所有财产和物资进行清理，作为企业内部成本核算的依据，并认真总结，进行成本分析，计算节约或超支的数额并分析原因，吸取经验教训，以利于下一个工程施工造价的管理与控制。

参考文献

[1] 李春娥，王浩.工程造价信息管理 [M].重庆：重庆大学出版社，2016.

[2] 陈贤清.工程建设定额原理与实务 [M].3 版.北京：北京理工大学出版社，2018.

[3] 沈祥华.建筑工程概预算 [M].3 版.武汉：武汉理工大学出版社，2003.

[4] 严玲，尹贻林.工程计价学 [M].3 版.北京：机械工业出版社，2017.

[5] 张建平.建筑工程计价 [M].重庆：重庆大学出版社，2011.

[6] 刘绍敏，王贵春.建筑施工企业财务管理 [M].重庆：重庆大学出版社，2015.

[7] 邵以智.建筑施工企业财务管理 [M].北京：北京邮电学院出版社，1993.

[8] 陈斯雯.建筑施工、房地产企业实用管理大全：财务会计、合理避税、管理制度与表格 [M].北京：企业管理出版社，2007.

[9] 赵玉萍.建筑施工企业财务管理 [M].北京：机械工业出版社，2008.

[10] 张毅.工程项目建设程序 [M].2 版.中国建筑工业出版社，2018.

[11] 刘伯权，吴涛，黄华.土木工程概论 [M].2 版.武汉：武汉大学出版社，2017.

[12] 许婷华，曲成平，杨淑娟.建设工程经济 [M].2 版.武汉：武汉大学出版社，2017.

[13] 刘晓丽.建筑工程项目管理 [M].2 版.北京：北京理工大学出版社，2018.

[14] 庞业涛，何培斌.建筑工程项目管理 [M].2 版.北京：北京理工大学出版社，2018.

[15] 李华东，王艳梅.工程造价控制 [M].成都：西南交通大学出版社，2018.

[16] 刘镇，刘昌斌．工程造价控制 [M].北京：北京理工大学出版社，2016.

[17] 李颖．工程造价控制 [M].武汉：武汉理工大学出版社，2009.

[18] 刘镇．工程造价控制 [M].北京：中国建材工业出版社，2010.

[19] 张凌云．工程造价控制 [M].上海：东华大学出版社，2008.

[20] 王忠诚，齐亚丽．工程造价控制与管理 [M].北京：北京理工大学出版社，2019.

[21] 刘霁，伍娇娇．建设工程造价控制 [M].武汉：武汉大学出版社，2015.

[22] 土建学科专业教材编审委员会．工程造价控制与管理 [M].上海：上海交通大学出版社，2014.

[23] 王忠诚，鹿雁慧，邱凤美．工程造价控制与管理 [M].2 版．北京：北京理工大学出版社，2014.

[24] 陈雨，陈世辉．工程建设项目全过程造价控制研究 [M].北京：北京理工大学出版社，2018.

[25] 中国建设工程造价管理协会．建设工程造价管理理论与实务 [M].北京：中国计划出版社，2016.

[26] 申玲，戚建明．工程造价计价 [M].5 版．北京：知识产权出版社，2018.

[27] 张毅．工程项目建设程序 [M].2 版．中国建筑工业出版社，2018.

[28] 陈建国．工程计量与造价管理 [M].4 版．上海：同济大学出版社，2017.

[29] 王俊安，李硕．工程造价计价与管理 [M].北京：机械工业出版社，2015.

[30] 申玲，戚建明．工程造价计价 [M].4 版．北京：知识产权出版社，2014.

[31] 鲍学英．工程造价管理 [M].北京：中国铁道出版社，2014.

[32] 严玲，孟繁丽．工程造价计价与控制 [M].2 版．天津：天津大学出版社，2008.

[33] 于洋，杨敏，叶治军．工程造价管理 [M].成都：电子科技大学出版社，2018.

[34] 程鸿群，姬晓辉，陆菊春．工程造价管理 [M].武汉：武汉大学出版社，2017.

[35] 任彦华，董自才．工程造价管理 [M].成都：西南交通大学出版社，2017.

[36] 廖礼平，刘源，陈立华．工程造价管理 [M].徐州：中国矿业大学出版社，2016.

[37] 庞朝晖，吴旭．工程造价管理 [M].北京：中国建材工业出版社，2015.

[38] 廖佳．工程造价管理 [M].西安：西安交通大学出版社，2015.

[39] 张仕平．工程造价管理 [M].北京：北京航空航天大学出版社，2014.

316

[40] 鲍学英. 工程造价管理 [M]. 北京：中国铁道出版社，2014.

[41] 胡新萍. 工程造价管理 [M]. 武汉：华中科技大学出版社，2013.

[42] 关永冰，谷莹莹，方业博. 工程造价管理 [M]. 北京：北京理工大学出版社，2013.

[43] 吴修国. 工程招投标与合同管理 [M]. 上海：上海交通大学出版社，2019.

[44] 彭麟，蒋叶. 工程招投标与合同管理 [M]. 武汉：华中科技大学出版社，2018.

[45] 黄昌见. 工程招投标与合同管理 [M]. 北京：北京理工大学出版社，2017.

[46] 刘兵，龚健冲. 工程招投标与合同管理 [M]. 成都：电子科技大学出版社，2016.

[47] 张李英. 工程招投标与合同管理 [M]. 厦门：厦门大学出版社，2016.

[48] 刘冬学. 工程招投标与合同管理 [M]. 武汉：华中科技大学出版社，2016.

[49] 蓝兴洲. 工程招投标与合同管理 [M]. 重庆：重庆大学出版社，2014.

[50] 钱闪光，姚激，杨中. 工程招投标与合同管理 [M]. 北京：北京华腾知本图书有限公司，2012.

[51] 胡彩虹，高秀清. 工程招投标与合同管理 [M]. 郑州：黄河水利出版社，2010.